普通高等教育"十一五"国家级规划教材

国家精品在线开放课程主讲教材

U0173927

大学计算机基础
简明教程

（第3版）

龚沛曾 杨志强 主编

朱君波 李湘梅 编

高等教育出版社·北京

内容提要

本书是国家精品课程"大学计算机基础"和国家精品在线开放课程"大学计算机基础"的主讲教材。

本书是在《大学计算机基础简明教程》(第 2 版)的基础上,为了适应以计算思维为导向的大学计算机课程的教学改革的需要和满足一般院校、少学时教学需要修订的。全书共分 10 章,主要内容有:计算机与信息社会、计算机系统、数据在计算机中的表示、操作系统基础、文字处理软件 Word 2016、电子表格软件 Excel 2016、演示文稿软件 PowerPoint 2016、计算机网络基础与应用、问题求解和算法基础、Python 程序设计初步。

本书既可作为高等学校计算机入门课程的教材,又可作为全国计算机等级考试(一级)的自学参考书。本书配有《大学计算机基础上机实验指导与测试》(第 3 版)、电子教案以及丰富的教学资源库,便于广大师生的教和学。

图书在版编目(CIP)数据

大学计算机基础简明教程/龚沛曾,杨志强主编;朱君波,李湘梅编 . --3 版 . --北京:高等教育出版社,2021. 8(2024.6重印)

ISBN 978-7-04-055621-6

Ⅰ.①大… Ⅱ.①龚… ②杨… ③朱… ④李… Ⅲ.①电子计算机-高等学校-教材 Ⅳ.①TP3

中国版本图书馆 CIP 数据核字(2021)第 026954 号

Daxue Jisuanji Jichu Jianming Jiaocheng

策划编辑	耿 芳	责任编辑 孙美玲	封面设计 张志奇	版式设计 童 丹
插图绘制	邓 超	责任校对 张 薇	责任印制 赵 振	

出版发行	高等教育出版社		网 址	http://www.hep.edu.cn
社 址	北京市西城区德外大街 4 号			http://www.hep.com.cn
邮政编码	100120		网上订购	http://www.hepmall.com.cn
印 刷	北京鑫海金澳胶印有限公司			http://www.hepmall.com
开 本	850 mm×1168 mm 1/16			http://www.hepmall.cn
印 张	21.5		版 次	2006 年 6 月第 1 版
字 数	410 千字			2021 年 8 月第 3 版
购书热线	010-58581118		印 次	2024 年 6 月第 7 次印刷
咨询电话	400-810-0598		定 价	48.00 元

本书如有缺页、倒页、脱页等质量问题,请到所购图书销售部门联系调换

版权所有 侵权必究

物 料 号 55621-00

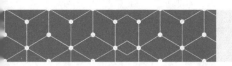

大学计算机基础简明教程

（第3版）

龚沛曾　杨志强　主编

朱君波　李湘梅　编

1　计算机访问http://abook.hep.com.cn/18610240，或手机扫描二维码、下载并安装Abook应用。

2　注册并登录，进入"我的课程"。

3　输入封底数字课程账号（20位密码，刮开涂层可见），或通过Abook应用扫描封底数字课程账号二维码，完成课程绑定。

4　单击"进入课程"按钮，开始本数字课程的学习。

　　课程绑定后一年为数字课程使用有效期。受硬件限制，部分内容无法在手机端显示，请按提示通过计算机访问学习。

　　如有使用问题，请发邮件至abook@hep.com.cn。

扫描二维码
下载Abook应用

http://abook.hep.com.cn/18610240

前　言 �▶

　　本书是根据教育部大学计算机课程教学指导委员会有关"大学计算机"课程的基本要求、在普通高等教育"十一五"国家级规划教材《大学计算机基础简明教程》（第2版）的基础上修订的。本书延续前一版教材的风格，妥善处理了发展与稳定、理论与实践、深度与广度等关系，保持内容丰富、层次清晰、通俗易懂、图文并茂等特色，在内容组织和新形态资源建设方面作了较大的改变。

1. 内容组织

　　考虑到学生的基础和当前信息时代对大学生的计算机素质和能力的要求，增加了计算思维和问题求解方面的内容，引入了当前的新技术，对使用的软件版本进行更新。本书适用于一般院校大学计算机基础课程的教学，也可满足全国计算机等级考试（一级）MS Office 的需要。

　　全书分为三大部分：计算机基础知识、基本技能和问题求解基础，主要涉及如下内容。

　　第 1 章计算机与信息社会，主要介绍计算机的发展、分类和应用，信息技术的基本概念和特点。

　　第 2 章计算机系统，主要介绍计算机系统构成、计算机硬件系统、计算机软件系统和计算机基本工作原理。

　　第 3 章数据在计算机中的表示，主要介绍数制及其相互转换，数值、字符以及多媒体信息在计算机中的表示。

　　第 4 章操作系统基础，主要介绍操作系统的基本概念、Windows 10 的基础知识和基本应用。

　　第 5 章文字处理软件 Word 2016、第 6 章电子表格软件 Excel 2016、第 7 章演示文稿软件 PowerPoint 2016，主要介绍 Office 2016 中 3 个常用软件的功能和应用。

　　第 8 章计算机网络基础与应用，主要介绍计算机网络的基本概念和常见应用。

　　第 9 章问题求解和算法基础，主要介绍算法的基本概念、常用算法和程序设计方法。

第 10 章 Python 程序设计初步，主要介绍 Python 程序设计语言基础知识和程序设计的 3 种控制结构。

2. 新形态资源建设

随着智能手机的普及，为便于学生在任何时间、任何地点获取知识和掌握基本应用技能，教材配备了如下几种资源。

（1）电子教案：以演示文稿的形式展示课堂教学的内容。

（2）拓展阅读：以网页和 Word 文档形式对教材中的重要概念进行分析和解释，扩充学生的知识面。

（3）动画：利用 Flash 等软件制作，对相关概念以动画形式展示，使得抽象概念形象化。

（4）微视频：以案例驱动的形式对软件各功能的使用进行讲解和演示。

本书由龚沛曾、杨志强任主编，朱君波、李湘梅、谢步瀛参与了部分内容编写和资源建设，全书由龚沛曾和杨志强统稿。

由于作者水平有限，书中难免有不足之处，恳请各位读者和专家批评指正！

编　者

2020 年 5 月

目　录 ▸▸▸

第 1 章
计算机与信息社会

第一台计算机 ENIAC 于 1946 年诞生至今，已有超过 70 年的历史。计算机及其应用已渗透到人类社会生活的各个领域，有力地推动了整个信息化社会的发展。在 21 世纪，掌握以计算机为核心的信息技术的基础知识和应用能力，是现代大学生必备的信息素养。

电子教案：
计算机与信息社会

1.1　计算机的发展和应用

人人都有计算能力，然而人的计算速度又是极低的。例如，公元 5 世纪祖冲之将圆周率 π 推算至小数点后 7 位数花了整整 15 年，现代人不借助计算机计算一个 30×30 的行列式仍然需要很长时间，我国第一颗原子弹研制时出现了数百位科学家在大礼堂埋头打算盘的壮观场景。为了追求"超算"的能力，人类在其漫长的文明进化过程中，发明和改进了许多的计算工具。早期具有历史意义的计算工具有如下几种。

① 算筹。计算工具的源头可以上溯至 2000 多年前的春秋战国时代，古代中国人发明的算筹是世界上最早的计算工具。

② 算盘。我国唐代发明的算盘是世界上第一种手动式计数器，一直沿用至今。许多人认为算盘是最早的数字计算机，而珠算口诀则是最早的体系化的算法。

③ 计算尺。1622 年，英国数学家奥特雷德（William Oughtred）根据对数表设计了计算尺，可执行加、减、乘、除、指数、三角函数等运算，一直沿用到 20 世纪 70 年代才由计算器取代。

④ 加法器。1642 年，法国哲学家、数学家帕斯卡（Blaise Pascal）发明了世界上第一个加法器，它采用齿轮旋转进位方式执行运算，但只能做加法运算。

⑤ 计算器。1673 年，德国数学家莱布尼茨（Gottfried Leibniz）在帕斯卡加法器的基础上设计制造了一种能演算加、减、乘、除和开方的计算器。

⑥ 差分机和分析机。英国剑桥大学查尔斯·巴贝奇（Charles Babbage）教授分别于 1812 年和 1834 年设计了差分机和分析机。分析机体现了现代电子计算机的结构、设计思想，因此被称为现代通用计算机的雏形。

这些计算工具都是手动式的或机械式的，并不能满足人类对"超算"的渴望。在以机械方式运行的计算工具诞生数百年之后，由于电子技术的发展突飞猛进，计算工具实现了从机械向电子的"进化"，诞生了电子计算机，将人类从繁重的计算中解脱出来。今天，人们所说的计算机都是指电子计算机。

拓展阅读 1.1：
查尔斯·巴贝奇

1.1.1　计算机的诞生

20 世纪上半叶，图灵机、ENIAC 和冯·诺依曼体系结构的出现在理论上、工作原理、体系结构上奠定了现代电子计算机的基础，具有划时代的意义。

1. 图灵机

阿兰·图灵（Alan Mathison Turing，1912—1954 年，见图 1.1.1）是英国科学家。

图灵为了回答究竟什么是计算、什么是可计算性等问题，在分析和总结人类自身如何运用纸和笔等工具进行计算以后，提出了图灵机（Turing machine，TM）模型，奠定了可计算理论的基础。

拓展阅读 1.2：
图灵

图灵机的描述有两种方法：一是形式化描述，可描述全部的细节，非常烦琐；二是非形式化描述，概略地说明图灵机的组成和工作方式。为简单起见，这里采用非形式化的描述方法。

图灵机由以下两部分组成。

（1）一条无限长的纸带，纸带分成了一个一个的小方格，用作无限存储。

图 1.1.1 图灵

（2）一个读写头，能在纸带子上读、写和左右移动。

图灵机开始运行时，带子上只有输入串，其他地方都是空的。若要保存信息，则读写头可以将信息写在带子上；若要读已经写下的信息，则读写头可以往回移动。机器不停地计算，直到产生输出为止。

为了更好地理解图灵机，下面以计算 $X+1$ 的图灵机为例说明图灵机的组成以及计算原理。

例 1.1　构造图灵机 M 计算 $X+1$。

（1）数据 X 以二进制的形式写在纸带上，如图 1.1.2 所示。

（2）读写头从右边第 1 个写有 0 或 1 的方格开始向左扫描纸带，若读到 0 或空白，则改写为 1，立即停机；若读到 1，则改写为 0，并且读写头继续左移。

（3）重复第（2）步，图灵机 M 会在某个时刻停机。

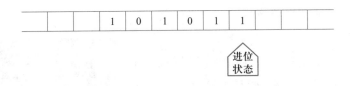

图 1.1.2　使用图灵机 M 计算 $X+1$ 的示意图

这就是计算 $X+1$ 的图灵机。虽然图灵机解决一个简单的问题都显得很麻烦，但是它反映了计算的本质。可计算性理论可以证明，图灵机拥有最强大的计算能力，其功能与高级程序设计语言等价，可用图灵机计算的问题就是可计算的。邱奇、图灵和哥德尔曾断言：一切直觉上可计算的函数都可用图灵机计算，反之亦然，这就是著名的邱奇-图灵论题。

图灵的另一个卓越贡献是提出了图灵测试，回答了什么样的机器具有智能，奠定了人工智能的理论基础。1950 年 10 月，图灵在哲学期刊 *Mind* 上发表了一篇著名论文 "Computing Machinery and Intelligence"（计算机器与智能）。他提出，一个人在不接触对方的情况下，通过一种特殊的方式和对方进行一系列的问答。如果在相当长时间内，他无法根据这些问题判断对方是人还是计算机，那么，就可以认为这个计算机具有和人相当的智力，即这台计算机是能思考的。图灵测试场景如图 1.1.3 所示。

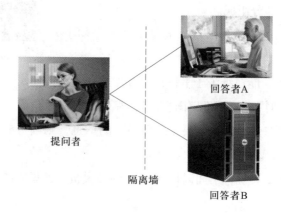

回答者A

提问者

隔离墙

回答者B

图 1.1.3   图灵测试场景

迄今为止，图灵测试的结果说明，现在的人工智能还没有达到图灵预计的那个阶段，机器目前想和人类真正地谈话还是比较困难的。

为纪念图灵的贡献，国际计算机学会（Association for Computing Machinery，ACM）于 1966 年创立了"图灵奖"，该奖项每年颁发给在计算机科学领域的领先研究人员，号称计算机业界和学术界的"诺贝尔奖"。

拓展阅读 1.3：
历届图灵奖获得者

2. ENIAC

目前，大家公认的第一台通用电子计算机是在 1946 年 2 月由宾夕法尼亚大学研制成功的 ENIAC（electronic numerical integrator and computer）即"电子数字积分计算机"，如图 1.1.4 所示。这台计算机从 1946 年 2 月开始投入使用，到 1955 年 10 月最后切断电源，服役 9 年多。虽然它每秒只能进行 5 000 次加减运算，但它预示了科学家们将从繁重的计算中解脱出来。ENIAC 的问世表明了电子计算机时代的到来，具有划时代意义。

图 1.1.4   ENIAC

ENIAC 本身存在两大缺点：一是没有存储器；二是用布线接板进行控制，甚至要搭接好几天，计算速度也被这一工作抵消了。所以，ENIAC 的发明仅仅表明计算机的问世，对以后研制的计算机没有什么影响。EDVAC 的发明才为现代计算机在体系结构和工作原理上奠定了基础。

3. 冯·诺依曼体系结构计算机

EDVAC（electronic discrete variable automatic computer，离散变量自动电子计算机）是人类制造的第二台电子计算机。

1946 年夏天，美籍匈牙利数学家冯·诺依曼（Von Neumann，1903—1957 年，见图 1.1.5）以技术顾问身份加入了 ENIAC 研制小组。为了解决 ENIAC 存在的问题，冯·诺依曼与他的同事们共同讨论，于 1945 年发表了"关于 EDVAC 的报告草案"，报告详细说明和总结了 EDVAC 的逻辑设计，其主要思想有如下几点。

拓展阅读 1.4：
冯·诺依曼

图 1.1.5　冯·诺依曼

（1）采用二进制表示数据。

（2）"存储程序"，即程序和数据一起存储在内存中，计算机按照程序顺序执行。

（3）计算机由五个部分组成：运算器、控制器、存储器、输入设备和输出设备。

冯·诺依曼所提出的体系结构被称为冯·诺依曼体系结构，一直沿用至今。70 多年来，虽然计算机从性能指标、运算速度、工作方式、应用领域等方面与当时的计算机有很大差别，但基本结构没有变，因此都属于冯·诺依曼计算机。但是，冯·诺依曼自己承认，他的关于计算机"存储程序"的想法都来自图灵。

ENIAC 和 EDVAC 不是商用计算机。第一款商用计算机是 1951 年开始生产的 UNIVAC。1947 年，ENIAC 的两个发明人莫奇莱和埃克特创立了自己的计算机公司，生产 UNIVAC，计算机第一次作为商品被出售。UNIVAC 用于公众领域的数据处理，共生产了近 50 台，不像 ENIAC 只有一台并且只用于军事目的。

莫奇莱和埃克特以及他们的 UNIVAC 奠定了计算机工业的基础。

1.1.2　计算机的发展

计算机在其 70 多年的发展过程中，体积不断变小，但性能、速度却在不断提高。根据计算机采用的物理器件，一般将计算机的发展分成 4 个阶段，如表 1.1.1 所示。

特点	第一代 1946—1958 年	第二代 1958—1964 年	第三代 1964—1970 年	第四代 1971 年至今
物理器件	电子管	晶体管	集成电路	大规模集成电路 超大规模集成电路
存储器	磁芯存储器	磁芯存储器	磁芯存储器	半导体存储器
典型机器举例	IBM 650 IBM 709	IBM 7090 CDC 7600	IBM 360	微型计算机 高性能计算机
运算速度	几千次每秒	几十万次每秒	几百万次每秒	亿亿次每秒
软件	机器语言 汇编语言	高级语言	操作系统	数据库 计算机网络
应用	军事领域 科学计算	数据处理 工业控制	文字处理 图形处理	各个方面

▶ 表 1.1.1

计算机发展的分代

从采用的物理器件来说，目前计算机的发展处于第四代水平。尽管计算机还将朝着微型化、巨型化、网络化和智能化方向发展，但是在体系结构方面没有什么大的突破，因此仍然被称为冯·诺依曼计算机。人类的追求是无止境的，一刻也没有停止过研究更好、更快、功能更强的计算机，从目前的研究情况看，未来新型计算机将可能在下列几个方面取得革命性的突破。

（1）光计算机：利用光作为信息的传输媒介的计算机。具有超强的并行处理能力和超高速的运算速度，是现代计算机望尘莫及的。目前光计算机的许多关键技术，如光存储技术、光存储器、光电子集成电路等都已取得重大突破。

（2）生物计算机（分子计算机）：采用由生物工程技术产生的蛋白质分子构成的生物芯片。在这种芯片中，信息以波的形式传播，运算速度比当今最新一代计算机快10 万倍，能量消耗仅相当于普通计算机的 1/10，并且拥有巨大的存储能力。

（3）量子计算机：量子计算机是一类遵循量子力学规律进行运算的计算机。量子计算机的特点主要有运行速度较快、信息处理能力较强、应用范围较广等。2020 年12 月，中国科学技术大学潘建伟等人成功构建 76 个光子的量子计算原型机"九章"，求解数学算法高斯玻色取样只需 200 秒。

1.1.3　计算机的分类

随着计算机技术的发展，尤其是微处理器的发展，计算机的类型越来越多样化。根据用途及其使用的范围，计算机可分为通用机和专用机。通用机的特点是通用性强，具有很强的综合处理能力，能够解决各种类型的问题。专用机则功能单一，配有解决特定问题的软、硬件，但能够高速、可靠地解决特定的问题。从计算机的运算速度和性能等指标来看，计算机主要有高性能计算机、微型计算机、工作站、服务器、嵌入式计算机等。这种分类标准不是固定不变的，只能针对某一个时期。现在是大型机，过了若干年后可能成了小型机。

1. 高性能计算机

高性能计算机，过去被称为巨型机或大型机，是指目前速度最快、处理能力最强的计算机。在 2019 年 11 月进行的世界前 500 强高性能计算机测试中，排名第一的是 IBM 和美国能源部橡树岭国家实验室（ORNL）推出的 Summit，它使用了 2 397 824 个处理器，峰值速度可达 20 亿亿次每秒浮点运算。

我国在高性能计算机方面发展迅速，取得了很大的成绩，拥有了"曙光""联想""天河"和"神威"等系统，这些系统在国民经济的关键领域得到了广泛的应用。"神威·太湖之光"采用国产核心处理器"申威"，峰值速度达 12.5 亿亿次每秒浮点运算，达到国际先进水平。

高性能计算机数量不多，但却有重要和特殊的用途。在军事上，可用于战略防御系统、大型预警系统、航天测控系统等。在民用方面，可用于大区域中长期天气预报、大面积物探信息处理系统、大型科学计算和模拟系统等。

2. 微型计算机（个人计算机）

微型计算机又称个人计算机（personal computer，PC），是使用微处理器作为 CPU 的计算机。

1971 年 Intel 公司的工程师马西安·霍夫（M. E. Hoff）成功地在一个芯片上实现了中央处理器（central processing unit，CPU）的功能，制成了世界上第一片 4 位微处理器 Intel 4004，组成了世界上第一台 4 位微型计算机——MCS-4，从此揭开了世界微型计算机大发展的帷幕。在过去的 40 多年中，微型计算机因其小、巧、轻、使用方便、价格便宜等优点得到迅速的发展，成为计算机的主流。目前 CPU 主要有 Intel 的 Core 系列和 AMD 系列等。

微型计算机的种类很多，主要分成 4 类：桌面型计算机（desktop computer）、笔记本计算机（notebook computer）、平板计算机（tablet computer）和种类众多的移动设备（mobile device）。由于智能手机具有冯·诺依曼体系结构，配置了操作系统，可以安装第三方软件，所以它们也被归入微型计算机的范畴。

3. 工作站

工作站是一种介于微机与小型机之间的高档微型计算机系统。自 1980 年美国 Appolo 公司推出世界上第一个工作站 DN-100 以来，工作站迅速发展，成为专门处理某类特殊事务的一种独立的计算机类型。

工作站通常配有高分辨率的大屏幕显示器和大容量的内、外存储器，具有较强的信息处理功能和高性能的图形、图像处理功能以及联网功能。

工作站主要应用在计算机辅助设计/计算机辅助制造、动画设计、地理信息系统、图像处理、模拟仿真等领域。

4. 服务器

服务器是一种在网络环境中对外提供服务的计算机系统。从广义上讲，一台微型计算机也可以充当服务器，关键是它要安装网络操作系统、网络协议和各种服务软件；从狭义上讲，服务器是专指通过网络对外提供服务的那些高性能计算机。与微型计算机相比，服务器在稳定性、安全性、性能等方面要求更高，因此硬件系统的要求也更高。

根据提供的服务，服务器可以分为 Web 服务器、FTP 服务器、文件服务器、数据库服务器等。

5. 嵌入式计算机

嵌入式计算机是指作为一个信息处理部件，嵌入应用系统之中的计算机。嵌入式计算机与通用计算机相比，在基础原理方面没有原则性的区别，主要区别在于系统和功能软件集成于计算机硬件系统之中，也就是说，系统的应用软件与硬件一体化。

在各种类型的计算机中，嵌入式计算机应用最广泛，数量超过 PC。嵌入式计算机目前广泛用于各种家用电器之中，如电冰箱、自动洗衣机、数字电视机和数字照相机等。

1.1.4　计算机的应用

计算机及其应用已经渗透到社会的各个方面，改变着传统的工作、学习和生活方式，推动着信息社会的发展。未来计算机将进一步深入人们的生活，将更加人性化，更加适应我们的生活，甚至改变人类现有的生活方式。数字化生活可能成为未来生活的主要模式，人们离不开计算机，计算机也将更加丰富多彩。

归纳起来，计算机的应用主要有下面几种类型。

1. 科学计算

科学计算也称为数值计算，是指应用计算机处理科学研究和工程技术中所遇到的数学计算问题。科学计算是计算机最早的应用领域，ENIAC 就是为科学计算而研制的。随着科学技术的发展，各种领域中的计算模型日趋复杂，人工计算无法解决。例如，在天文学、量子化学、空气动力学、核物理学等领域中，都需要依靠计算机进行复杂的运算。科学计算的特点是计算工作量大、数值变化范围大。

2. 数据处理

数据处理也称为非数值计算或事务处理，是指对大量的数据进行加工处理，例如统计分析、合并、分类等。数据处理是计算机应用最广泛的一个领域，如管理信息系统、办公自动化系统、决策支持系统、电子商务等都属于数据处理范畴。与科学计算不同，数据处理涉及的数据量大，但计算方法较简单。

3. 电子商务

电子商务（electronic commerce，EC）是指利用计算机和网络进行的新型商务活动。它作为一种新型的商务方式，将生产企业、流通企业以及消费者和政府带入了一个网络经济、数字化生存的新天地，它可让人们不再受时间、地域的限制，以一种非常简捷的方式完成过去较为繁杂的商务活动。

根据交易双方的不同，电子商务可分为多种形式，常见的是以下 3 种。

（1）B2B，交易双方都是企业，是电子商务的主要形式，如阿里巴巴。

（2）B2C，交易双方是企业与消费者，如京东商城。

（3）C2C，交易双方都是消费者，如淘宝网。

在互联网时代，电子商务的发展对于一个公司而言，不仅仅意味着一个商业机会，还意味着一个全新的全球性的网络驱动经济的诞生。据报道，2019 年我国电子商务市场交易规模就已经突破了 34.8 万亿元。

4. 过程控制

过程控制又称实时控制，指用计算机及时采集检测数据，按最佳值迅速地对控制对象进行自动控制或自动调节。例如，让一个房间保持恒温，石油、化学品或塑胶的制造过程都是过程控制的应用。在现代工业中，过程控制是实现生产过程自动化的基础，在冶金、石油、化工、纺织、水电、机械、航天等领域都得到广泛的应用。

5. CAD/CAM/CIMS

计算机辅助设计（computer aided design，CAD），就是用计算机帮助设计人员进行设计。由于计算机有快速的数值计算、较强的数据处理以及模拟的能力，CAD 技术得到广泛应用，例如飞机设计、船舶设计、建筑设计、机械设计、大规模集成电路设计等。采用计算机辅助设计后，不但降低了设计人员的工作量，提高了设计的速度，更重要的是提高了设计的质量。

计算机辅助制造（computer aided manufacturing，CAM），就是用计算机进行生产设备的管理、控制和操作的过程。例如在产品的制造过程中，用计算机控制机器的运行，处理生产过程中所需的数据，控制和处理材料的流动以及对产品进行检验等。使用 CAM 技术可以提高产品的质量、降低成本、缩短生产周期、改善劳动强度。

除了 CAD/CAM 之外，计算机辅助系统还有计算机辅助工艺规划（computer aided process planning，CAPP）、计算机辅助工程（computer aided engineering，CAE）、计算机辅助教育（computer based education，CBE）等。

计算机集成制造系统（computer integrated manufacturing system，CIMS）是指以计算机为中心的现代化信息技术应用于企业管理与产品开发制造构成的新一代制造系统，是 CAD、CAPP、CAM、CAE、CAQ（计算机辅助质量管理）、PDMS（产品数据管理系统）、管理与决策、网络与数据库及质量保证系统等子系统的技术集成。它将企业生产、经营各个环节，从市场分析、经营决策、产品开发、加工制造到管理、销售、服务都视为一个整体，即以充分的信息共享，促进制造系统和企业组织的优化运行，其目的在于提高企业的竞争能力及生存能力。CIMS 通过将管理、设计、生产、经营等各个环节的信息集成、优化分析，从而确保企业的信息流、资金流、物流能够高效且稳定地运行，最终使企业实现整体最优效益。

6. 多媒体技术

多媒体技术是以计算机技术为核心，将现代声像技术和通信技术融为一体，以追求更自然、更丰富的接口界面，因而其应用领域十分广泛。它不仅覆盖计算机的绝大部分应用领域，同时还拓展了新的应用领域，如可视电话、视频会议系统等。实际上，多媒体系统的应用以极强的渗透力进入了人类工作和生活的各个领域，正改变着人类的生活和工作方式，成功地塑造了一个绚丽多彩的划时代的多媒体世界。

7. 人工智能

人工智能（artificial intelligence，AI）是指用计算机来模拟人类的智能。实现人工智能的根本途径是机器学习（machine learning，ML），即通过让计算机模拟人类的学习活动，自主获取新知识。目前很多人工智能系统已经能够替代人的部分脑力劳动，并以多种形态走进人们的生活，小到手机里的语音助手、人脸识别、购物网站推荐，大到智能家居、无人机、无人驾驶汽车、工业机器人、航空卫星等。

人工智能应用中具有里程碑意义的案例是"深蓝"。"深蓝"是 IBM 公司研制的一台超级计算机，1997 年 5 月 11 日，它仅用了一个小时便轻松战胜俄罗斯国际象棋世界冠军卡斯帕罗夫，并以 3.5∶2.5 的总比分赢得人与计算机之间的挑战赛，这是在国际象棋上人类智能第一次败给计算机。如果说"深蓝"取胜的本质在于传统的"规则"，那么在 2016 年 3 月战胜人类顶尖棋手李世石的谷歌围棋人工智能程序 AlphaGo（见图 1.1.6），则宣告着一个新的人工智能时代的到来，其关键技术是机器学习。

图 1.1.6   AlphaGo 与李世石的人机大战

虽然计算机的能力在许多方面远远超过了人类，如计算速度，但是相比于人的大脑这一通用的智能系统，目前人工智能的功能相对单一，并且始终无法获得人脑的丰富的联想能力、创造能力以及情感交流的能力，要真正达到人的智能还是非常遥远的事情。

1.1.5　计算机文化

经过 70 多年的进步，计算机科学及其应用几乎无所不在，成为人们工作、生活、学习中不可或缺的重要组成部分，并由此形成了独特的计算机文化。

所谓计算机文化，就是人类社会的生存方式因使用计算机而产生的一种崭新文化形态，这种崭新的文化形态体现为如下两点。

（1）物质文化。计算机的软、硬件设备以及使用方法，作为人类所创造的物质文化满足了人类生存和发展的需要。

（2）非物质文化。主要包括两方面内容：一是计算机学科对自然科学和社会科学等的广泛渗透，创造和形成了新的科学思想、科学方法、科学精神、价值标准等新文化；二是计算机的广泛应用改变了传统社会，形成了网络社会等虚拟的社会形态，产生了相应的语言、风俗、道德、法律等。

计算机文化来源于计算机科学，正是后者的发展，孕育并推动了计算机文化的产生和成长。而计算机文化的普及，又反过来促进了计算机科学的进步和计算机应用的扩展。

人类已经跨入以网络为中心的信息时代。作为计算机文化的一个重要组成部分，网络文化已成为人们生活的一部分，深刻地影响着人们的生活，同时，也给人们带来了前所未有的挑战。

计算机文化作为当今最具活力的一种崭新文化形态，加快了人类社会前进的步伐，其所产生的思想观念、所带来的物质条件以及计算机文化教育的普及有利于人类社会的进步、发展。

今天，计算机文化已成为人类现代文化的一个重要组成部分，完整准确地理解计算科学与工程及其社会影响，已成为新时代青年人的一项重要任务。

1.2　信息技术概述

计算机诞生以来，人类社会正由工业社会全面进入信息社会，其主要动力就是以计算机技术、通信技术和控制技术为核心的现代信息技术的飞速发展和广泛应用。纵观人类社会发展史和科学技术史，信息技术在众多的科学技术群体中越来越显示出强大的生命力。随着科学技术的飞速发展，各种高新技术层出不穷、日新月异，但是最主要的、发展最快的仍然是信息技术。

1.2.1   现代信息技术基础知识

1. 信息与数据

一般来说，信息既是对各种事物的变化和特征的反映，又是事物之间相互作用和联系的表征。人通过接收信息来认识事物，从这个意义上来说，信息是一种知识，是接收者原来不了解的知识。

信息同物质、能源一样重要，是人类生存和社会发展的三大基本资源之一。信息不仅维系着社会的生存和发展，而且在不断地推动着社会和经济的发展。

数据是信息的载体。数值、文字、语言、图形、图像等都是不同形式的数据。

信息与数据是不同的。信息有意义，而数据没有。例如，当测量一个病人的体温时，假定病人的体温是 39℃，则写在病历上的 39℃ 实际上是数据。39℃ 这个数据本身是没有意义的，39℃ 是什么意思，什么物质是 39℃？但是，当数据以某种形式经过处理、描述或与其他数据比较时，一些意义就出现了，例如，这个病人的体温是 39℃，这才是信息，信息是有意义的。

2. 信息技术

随着信息技术的发展，信息技术的内涵在不断变化。一般来说，信息采集、加工、存储、传输和利用过程中的每一种技术都是信息技术，这是一种狭义的定义。在现代信息社会中，技术发展能够导致虚拟现实的产生，信息的本质也被改写，一切可以用二进制进行编码的东西都被称为信息。因此，联合国教科文组织对信息技术的定义是：应用在信息技术加工和处理中的科学、技术与工程的训练方法和管理技巧；上述方面和技巧的应用；计算机及其与人、机的相互作用；与之相应的社会、经济和文化等诸种事物。在这个定义中，信息技术一般是指一系列与计算机相关的技术。该定义侧重于信息技术的应用，对信息技术可能对社会、科技、人们的日常生活产生的影响及其相互作用进行了广泛研究。

信息技术不仅包括现代信息技术，还包括在现代文明之前的原始时代和古代社会中与之相对应的信息技术。不能把信息技术等同为现代信息技术。本节中介绍的是现代信息技术。

1.2.2   现代信息技术的内容

一般来说，信息技术（information technology，IT）包含三个层次的内容：信息基础技术、信息系统技术和信息应用技术。

1. 信息基础技术

信息基础技术是信息技术的基础,包括新材料、新能源、新器件的开发和制造技术。近几十年来,发展最快、应用最广泛、对信息技术以及整个高科技领域的发展影响最大的是微电子技术和光电子技术。

(1) 微电子技术

微电子技术是随着集成电路,尤其是超大规模集成电路发展而来的一门技术,是建立在以集成电路为核心的各种半导体器件基础上的高新电子技术,包括系统电路设计、器件物理、工艺技术、材料制备、自动测试以及封装、组装等一系列专门的技术,是微电子学中各项工艺技术的总和。晶体管是集成电路技术发展的基础。美国贝尔实验室的 3 位科学家因研制成功第一个晶体管,获得 1956 年诺贝尔物理学奖。集成电路的生产始于 1959 年,其特点是体积小、质量轻、可靠性高、工作速度快。衡量微电子技术进步的标志主要有三个方面:一是缩小芯片中器件结构的尺寸,即缩小加工线条的宽度;二是增加芯片中所包含的元器件的数量,即扩大集成规模;三是开拓有针对性的设计应用。

大规模集成电路指每一单晶硅片上可以集成制作一千个以上的元器件。集成度在一万至十万个以上元器件的为超大规模集成电路。集成电路有专用电路和通用电路。通用电路中最典型的是存储器和处理器,应用极为广泛。计算机的换代就取决于这两项集成电路的集成规模。

微电子技术对信息时代具有巨大的影响,是当今社会科技领域的重要支柱。微电子技术是现代电子信息技术的直接基础,它的发展有力推动了通信技术、计算机技术和网络技术的迅速发展,成为衡量一个国家科技进步的重要标志。

(2) 光电子技术

光电子技术是继微电子技术之后迅猛发展的综合性高新技术。1962 年半导体激光器的诞生是近代科学技术史上一个重大事件。经历十多年的初期探索,从 20 世纪 70 年代后期起,随着半导体光电子器件和硅基光导纤维两大基础器件在原理和制造工艺上的突破,光子技术与电子技术开始结合并形成了具有强大生命力的信息光电子技术和产业。光电子技术是一个比较庞大的体系,它包括信息传输如光纤通信、空间和海底光通信等,信息处理如计算机光互连、光计算、光交换等,信息获取如光学传感和遥感、光纤传感等,信息存储如光盘、全息存储技术等,信息显示如大屏幕平板显示、激光打印和印刷等;还包括光化学、生物光子学及激光医学、有机光子学与材料、激光加工、激光惯性约束核聚变、光子武器等诸多分支学科和应用领域。其中信息光电子技术是光电子学领域中最为活跃的分支,对国民经济和国防建设有举足轻重的影响。在信息技术发展过程中,电子作为信息的载体做出了巨大的贡献,但它也在速率、容量和空间相容性等方面受到严峻的挑战。采用光子作为信息的载体，其响应速度可达到飞秒量级，比电子快三个数量级以上。加上光子的高度并行处理能力，使其具有远超出电子的信息容量与处理速度的潜力。充分地利用电子和光子两大微观信息载体各自的优点，必将大大改善电子通信设备、电子计算机和电子仪器的性能，促使目前的信息技术跃进到一个新的阶段。

2. 信息系统技术

信息系统技术是指有关信息的获取、传输、处理、控制的设备和系统的技术。感测技术、通信技术、计算机与智能技术和控制技术是它的核心和支撑技术。

（1）信息获取技术

获取信息是利用信息的先决条件。目前，主要的信息获取技术是传感技术、遥测技术和遥感技术。

（2）信息处理技术

信息处理是指对获取的信息进行识别、转换、加工，使信息安全地存储、传输，并能方便地检索、再生、利用，或从中提炼知识、发现规律。

长期以来，人类都是以人工的方式对信息进行处理，在信息技术发展起来后，计算机技术（包括计算机硬件和计算机软件等技术）成为现代信息技术的核心。

（3）信息传输技术

信息传输技术指通信技术，它是现代信息技术的支撑，如信息光纤通信技术、卫星通信技术等。通信技术的功能是使信息在大范围内迅速、准确、有效地传递，以便让广大用户共享，从而充分发挥其作用。近年来，信息技术取得的每一次重要突破都是以信息传输技术为主要内容的。

（4）信息控制技术

信息控制技术就是利用信息传递和信息反馈来实现对目标系统进行控制的技术，如导弹控制系统技术等。在信息系统中，对信息实施有效的控制一直是信息活动的一个重要方面，也是利用信息的重要前提。

目前，人们把通信技术、计算机技术和控制技术合称为 3C（communication、computer 和 control）技术。3C 技术是信息技术的主体。

（5）现代信息存储技术

纸就是一种信息存储技术，近现代以来发明的缩微品、磁盘、光盘是现代的信息存储技术。从广义上来说，纸质图书、录像带、唱片、缩微品、磁盘、光盘、多媒体系统等都是信息存储的介质，与它们相对应的技术便构成了现代信息存储技术。

3. 信息应用技术

信息应用技术是针对种种实用目的，如信息管理、信息控制、信息决策而发展起来的具体的技术群类，包括工厂的自动化、办公自动化、家庭自动化、人工智能和互联通信技术等，它们是信息技术开发的根本目的所在。

信息技术在社会的各个领域得到广泛应用，显示出强大的生命力。纵观人类科技发展的历程，还没有一项技术像信息技术一样对人类社会产生如此巨大的影响。

1.2.3　新一代信息技术

当前，新一代信息技术蓬勃发展，为各国经济发展、社会进步、人民生活带来重大而深远的影响。在众多取得突破的技术中具有代表性的有大数据、人工智能、云计算、物联网、区块链、虚拟现实等。

1. 大数据

互联网时代，电子商务、物联网、社交网络、移动通信等每时每刻产生着海量的数据，这些数据规模巨大，通常以 PB（10^{50}B）、EB（10^{60}B）甚至 ZB（10^{70}B）为单位，故被称为大数据。大数据隐藏着丰富的价值，目前挖掘的价值就像漂浮在海洋中冰山的一角，绝大部分还隐藏在表面之下。面对大数据，传统的计算机技术无法存储和处理，大数据技术应运而生。

（1）大数据的定义及特征

究竟什么是大数据？众多权威机构对大数据给予了不同的定义。目前大家普遍认为：大数据是指具有海量、高增长率和多样化的信息资产，它需要全新的处理模式来增强决策力、洞察发现力和流程优化能力。

大数据具有下列 4 个特征。

① 数据量（volume）巨大。至少以 PB、EB 甚至 ZB 为单位。

② 数据类型（variety）繁多。包括网页、微信、图片、音频、视频、点击流、传感器数据、地理位置信息、网络日志等数据，数据类型繁多，大约 5% 是结构性的数据，95% 是非结构性的数据，使用传统的数据库技术无法存储这些数据。

③ 速度（velocity）快。要求处理速度快，时效性高。

④ 价值（value）密度低。数据价值密度相对较低，只有通过分析才能实现从数据到价值的转变。

（2）大数据技术

大数据时代，人们能够在瞬间处理成千上万的数据，数据是如何被处理的？面对大数据，数据处理的思维和方法有 3 个特点。

　　① 不是抽样统计，而是面向全体样本。抽样统计是过去数据处理能力受限的情况下所使用的方法，而现在人们能够在瞬间处理成千上万的数据，处理全体样本就可以得到更准确的结果。例如，若要统计某个城市居民的男女比例，过去是统计 1 000 或 10 000 人的性别，但现在是处理全部居民信息。

　　② 允许不精确和混杂性。例如，若要测量某一地方的温度，当有大量温度计时，某一个温度计的错误显得无关紧要；当测量频率大幅增加后，某些数据的错误产生的影响也会被抵消掉。

　　③ 不是因果关系，而是相互关系。例如，在电子商务中，若要想知道一个顾客是否怀孕，可以通过分析顾客购买的关联物来评价顾客的"怀孕趋势"。从前，小偷靠反扒警察一天天地跟踪，如果小偷使用了电子支付，警察发现这个人一天之内乘坐了 50 辆不同的公交车转来转去，那这个人就很可疑。

　　大数据需要新一代的信息技术来支持，主要涉及基础设施（如云计算、虚拟化技术、网络技术等）、数据采集技术、数据存储技术、数据计算、展现与交互技术等。

　　（3）大数据应用

　　目前，大数据技术已经成熟，大数据应用逐渐落地。应用大数据较多的领域有公共服务、电子商务、企业管理、金融、娱乐、个人服务等。在这里仅举两例。

　　① 医疗领域。大数据分析应用的计算能力可以在几分钟内解码整个 DNA，并且可以帮助医生制定出最新的治疗方案，同时可以更好地理解和预测疾病。例如，目前在医院中大数据已经应用于监视早产婴儿和患病婴儿的情况，通过记录和分析婴儿的心跳，医生针对婴儿的身体可能会出现的不适症状做出预测，这样可以帮助医生更好地救助婴儿。

　　② 安防领域。作为信息时代海量数据的来源之一，视频监控产生了巨大的信息数据。特别是近几年随着平安城市、智能交通等领域的快速发展，大集成、大联网、云技术推动安防行业进入大数据时代。安防领域大数据的存在已经被越来越多的人熟知，海量的非结构化视频数据，以及飞速增长的特征数据，推动了大数据应用的一系列发展。

　　2. 人工智能

　　从前，当我们讨论人工智能（artificial intelligence，AI）的时候，总是将其与《星球大战》《终结者》等电影联系在一起，这样的人工智能是虚幻的。而随着智能手机、无人驾驶汽车等产品的诞生，人们日常生活中已经每天都在使用 AI 了。作为计算机学科的一个分支，人工智能近些年来发展迅速，在很多学科领域都获得了广泛应用，并取得了丰硕的成果。人工智能已逐步成为一个独立的分支，无论在理论和实践上都已自成体系。

（1）人工智能的定义

人工智能的定义可以分为两部分，即"人工"和"智能"。"人工"比较好理解，就是通常意义下的人力所能制造的人工系统。关于什么是"智能"，就稍微复杂了，因为涉及其他诸如意识、自我、思维等方面。因此人工智能的研究往往涉及对人的智能本身的研究。其他关于动物或人造系统的智能也普遍被认为是人工智能相关的研究课题。

（2）人工智能技术

人工智能目前共有 5 大核心技术，它们均成为了独立的子产业。

① 机器学习

机器学习指的是计算机系统无须遵照显式的程序指令，而只依靠数据来提升自身性能的能力。针对那些产生庞大数据的活动，它几乎拥有改进一切性能的潜力。除了欺诈甄别之外，这些活动还包括销售预测、库存管理、石油和天然气勘探，以及公共卫生等多个领域。

② 自然语言处理

自然语言处理是指计算机拥有等同于人类的文本处理能力。自然语言处理系统并不了解人类处理文本的方式，但是它却可以用非常复杂与成熟的手段巧妙地处理文本。例如，自动识别一份文档中所有被提及的人与地点；识别文档的核心议题等。

③ 计算机视觉

计算机视觉是指计算机从图像中识别出物体、场景和活动的能力。计算机视觉技术运用由图像处理算法及其他技术所组成的序列，来将图像分析任务分解成便于管理的小块任务。例如，一些技术能够从图像中检测到物体的边缘及纹理，分类技术可被用作确定捕捉到的特征是否能够代表系统已知的一类物体。

④ 语音识别

语音识别主要关注自动且准确地转录人类语音的技术。该技术必须面对一些与自然语言处理类似的问题，以解决不同口音的处理、背景噪声、区分同音异形/异义词等问题。语音识别系统使用一些与自然语言处理系统相同的技术，再辅以其他技术，例如描述声音和其出现在特定序列与语言中概率的声学模型等。

⑤ 机器人

将机器视觉、自动规划等认知技术整合至极小却高性能的传感器、制动器等设计巧妙的硬件中，这就催生了新一代的机器人，它有能力与人类一起工作，能在各种未知环境中灵活处理不同的任务。

（3）人工智能应用

目前，人工智能应用的范围很广，各种各样的人工智能应用已经深入各行各业。

这里仅举三个领域。

① 金融业

银行使用人工智能系统组织、运作金融投资和管理财产等，银行使用人工智能系统发觉变化或规范外的要求，协助服务顾客，如帮助核对账目，发行信用卡和恢复密码等。

② 医学

医学临床可用人工智能系统组织病床计划，并提供医学信息。通过这些医学信息，可以利用神经网络来搭建临床诊断决策支持系统。人工智能在医学方面还有下列应用，如解析医学图像、诊断心理疾病、分析心脏声音等。

③ 顾客服务

人工智能是自助客服的好助手，可减少人工操作，利用计算机视觉、语音/语义识别、机器人等技术提升用户体验。

3. 云计算

从前，人们常常会遇到这样的"囧境"：硬盘损坏了或者计算机丢失了，多年积累的文件再也没有了，欲哭无泪。但是在云计算时代，如果每天把数据备份到"云"上，这样的情况就不会再发生了。数据备份到"云"上，即云存储，是云计算的应用之一。

（1）云计算的概念

"云"是对计算机集群的一种形象比喻，每个集群包括几十台甚至上百台计算机，通过互联网随时随地为用户提供各种资源和服务，用户只需要一个能上网的终端设备（如计算机、智能手机、PDA 等），就可以在任何时间、任何地点，快速地使用云端的资源。

用户与"云"的关系类似企业与电力系统的关系。在云计算诞生之前，用户需要购买计算机、存储设备等自建服务器，而有了"云"以后，可以按照需要租用服务器以及各种服务。"云"其实就是一种公共设施，类似国家的电力系统、自来水网一样。

云计算具有如下 3 个特点。

① 超大规模，弹性伸缩。"云"的规模和计算能力相当巨大，并且可以根据需求增减相应的资源和服务，规模可以动态伸缩。

② 资源抽象，虚拟化。"云"上所有资源均被抽象和虚拟化了，用户可以采用按需支付的方式购买。

③ 高可靠性。云计算提供了安全的数据存储方式，能够保证数据的可靠性，用户无须担心软件的升级更新、漏洞修补、病毒攻击和数据丢失等问题。

（2）云服务

云计算提供哪些资源和服务呢？云计算提供的服务分成 3 个层次：基础设施即服务、平台即服务和软件即服务。

① 基础设施即服务（infrastructure as a service，IaaS）是指将"云"中计算机集群的内存、I/O 设备、存储、计算能力整合成一个虚拟的资源池，为用户提供所需的存储资源和虚拟化服务器等服务，例如云存储、云主机、云服务器等。IaaS 位于云计算服务的最底端。有了 IaaS，项目开发时不必购买服务器、磁盘阵列、带宽等设备，而是在云服务中直接申请，而且可以根据需要扩展性能。

② 平台即服务（platform as a service，PaaS）是指将软件研发的平台作为一种服务，提供给用户，如云数据库。PaaS 位于云计算服务的中间层。有了 PaaS，项目开发时不必购买操作系统、数据库管理系统、开发平台、中间件等系统软件，而是在云服务中根据需要申请。

③ 软件即服务（software as a service，SaaS）是指通过互联网就能直接使用软件应用，不需要本地安装，如阿里云提供的短信服务、邮件推送等。SaaS 是最常见的云计算服务，位于云计算服务的顶端。有了 SaaS，企业可通过互联网使用信息系统，不必自己研发。

4. 物联网

机器联网了，人也联网了，接下来就是物体与物体要联网了。如果说互联网缩短了人与人之间的距离，那么物联网逐渐消除人与物之间的隔阂，使人与物、物与物之间的对话得以实现。

（1）物联网的概念

简单地说，物联网（internet of things，IoT）就是物物相连的互联网，物联网使所有人和物在任何时间、任何地点都可以实现人与人、人与物、物与物之间的信息交互。

从技术的角度来说，物联网是通过射频识别、红外感应器、全球定位系统等各种传感设备，按照约定的协议，把任何物品与互联网相连接，进行信息交换和通信，实现对物品的智能化识别、定位、跟踪、监控和管理的一种网络，是互联网的延伸与扩展。

（2）物联网的关键技术

物联网的实现主要依赖于以下几个关键技术。

① RFID 技术

RFID 技术即射频识别技术，俗称电子标签，通过射频信号自动识别目标对象，并对其信息进行标志、登记、存储和管理，如图 1.2.1 所示。

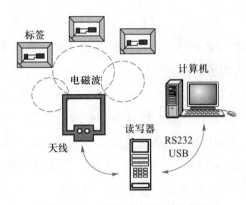

图 1.2.1   RFID 射频识别示意图

RFID 是一个可以让物品"开口说话"的关键技术，是物联网的基础技术。RFID 标签中存储着各种物品的信息，利用无线数据通信网络将这些信息采集到中央信息系统中，可以实现物品的识别。

② 传感技术

传感技术是从自然信源获取信息，并对之进行处理和识别的一门多学科交叉的现代科学与工程技术，它涉及传感器、信息处理和识别技术。如果把计算机看成处理和识别信息的"大脑"，把通信系统看成传递信息的"神经系统"，那么传感器就类似人的"感觉器官"。传感设备如图 1.2.2 所示。

图 1.2.2   传感设备

③ 嵌入式技术

嵌入式系统将应用软件与硬件固化在一起，类似于 PC BIOS 的工作方式，具有软件代码少、高度自动化、响应速度快等特点，特别适合要求实时和多任务的系统。嵌入式系统主要由嵌入式处理器、相关支撑硬件、嵌入式操作系统及应用软件等组成，它是可独立工作的"器件"。嵌入式系统几乎应用在了生活中所有的电器设备上，如图 1.2.3 所示。嵌入式技术的发展为物联网实现智能控制提供了技术支撑。

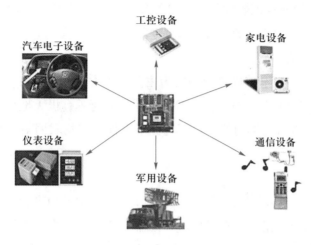

图 1.2.3　嵌入式技术的应用

④ 位置服务技术

位置服务技术就是采用定位技术确定智能物体的地理位置，利用地理信息系统与移动通信技术向物联网中的智能物体提供与位置相关的信息服务。与位置信息密切相关的技术包括遥感技术、全球定位系统（GPS）、地理信息系统（GIS）以及电子地图等。GPS 定位如图 1.2.4 所示。

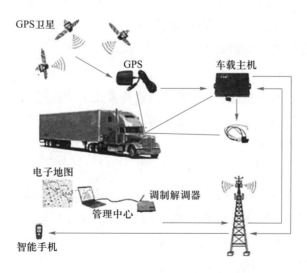

图 1.2.4　GPS 定位

⑤ IPv6 技术

IPv4 采用 32 位地址长度，只有大约 43 亿个 IP 地址。随着互联网的发展，IPv4 定义的有限网络地址将被耗尽。IPv6 的地址长度为 128 位，几乎可以为地球上每一个物体分配一个 IP 地址。

要构造一个物物相连的物联网，需要为每一个物体分配一个 IP 地址，因此大力发展 IPv6 技术是实现物联网的网络基础条件。

（3）物联网的应用

5G 技术的发展，预示着以移动网络为主要驱动力的物联网将发生重大变革。通过 5G，数据可以实时收集、分析和管理，几乎没有延迟，极大地拓宽了物联网的潜在应用，并为进一步的技术创新开辟了道路。下面介绍物联网最新的几个主要应用领域。

① 边缘计算

边缘计算实际上是云计算的对立面，云计算技术在过去几年时间里获得了大量关注。边缘计算意味着数据存储在微中心，而不是云，这为物联网提供了许多新的选择。通过在本地存储数据，它提供了一种更便宜、更快捷、更有效的数据处理方法。通过这种方式，数据可以立即提供给相应的物联网设备，减少网络的"压力"和必要的带宽。

② 智能城市

物联网在智能城市发展中的应用关系各个方面，市政管理、农业园林、医疗、交通等方面的智能化均可应用物联网技术。2019 年，全国首个"5G+AIOT（智能物联网）智慧社区"——北京市海淀区北园小区正式亮相。该小区应用了自动报警、智能门禁、人脸识别、机器人员工等多种物联网技术，使得居民生活更安全，社区管理更便捷，多项公共服务水平得到提升。

③ 智能医疗

在医疗领域，已经有超过一半的组织或机构采用了物联网技术。这是一个有无限可能的领域，例如智能药丸、智能家庭护理、电子健康记录和个人健康管理等，都是为了更好地进行病人护理。

5. 区块链

区块链技术伴随着比特币的问世而诞生。在比特币的形成过程中，区块是一个个的存储单元，记录了一定时间内各个区块节点全部的交流信息，而各个区块之间通过随机散列实现链接，则被称为区块链。区块链的发展，解决了互联网交易的安全性、隐私性、实时性等多种问题。

（1）区块链的定义

区块链是比特币的一个重要概念，它本质上是一个去中心化的数据库，同时作为比特币的底层技术，是一串使用密码学方法相关联产生的数据块，每一个数据块中包含了一批次比特币网络交易的信息，用于验证其信息的有效性和生成下一个区块。

（2）区块链技术

区块链由多种技术结合而来，区块链的整体技术发展需要依靠多种核心技术的整体突破，这些技术主要包括以下几个方面。

① P2P 网络

P2P 网络又称点对点技术，是没有中心服务器、依靠用户群交换信息的互联网体系。与有中心服务器的中央网络系统不同，对等网络的每个用户端即是一个节点，也有服务器的功能，P2P 网络技术是区块链去中心化的技术基础。

② 非对称加密算法

非对称加密算法是一种密钥的保密方法，需要两个密钥：公钥和私钥。因为加密和解密使用的是两个不同的密钥，所以这种算法叫非对称加密算法，而对称加密在加密与解密的过程中使用的是同一把密钥。这是区块链网络有别于中心化账户系统的技术保证，能够保证链上资产归属的安全性和匿名性。

③ 共识机制

共识机制就是所有记账节点之间如何达成共识，去认定一个记录的有效性，这既是认定的手段，也是防止篡改的手段。目前主要有 4 大类共识机制：PoW、PoS、DPoS 和分布式一致性算法。共识机制是区块链网络中非常核心的技术，共识机制很大程度上决定了区块链网络的可扩展性、安全性、网络速度及去中心化程度。

（3）区块链的应用

区块链可以存储数据，也可以运行应用程序。目前区块链技术主要应用在存在性证明、智能合约、物联网、身份验证、预测市场、资产交易、文件存储等领域。一般将区块链的应用范围划分成 3 个层面，分别称其为区块链 1.0、2.0 和 3.0。

① 区块链 1.0——可编程货币

区块链构建了一种全新的、去中心化的数字支付系统，随时随地进行货币交易、毫无障碍的跨国支付以及低成本运营的去中心化体系，都让这个系统变得魅力无穷。这样一种新兴数字货币的出现，强烈地冲击了传统金融体系。

② 区块链 2.0——可编程金融

受到数字货币的影响，人们开始将区块链技术的应用范围扩展到其他金融领域。

基于区块链技术可编程的特点，人们尝试将"智能合约"的理念加入区块链中，形成了可编程金融。有了合约系统的支撑，区块链的应用范围开始从单一的货币领域扩大到涉及合约功能的其他金融领域。

③ 区块链 3.0——可编程社会

随着区块链技术的进一步发展，其"去中心化"功能及"数据防伪"功能在其他领域逐步受到重视。人们开始认识到，区块链的应用也许不仅局限在金融领域，还可以扩展到任何有需求的领域中。于是，在金融领域之外，区块链技术又陆续被应用到了公证、仲裁、审计、域名、物流、医疗、邮件、鉴证、投票等其他领域中来，应用范围扩大到整个社会。

6. 虚拟现实

虚拟现实（virtual reality，VR）技术是目前发展最快的新技术之一。它利用计算机等设备来产生一个逼真的三维视觉、触觉、嗅觉等多种感官体验的虚拟世界，从而使人们可直接观察周围世界及物体的内在变化，并能实时产生与真实世界相同的感觉，使人与计算机融为一体。

虚拟现实技术具有 3 个突出特征，即沉浸性、交互性和想象性。

① 沉浸性。又称浸入性，是指用户感觉到好像完全置身于虚拟世界之中一样，被虚拟世界包围。

② 交互性。在虚拟现实系统中，人与虚拟世界之间要以自然的方式进行交互，如人的走动、头的转动、手的移动等，并且借助于虚拟系统中特殊的硬件设备（如数据手套、力反馈设备等），实时产生与真实世界中一样的感知。

③ 想象性。它是指虚拟的环境是人想象出来的，同时这种想象体现出设计者相应的思想，因而可以用来实现一定的目标。

虚拟现实系统的设备主要分成输入设备和输出设备。输入设备分为两大类，一类是基于自然的交互设备，如数据手套、三维控制器、三维扫描仪等设备，另一类是三维定位跟踪设备，如电磁跟踪系统、声学跟踪系统、光学跟踪系统、机械跟踪系统、惯性位置跟踪系统等。输出设备主要有视觉感知设备（如头盔式显示器、洞穴式立体显示装置等）、听觉感知设备（如耳机、喇叭等）、触觉反馈装置。

借助头盔、眼镜、耳机等虚拟现实设备，人们可以"穿越"到硝烟弥漫的古战场，融入浩瀚无边的太空旅行，将科幻小说、电影里的场景移至眼前……虚拟现实，可广泛应用于人们生活、工作的各个领域。

思考题

1. 冯·诺依曼体系结构计算机有什么特点？为什么现在的计算机都称为冯·诺依曼体系结构计算机？
2. 计算机的发展经历了哪几个阶段？各阶段的主要特征是什么？
3. 按综合性能指标，计算机一般分为哪几类？请列出各类计算机中具有代表性的机型。
4. 电子商务有哪几种常见类型？
5. 什么是图灵测试？
6. 信息与数据的区别是什么？
7. 什么是信息技术？
8. 为什么说微电子技术是整个信息技术领域的基础？
9. 信息处理技术具体包括哪些内容？3C 的含义是什么？
10. 试述当代计算机的主要应用。
11. 大数据的特征是什么？大数据通常以 PB、EB 甚至 ZB 为单位，它们的含义是什么？
12. 请举例说出五个生活中常见的人工智能应用以及所属的应用类型。
13. 请在常用的云服务平台上申请一台云主机。
14. 请简述物联网的关键技术。
15. 请说明区块链与比特币的关系。
16. 请说出三个虚拟现实应用。

第 2 章
计算机系统

　　随着计算机技术的快速发展和应用的不断扩展,计算机系统越来越复杂,功能越来越强大,但是计算机的基本组成和工作原理还是大体相同的。本章主要介绍计算机系统的基本组成、计算机的基本工作原理、计算机软件和微型计算机的组成。

电子教案:
计算机系统

2.1　引言

　　一个完整的计算机系统由硬件系统和软件系统组成，如图 2.1.1 所示。计算机硬件系统是指构成计算机的各种看得到、摸得着的物理器件，主要由中央处理器、存储器和各种输入输出外部设备组成，它们是计算机工作的物质基础。软件系统是运行在计算机硬件系统层之上的各种软件的总称，包括系统软件和应用软件两大类，它们通常被安装保存在计算机的外存储中。

　　软件指的是计算机中保存、运行、处理的各种程序、数据及文档的集合，它们是计算机系统的"灵魂"，没有安装任何软件的计算机称为"裸机"，而"裸机"只能识别由 0、1 组成的机器代码，没有软件系统的计算机几乎无法运行。

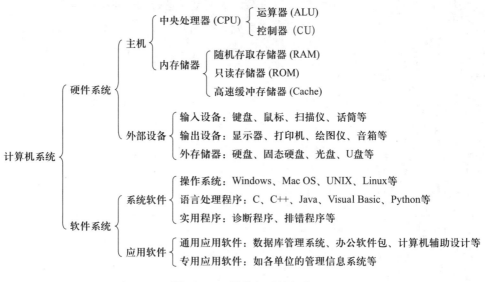

图 2.1.1　计算机系统组成

2.2　计算机硬件系统

2.2.1　计算机的基本结构

　　计算机的工作过程就是执行程序的过程。怎样组织程序，涉及计算机的基本结构。第一台计算机 ENIAC 的诞生仅仅表明人类发明了计算机，从而进入了"计算"时代。对后来的计算机在体系结构和工作原理上具有重大影响的是，在同一时期由美籍匈牙利数学家冯·诺依曼和他的同事们研制的 EDVAC。在 EDVAC 中采用了"存储程序"的工作原理，即程序和数据一样预先存入存储器，工作时连续自动地顺序执行。

存储程序工作原理是 1946 年冯·诺依曼提出的，主要思想包括以下几点。

① 计算机硬件由 5 大部件组成，其逻辑结构如图 2.2.1 所示，图中实线为数据流，虚线为控制流。

② 程序和数据以同等地位存放在存储器中。

③ 程序和数据以二进制形式存储。

70 多年来，虽然计算机系统从性能指标、运算速度、工作方式、应用领域和价格等方面与当时的计算机有很大进步，但基本结构没有变，都属于冯·诺依曼计算机。

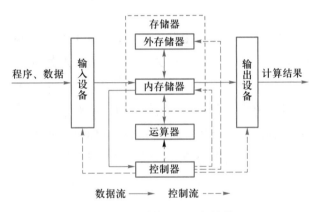

动画 2.1：
计算机的基本结构

图 2.2.1　计算机的逻辑结构

1. 运算器

运算器是计算机中进行数据加工的部件，它主要由算术逻辑部件（arithmetic and logic unit，ALU）、累加器和一组通用寄存器组成；现在的运算器内部还集成了浮点运算部件（floating-point processing unit，FPU），用来提高浮点运算速度。

累加器是一个具有特殊功能的寄存器，用来传输并临时存储待运算的一个操作数、运算的中间结果和其他数据。

运算器部件主要功能：执行数值数据的算术加、减、乘、除等运算，执行逻辑数据的与、或、非等逻辑运算，这个部件还具备左移和右移的功能。

2. 控制器

控制器（control unit，CU）是计算机的指挥中枢，用于控制计算机各个部件按照指令的功能要求协同工作。其基本功能是从内存取指令、分析指令和向其他部件发出控制信号。

控制器的主要部件有程序计数器（PC）、指令寄存器（IR）、指令译码器（ID）、时序控制器以及微操作控制电路等组成。

（1）程序计数器：对程序中的指令进行计数，使控制器能够一次读取指令。

（2）指令寄存器：在指令执行期间暂时保存正在执行的指令。

（3）指令译码器：识别指令的功能，分析指令的操作要求。

（4）时序控制器：生成时序控制信号，协调在指令执行周期的各部件的工作。

（5）微操作控制电路：产生各种控制操作命令。

控制器与运算器共同组成了中央处理器（central processing unit，CPU），中央处理器是计算机的核心部分。

3. 存储器

存储器主要用来存储程序和数据。对存储器的基本操作是按照指定位置存入或取出二进制信息。

存储器具有"取之不尽、一冲就走"的特性，也就是从存储单元读取其内容后，该单元仍然保存着原来的内容，可以重复读取；把数据写入存储单元，该单元的原有内容就被覆盖。

按功能的不同，计算机中的存储器一般分为内存储器和外存储器两种类型。内存储器用来存放当前运行程序的指令和数据，并直接与 CPU 交换信息，掉电后数据全部丢失；外存储器是用来存储原始数据和运算结果的，需要长期保存，掉电后数据不会丢失。

4. 输入设备

输入设备用于接收用户输入的原始数据和程序，并将它们转换成计算机可以识别的形式（二进制）存放到内存中。常用的输入设备有键盘、鼠标、触摸屏、摄像头、扫描仪、游戏杆、话筒等。

5. 输出设备

输出设备用于将存放在内存中由计算机处理的结果转变为用户可接受的形式。常用的输出设备有显示器、触摸屏、打印机、绘图仪、音箱等。

输入设备和输出设备简称为 I/O（input/output）设备。

2.2.2　微型计算机硬件系统

本节将从应用的角度，以台式机为例，介绍微型计算机的硬件系统。

1. 主机系统

台式微型计算机硬件系统从外观看，由机箱和外部设备组成，如图 2.2.2 所示。机箱里安装着计算机的主要部件，有主板、CPU、内存、硬盘和电源等；外部设备有鼠标、键盘和显示器等。主机的各个部件通过总线相连接，外部设备通过相应的接口电路再与总线相连接，从而形成了计算机硬件系统，在软件的驱动下协同工作。

图 2.2.2 台式微型计算机硬件系统的外形

（1）主板

主板也叫母板，是微型计算机中最大的一块集成电路板，也是其他部件和各种外部设备的连接载体，如图 2.2.3 所示。CPU、内存条、显卡等部件通过插槽（或插座）安装在主板上，硬盘、光驱等外部设备在主板上也有各自的接口，有些主板甚至还集成了声卡、显卡、网卡等部件。在微型计算机中，所有其他部件和各种外部设备通过主板有机连接起来，主板是计算机中重要的"交通枢纽"，它工作的稳定性影响着整机工作的稳定性。

拓展阅读 2.1：主板

图 2.2.3 系统主板

主板主要由下列两大部分组成。

① 芯片：主要有芯片组、BIOS 芯片、集成芯片（如声卡、网卡）等。

② 插槽/接口：主要有 CPU 插座、内存条插槽、散热片、SATA 接口、PCI 插槽、PCI-E 插槽、音频接口、网络接口、USB 接口、DVI 接口、HDMI 接口等。

（2）CPU

CPU 是计算机的核心，其重要性好比大脑对于人一样，它负责处理、运算计算机内部的所有数据，而与 CPU 协同工作的芯片组则更像是"心脏"，它控制着数据的交换。计算机选用什么样的 CPU 决定了计算机的性能，甚至决定了能够运行什么样的操作系统和应用软件。衡量 CPU 的性能的主要技术指标是 CPU 的主频、字长和位数、高速缓冲存储器（Cache）容量。

① 主频。例如 Intel 3.1G，就是指 CPU 的主频为 3.10 GHz。

② 字长和位数。在计算机中，作为一个整体参与运算、处理和传送的一串二进制数称为一个"字"，组成"字"的二进制数的位数称为字长，字长等于通用寄存器的位数。通常所说的 CPU 位数就是 CPU 的字长，也是指 CPU 中通用寄存器的位数。例如，64 位 CPU 是指 CPU 的字长为 64，也是指 CPU 中通用寄存器为 64 位。

③ 高速缓冲存储器容量。CPU 的主频不断提高，但内存由于容量大、寻址系统繁多、读写电路复杂等原因，造成了内存的工作速度大大低于 CPU 的工作速度，直接影响了计算机的性能。为了解决内存与 CPU 工作速度上的矛盾，在 CPU 和内存之间增设了高速缓冲存储器。高速缓冲存储器的运行频率极高，一般是和 CPU 同频运作。在同等条件下增加 Cache 容量能减少 CPU 的等待时间。CPU 往往需要重复读取同样的数据块，而缓存容量的增大，可以大幅度提升 CPU 内部读取数据的命中率，而不用再到内存中寻找，因此可以提高系统性能。

由于 CPU 芯片面积和成本的因素，Cache 容量不能很大。目前，CPU 中的 Cache 一般分成三级（如图 2.2.4 所示）：L1 Cache（一级缓存）、L2 Cache（二级缓存）和 L3 Cache（三级缓存）。L1 Cache 和 L2 Cache 是每个核心独立的，而 L3 Cache 是共享的。缓冲级别越多并不代表 CPU 的性能越好，命中率越高才越好。实际上，在二级缓存以后增加缓存的级数带来的命中率提高并不是线性的。

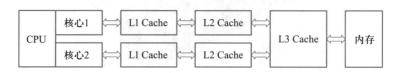

图 2.2.4　Cache 的三级结构

④ 多核和多线程。多核技术的开发是因为单一提高 CPU 的主频无法带来相应的性能提高，反而会使 CPU 更快地产生更多的热量，在短时间内就会烧毁 CPU。所以在一个芯片上集成多个核心，通过提高程序的并发性从而提高系统的性能。多核处理器一般需要一个控制器来协调多个核心之间的任务分配、数据同步等工作。

CPU 里的每个核心包含两大部件：控制器和运算器。控制器在指令读取和分析时，运算器闲置。增加一个控制器，能独立进行指令读取和分析，共享运算器，这样就组成另一个功能完整的核心了。这就是多线程，如图 2.2.5 所示。

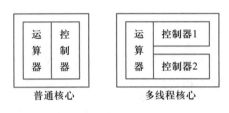

图 2.2.5 普通核心和多线程核心

多线程减少了 CPU 的闲置时间，提高了 CPU 的运行效率。但是，要发挥这种效能除了操作系统支持之外，还必须有应用软件支持。就目前来说，大部分的软件并不能从多线程技术上得到好处。

（3）内存储器

内存储器简称主存或内存，内存是计算机中重要的部件之一，它是外存与 CPU 进行沟通的桥梁。计算机中所有程序的运行都是在内存中进行的，因此内存的性能对计算机的影响非常大。根据使用方式的不同，内存储器分为随机存取存储器（random access memory，RAM）和只读存储器（read only memory，ROM）。

① RAM 是计算机工作的存储区域。RAM 里的内容可按其地址随时进行存取，RAM 的主要特点是数据存取速度较快，但是掉电后数据不能保存。

② ROM 是用于存放计算机启动程序的存储器。与 RAM 相比，ROM 的数据只能被读取而不能写入，如果要更改，就需要紫外线或高电压来擦除。另外，掉电以后 RAM 中的数据会自动消失，而 ROM 不会。

在计算机开机时，CPU 加电并且开始准备执行程序。此时，由于电源关闭时 RAM 中没有任何的程序和数据，所以 ROM 就发挥作用了。

BIOS（basic input/output system）即基本输入输出系统实际上是被固化到主板 ROM 芯片上的程序。它是一组与主板匹配的基本输入输出系统程序，能够识别各种硬件，还可以引导系统，这些程序指示计算机如何访问硬盘、加载操作系统并显示启动信息。启动的大致过程如图 2.2.6 所示。

（4）外存储器

外存储器作为内存储器的辅助和必要补充，在计算机中是必不可少的，它一般具有大容量、能长期保存数据的特点。

需要读者注意的是，任何一种存储技术都包括两个部分：存储设备和存储介质。存储设备是在存储介质上记录和读取数据的装置，例如硬盘驱动器、DVD 驱动器等。有些技术的存储介质和存储设备是封装在一起的，例如硬盘和硬盘驱动器；有些技术的存储介质和存储设备是分开的，例如 DVD 和DVD 驱动器。

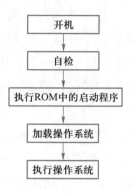

图 2.2.6　ROM 芯片

① 机械硬盘

机械硬盘是计算机的主要外部存储设备，通常说的硬盘就是指机械硬盘，它采用磁介质材料作为存储器。它是由许多个软盘片叠加组成的，因此有很多面，而且每个面上有很多磁道，每一个磁道上有很多扇区，如图 2.2.7 所示。读取和写入时，由磁头在转动的盘片上寻找文件所在扇区，类似以前的 VCD 播放碟片。

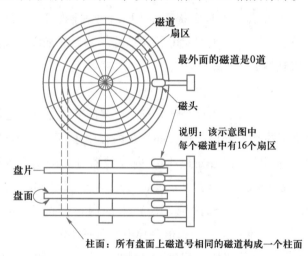

图 2.2.7　机械硬盘结构示意图

存储容量是硬盘最主要的参数。目前机械硬盘存储容量已经超过 10 TB，一般微型计算机配置的硬盘容量为几百吉字节到几太字节。

$$存储容量 = 盘面数 \times 磁道数 \times 扇区数 \times 扇区容量$$

例如，一个机械硬盘有 64 个盘面，1 600 个磁道，1 024 个扇区，每个扇区 512 字节，则它的容量是 $64 \times 1\ 600 \times 1\ 024 \times 512 \div 1\ 024 \div 1\ 024 \div 1\ 024 = 50$（GB）。

② 固态硬盘

虽然硬盘有诸多优点，但由于是依靠机械部件读写，所以读写速率相对慢，且便携性和抗震性相对较差。近年来，固态硬盘（solid state disk，SSD）很好地弥补了上述机械硬盘的不足。它是运用 Flash 芯片发展起来的硬盘，如图 2.2.8 所示。

图 2.2.8 固态硬盘

固态硬盘是一种以闪存（flash memeory）作为永久性存储器的计算机存储设备。它由控制单元和固态存储单元组成，存储单元负责存储数据，控制单元负责读取、写入数据。由于具有读写速率高、功耗和体积小、抗震性强和对环境条件要求低等优点，随着固态硬盘价格的降低，微机上固态硬盘作为外存储器是趋势。

③ 光盘

光盘盘片是在有机塑料基底上加各种镀膜制作而成的，数据通过激光刻在盘片上。光盘存储器具有体积小、容量大、易于长期保存等优点。

读取光盘的内容需要光盘驱动器，简称光驱。光驱有两种，CD（compact disc）驱动器和 DVD（digital versatile disc）驱动器。CD 光盘的容量一般为 650 MB。DVD 采用更有效的数据压缩编码，具有更高的磁道密度。因此 DVD 光盘的容量更大，一张 DVD 光盘的容量为 4.7~50 GB。

④ 移动存储

常用的移动存储设备有 Flash 卡和移动硬盘等。

Flash 存储器是一种新型半导体存储器，它的主要特点是在断电时也能长期保持数据，而且加电后很容易擦除和重写，又有很高的存取速度。随着集成电路的发展，Flash 存储器的集成度越来越高，而价格越来越便宜。

常见的 Flash 存储器有 U 盘和 Flash 卡，它们的存储介质相同而接口不同。U 盘采用 USB 接口，主要有 USB 2.0 和 USB 3.0 两种。计算机上的 USB 接口版本必须与 U 盘的接口类型一致才能达到最高的传输速率。

Flash 卡一般用作数码相机和手机的存储器，如 SD 卡。Flash 卡虽然种类繁多，但存储原理相同，只是接口不同。每种 Flash 卡需要相应接口的读卡器与计算机连接，计算机才能对其进行读写。

移动硬盘通常由笔记本计算机硬盘和带有数据接口电路的外壳组成，数据接口有 USB 接口和 IEEE 1394 接口两种。笔记本计算机硬盘只是比普通的台式计算机硬盘尺寸要小。

2. 总线和接口

主机的各个部件通过总线相连接，外部设备通过相应的接口电路再与总线相连接，从而形成了计算机硬件系统，如图 2.2.9 所示。

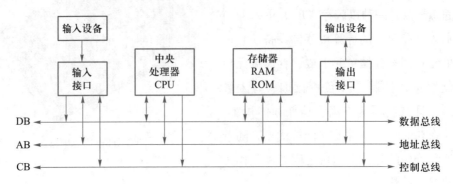

图 2.2.9　微型计算机的总线结构

（1）总线

总线（bus）是计算机系统的"动脉"。在微机的主板上，可以看到印制线路板有许多并排的金属线束，这就是总线。总线是各部件（或设备）之间传输数据的公用通道，是一条供部件共享的通信链路。一次能够在总线上同时传输信息的二进制位数被称为总线宽度。

按总线连接的部件，总线可分为内部总线、系统总线和外部总线，通常总线主要指的是系统总线。

① 内部总线是指 CPU 内各组件之间的连接。

② 系统总线是指 CPU 与计算机系统各大部件之间的连接。

③ 外部总线是指计算机与外部设备的连接。

按总线上传输的信号可将其类型分为三类：数据总线（data bus，DB）、地址总线（address bus，AB）和控制总线（control bus，CB）。

① 数据总线用于传送数据的信息，既可以把 CPU 的数据传送到存储器或 I/O 接口等其他部件，也可以将其他部件的数据传送到 CPU。数据总线的位数是微型计算机的一个重要指标，通常与微处理器的字长相一致。

② 地址总线用于传送数据的地址信息。地址总线的位数决定了 CPU 可直接寻址的内存空间大小，例如，32 位微机的地址总线的宽度为 32 位，最多可以访问 2^{32} 即 4 GB 的物理空间。

③ 控制总线用于传送控制信号以及协调各部件之间的操作。

按数据传输方式，总线可分为串行总线和并行总线。

① 串行总线。二进制数据逐位通过一根数据线发送到目的部件（或设备），如

图 2.2.10 所示。

② 并行总线。数据线有许多根，故一次能发送多个二进制位数据，如图 2.2.11 所示。

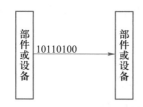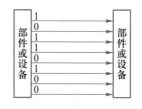

图 2.2.10 串行总线工作方式　　　　图 2.2.11 并行总线工作方式

常见的串行总线有 RS232、PS/2、USB、PCI-E 总线等；常见的并行总线有 PCI 总线等。

从表面上来说，并行总线似乎比串行总线快，其实在高频率的条件下，串行总线比并行总线更好，因此串行总线会逐渐取代并行总线。

（2）接口

各种外部设备通过接口与计算机主机相连。通过接口，可以把打印机、外置 Modem、扫描仪、U 盘、MP3 播放机、数码相机（DC）、数码摄像机（DV）、移动硬盘、手机、写字板等外部设备连接到计算机上。

主板上常见的接口有 USB 接口、HDMI 接口、音频接口和显示器接口等，如图 2.2.12 所示。

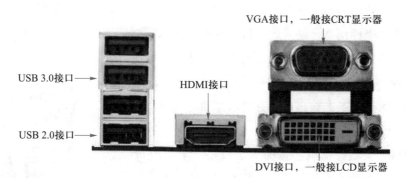

图 2.2.12 外部设备接口

对于输入设备、输出设备，接口通常起信息转换和缓冲作用。通过接口，可以将输入设备、输出设备和外存储器等外部设备连接到计算机上。

3. 输入和输出设备

输入和输出设备（又称为外部设备）是计算机系统的重要组成部分。各种类型的信息通过输入设备输入计算机，计算机处理的结果由输出设备输出。微型计算机的基本输入和输出设备有键盘、鼠标、触摸屏、显示器、打印机等。由于信息技术的长足进步，现在许多数码设备，如数码相机、数码摄像机、摄像头、投影仪等已经成为常用外部设备，甚至像磁卡、IC 卡、射频卡等许多卡片的读写设备，条形码扫描器，指纹识别器等在许多应用领域也成为外部设备。本节仅简单地介绍微型计算机的基本输入和输出设备。

（1）基本输入设备

微型计算机的基本输入设备有键盘、鼠标、触摸屏。

① 键盘。键盘是微型计算机必备的输入设备，通常连接在 USB 接口上。近年来，利用"蓝牙"技术无线连接到计算机的无线键盘也越来越多。

② 鼠标。鼠标是微型计算机的基本输入设备，通常连接在 USB 接口上。与无线键盘一样，无线鼠标也越来越多。

鼠标有两种：一种是机械式的，另一种是光电式的，现在基本使用光电式鼠标，因为光电式鼠标更精确、更耐用、更容易维护。

在笔记本计算机中，一般还配备了轨迹球（track point）、触摸板（touchpad），它们都是用来控制鼠标的。

③ 触摸屏。触摸屏是一种新型输入设备，是目前最简单、方便、自然的一种人机交互方式。触摸屏尽管诞生时间不长，但因为可以代替鼠标或键盘，故应用范围非常广阔。触摸屏目前主要应用于公共信息的查询和多媒体应用等领域，如银行、城市街头等的信息查询，将来肯定会走入家庭。

触摸屏一般由透明材料制成，安装在显示器的前面。它将用户的触摸位置转变为计算机屏幕的坐标信息，输入计算机系统中。触摸屏简化了计算机的使用，即使是对计算机一无所知的人，也能够马上使用，使计算机展现出更大的魅力。

（2）基本输出设备

微型计算机的基本输出设备有显示器和打印机。

① 显示器

显示器是微型计算机必备的输出设备。早期流行的是阴极射线管显示器（CRT），目前一般都用液晶显示器（LCD），如图 2.2.13 所示。液晶显示器的主要技术指标有分辨率、颜色质量。

图 2.2.13 液晶显示器

● 分辨率是指显示器上像素的数量。分辨率越高，显示器上的像素越多。常见的分辨率有 1 024×768、1 280×1 024、1 600×1 280、1 920×1 200 等。

● 颜色质量是指显示一个像素所占用的位数，单位是位（bit）。颜色位数决定了颜色数量，颜色位数越多，颜色数量越多。例如，将颜色质量设置为 24 位（真彩色），则颜色数量为 2^{24} 种。现在显示器允许用户选择 32 位的颜色质量，增加了一个字节的透明度。Windows 允许用户自行选择颜色质量。

② 打印机

打印机是计算机最基本的输出设备之一。打印机主要的性能指标有两个：一是打印速度，单位是 ppm，即每分钟可以打印的页数（A4 纸）；二是分辨率，单位是 dpi，即每英寸的点数，分辨率越高打印质量越高。传统打印机有 3 类：针式打印机、喷墨打印机和激光打印机。目前主要使用激光打印机，在少数特殊场合会使用针式打印机。

除了上述传统打印机外，现在 3D 打印机也使用较多。3D 打印机的原理是把数据和原料放进 3D 打印机中，机器会按照程序把产品一层层造出来。它是一种以计算机模型文件为基础，运用粉末状塑料或金属等可黏合材料，通过逐层打印的方式来构造物体的技术。它是一种新型的快速成型技术，传统的方法制造出一个模型通常需要数天，而用 3D 打印技术则可以将时间缩短为数小时。3D 打印被用于模型制造和单一材料产品的直接制造，如图 2.2.14 所示。

(a) 3D打印机正在打印模型   (b) 3D打印出的模型和产品

图 2.2.14　3D 打印

3D 打印有广泛的应用领域和广阔的应用前景，例如在工业设计、航空航天和国防军工、文化创意和数码娱乐、生物医疗、消费品等领域。

2.3　计算机软件系统

软件是指程序、程序运行所需要的数据以及开发、使用和维护程序所需要的文档的集合。计算机软件极为丰富，要对软件进行恰当的分类是相当困难的。一种通常的分类方法是将软件分为系统软件和应用软件两大类。实际上，系统软件和应用软件的界限并不十分明显，有些软件既可以认为是系统软件也可以认为是应用软件，如数据库管理系统。

计算机硬件系统和软件系统的层次关系如图 2.3.1 所示。系统软件是底层软件，负责软硬件的协同，并向应用软件提供运行支持；应用软件是高层软件，面向人类思维和问题求解。不同软件层次之间分工明确且相互配合。

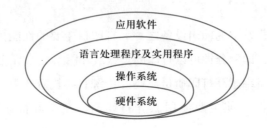

图 2.3.1　计算机硬件系统和软件系统的层次关系

2.3.1　系统软件

系统软件是指控制计算机的运行，管理计算机的各种资源，并为应用软件提供支持和服务的一类软件。在系统软件的支持下，用户才能运行各种应用软件。系统软件通常包括操作系统、语言处理程序和各种实用程序等。

1. 操作系统

为了使计算机系统的所有软硬件资源协调一致、有条不紊地工作，就必须有一个软件来进行统一的管理和调度，这种软件就是操作系统。引入操作系统有如下两个目的。

第一，从用户的角度来看，操作系统将裸机改造成一台功能更强、服务质量更高、用户使用起来更加灵活方便、更加安全可靠的虚拟机，使用户无须了解许多有关硬件和软件的细节就能使用计算机，从而提高用户的工作效率。

第二，可以合理地使用系统内包含的各种软硬件资源，提高整个系统的使用效率和经济效益。这如同运输系统没有调度中心，则没法提高效率及正常运行一样。

操作系统是最基本的系统软件，是现代计算机必配的软件，而且操作系统的性能很大程度上直接决定了整个计算机系统的性能。

目前典型的操作系统有：Windows、UNIX、Linux、Mac OS 等，详细介绍见第4章。

2. 程序设计语言与语言处理程序

（1）程序设计语言

自然语言是人们交流的工具，不同的语言（如汉语、英语等）描述的形式各不相同；而程序设计语言是人与计算机交流的工具，是用来书写计算机程序的工具，也可用不同的语言来进行描述。程序设计语言有几百种，最常用的不过十多种。按照程序设计语言发展的过程，程序设计语言大概分为三类：机器语言、汇编语言和高级语言。

① 机器语言

机器语言是由 0 和 1 二进制代码按一定规则组成的、能被机器直接理解和执行的指令集合。

例 2.1　计算 A=15+10 的机器语言程序。

10110000 00001111	:把 15 放入累加器 A 中
00101100 00001010	:10 与累加器 A 中的值相加,结果仍放入 A 中
11110100	:结束

由此可见，机器语言编写的程序像"天书"，编程工作量大，难学、难记、难修改，只适合专业人员使用；由于不同机器的指令系统不同，因此机器语言随机而异，通用性差，是面向机器的语言。当然机器语言也有其优点，编写的程序代码不需要翻译，因此所占内存空间少、执行速度快。现在已经没有人用机器语言直接编程了。

② 汇编语言

为了克服机器语言的上述缺点，人们将机器指令的代码用英文助记符来表示，代替机器语言中的指令和数据。例如用 ADD 表示加、SUB 表示减、JMP 表示程序跳转等，这种使用指令助记符的语言就是汇编语言，又称符号语言。

例 2.2　上述计算 A=15+10 的汇编语言程序。

MOV	A,15	:把 15 放入累加器 A 中
ADD	A,10	:10 与累加器 A 中的值相加,结果仍放入 A 中
HLT		:结束

由此可见，汇编语言在一定程度上克服了机器语言难读、难改的缺点，同时保持了其编程质量高、占存储空间少、执行速度快的优点。故在程序设计中，对实时性要求较高的地方，如过程控制等，仍经常采用汇编语言。但汇编语言面向机器，通用性差、不具有可移植性，维护和修改困难，也推动了高级语言的出现。

用汇编语言编写的程序，必须翻译成计算机所能识别的机器语言后，才能被计算机执行。

③ 高级语言

为了从根本上改变上述缺陷，使计算机语言更接近于自然语言并力求使语言脱离具体机器，达到程序可移植的目的，在 20 世纪 50 年代出现了高级语言。高级语言是一种接近自然语言和数学公式的程序设计语言。高级语言之所以"高级",就是因为它使程序员可以不用与计算机的硬件打交道,可以不必了解机器的指令系统,这样,程序员就可以集中精力来解决问题本身而不必受机器制约,极大地提高了编程的效率。图 2.3.2 表示了上述三类语言在机器和人的自然语言之间的紧密关系程度,通常将机器语言和汇编语言称为低级语言。从计算机技术和程序设计语言发展的角度来看,程序语言的目标是让计算机直接理解人的自然语言,不需要计算机语言,但这个过程是漫长的。

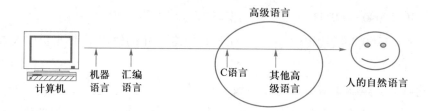

图 2.3.2   三类语言在机器和人的自然语言之间的紧密关系程度

例 2.3   上述计算 A = 15+10 的 Visual Basic 语言程序。

A = 15+10	'15 与 10 相加的结果放入变量 A 中
Print A	' 显示结果
End	' 程序结束

1954 年,第一门高级语言——FORTRAN 语言诞生,它是由 IBM 公司推出的。高级语言的开发成功是软件技术发展的重要里程碑。高级语言不仅是软件开发的工具,也成为一种人与人之间、不同的计算机之间交流的工具。随着计算机技术的发展,又先后出现了 COBOL、BASIC、Pascal、C、C++、Java、Visual Basic、C#、Python 等高级语言。

要说明的是,C 语言是高级语言的一种,但它既具有离计算机硬件近的特点,能够像汇编语言那样实现对硬件的编程操作,如对位、字节和地址等进行操作,又具有高级语言的基本结构和语句,因此,C 语言集高级语言和低级语言的功能于一体,有时称 C 语言为中级语言。它既适合高级语言应用的领域,如数据库、网络、图形、图像等方面,又适合低级语言应用的领域,如工业控制、自动检测等方面,故得到了广泛应用。

(2)语言处理程序

在所有的程序设计语言中,除了用机器语言编制的程序能够被计算机直接理解和执行外,其他的程序设计语言编写的程序都必须经过一个翻译过程才能转换为计算机所能识别的机器语言程序,实现这个翻译过程的工具是语言处理程序,即翻译程序。

用非机器语言编写的程序称为源程序，通过翻译程序翻译后的程序称为目标程序。翻译程序也称为编译器。针对不同的程序设计语言编写出的程序，它们有各自的翻译程序，互相不通用。

① 汇编程序

汇编程序是指将汇编语言编制的程序（称为源程序）翻译成机器语言程序（也称为目标程序）的工具，它们的相互关系如图 2.3.3 所示。

② 高级语言翻译程序

高级语言翻译程序是指将高级语言编写的源程序翻译成目标程序的工具。翻译程序有两种工作方式：解释方式和编译方式。相应的翻译工具也分别称为解释程序和编译程序。

● 解释方式

解释方式的翻译工作由解释程序来完成。这种方式如同"同声翻译"，解释程序对源程序进行逐句分析，若没有错误，将该语句翻译成一个或多个机器语言指令，然后立即执行这些指令；若当它解释时发现错误，会立即停止，报错并提醒用户更正代码。解释方式不生成目标程序，其工作过程如图 2.3.4 所示。

图 2.3.3　汇编程序的作用　　　　图 2.3.4　解释方式的工作过程

这种边解释边执行的方式特别适合于人机对话，并对初学者有利，因为便于查找错误的语句行并修改。但解释方式执行速度慢，原因有 3 个：其一，每次运行必须要重新解释，而编译方式编译一次，可重复运行多次；其二，若程序较大，且错误发生在程序的后面，则前面的运行是无效的；其三，解释程序只看到一条语句，无法对整个程序进行优化。

早期的 BASIC 语言和当前流行的 Python 语言均采用解释方式。

● 编译方式

翻译工作由编译程序来完成，这种方式如同"笔译"，在纸上记录翻译后的结果。编译程序对整个源程序进行编译处理，产生一个与源程序等价的目标程序，但目标程序还不能直接执行，因为程序中还可能要调用一些其他语言编写的程序或库函数，所有这些程序通过连接程序将目标程序和有关的程序库组合成一个完整的可执行程序。产生的可执行程序可以脱离编译程序和源程序独立存在并反复使用。故编译方式执行速度快，但每次修改源程序都必须重新编译。大多数高级语言都采用编译方式。

例2.4 使用 C/C++ 编写的源程序编译方式的大致工作过程和生成的文件如图 2.3.5 所示。

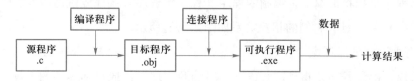

图 2.3.5　编译方式的工作过程

由于各种高级程序设计语言的语法和结构不同，所以它们的编译程序也不同。每种语言都有自己的编译程序，相互不能代替。

（3）典型的程序设计语言

拓展阅读 2.5：
程序设计语言

从 1954 年第一门高级语言——FORTRAN 语言诞生以来的几十年时间里，人们设计出了几百种语言，编程思想由面向过程发展到面向对象。典型的高级语言有如下几类。

① FORTRAN 语言。1954 年推出，是世界上最早出现的高级程序设计语言。FOR-TRAN 是 FORmula TRANslator 的缩写，顾名思义，该语言用于科学计算。

② COBOL 语言。面向商业的通用语言，1959 年推出，主要用于数据处理，随着数据库管理系统的迅速发展，使用越来越少。

③ Pascal 语言。结构化程序设计语言，1968 年推出，适用于教学、科学计算、数据处理和系统软件等开发。20 世纪 80 年代，随着 C 语言的流行，Pascal 语言走向了衰落。目前，Inprise 公司（即原 Borland）仍在开发 Pascal 语言系统 Delphi，它使用面向对象与软件组件的概念，用于开发商用软件。

④ C 与 C++语言。C 语言于 1972 年推出，它是为改写 UNIX 操作系统而诞生的。C 语言功能丰富、使用灵活、简洁明了、编译产生的代码短、执行速度快、可移植性强；C 语言虽然形式上是高级语言，但却具有与机器硬件打交道的底层处理功能。1983 年在 C 语言中加入面向对象的概念，对程序设计思想和方法进行了彻底的革命，形成了 C++语言。由于 C++对 C 语言的兼容，而 C 语言使用广泛，从而使得 C++成为应用最广的面向对象程序设计语言之一。

⑤ BASIC 语言。初学者语言，1964 年推出，早期的 BASIC 语言是非结构化的且功能少，因为是解释型语言，所以运行速度慢。随着计算机技术的发展，各种开发环境下的 BASIC 语言有了很大的改进。1991 年微软公司推出可视化的、基于对象的 Visual

Basic 开发环境，给非计算机专业的广大用户开发 Windows 环境下的应用软件带来了便利。发展到现在的 Visual Basic. NET 开发环境，则是完全面向对象的，功能更强大。

⑥ Java 语言。一种新型的跨平台的面向对象设计语言，1995 年推出，主要用于网络应用开发。Java 语言的语法类似于 C++，但简化并去除了 C++语言一些容易被误用的功能，如指针等，使程序更加严谨、可靠、易懂。Java 语言与其他语言尤其不同的是，编写的源程序既要经过编译生成一种称为 Java 字节码的文件，又要被解释执行，可在任何环境下运行，如 Windows、Linux、Mac OS 等，有"一次编写，到处运行"的跨平台优点，已成为 21 世纪重要的编程语言之一。

⑦ Python 语言。一种面向对象的解释型程序设计语言，于 1989 年诞生。Python 语法简洁清晰、易学易读，具有丰富和功能强大的类库以支持应用开发所需的各种功能。它常被称为胶水语言，能够把用其他语言制作的各种模块（尤其是 C/C++）很轻松地连接在一起。Python 语言应用广泛，可用于应用程序开发、网络编程、数据分析、人工智能等。

3. 实用程序

实用程序完成一些与管理计算机系统资源及文件有关的任务。通常情况下，计算机能够正常地运行，但有时也会发生各种类型的问题，如硬盘损坏、病毒感染、运行速度下降等。在这些问题更加严重或扩散之前解决它们是一些实用程序的作用之一。另外，有些服务程序是为了用户能更容易、更方便地使用计算机，如压缩磁盘上的文件，提高文件在 Internet 上的传输速度等。

当今的操作系统都包含系统服务程序，如 Windows 10 中的"Windows 管理工具"中提供了磁盘清理、磁盘碎片整理程序等，如图 2.3.6 所示。软件开发商也提供了一些独立的实用程序为系统服务，如系统设置和优化软件 Windows 优化大师、压缩文件软件 WinRAR 软件、磁盘克隆软件 Ghost 等。

图 2.3.6 "Windows 管理工具"菜单

2.3.2 应用软件

利用计算机的软硬件资源为某一专门目的而开发的软件称为应用软件。尤其是随着微型计算机的性能提高、Internet 的迅速发展，应用软件越加丰富多彩。下面对一些常见的软件进行简要介绍。

1. 办公软件

办公软件是为办公自动化服务的。现代办公涉及对文字、数字、表格、图表、图形、图像、语音等多种媒体信息的处理，需要用到不同类型的软件。办公软件包含很多组件，一般有字处理、演示软件、电子表格、桌面出版等。为了方便用户维护大量的数据，与网络同步，如今推出办公软件还提供小型的数据库管理系统、网页制作软件、电子邮件等组件。

目前常用的办公软件有微软公司的 Microsoft Office 和我国金山公司的 Kingsoft Office 等软件。

2. 图形和图像处理软件

计算机已经广泛应用在图形和图像处理方面，除了硬件设备的发展迅速外，还应归功于各种绘图软件和图像处理软件的发展。

（1）图像软件

图像软件主要用于创建和编辑位图文件。在位图文件中，图像由成千上万个像素点组成，就像计算机屏幕显示的图像一样。位图文件是非常通用的图像表示方式，它适合表示像照片那样的真实图片。

常用的图像处理软件有 Adobe 公司开发的 Photoshop 软件，它广泛应用于美术设计、彩色印刷、排版、摄影和创建 Web 图片等。手机端也有不少免费的图像处理 App（应用程序），例如美图秀秀、激萌、B612 咔叽等，这些 App 功能丰富、操作简单，深受年轻人的喜爱。

（2）绘图软件

绘图软件主要用于创建和编辑矢量图文件。在矢量图文件中，图形由对象的集合组成，这些对象包括线、圆、椭圆、矩形等，还包括创建图形所需要的形状、颜色以及起始点和终止点。绘图软件主要用于创作杂志、书籍等出版物上的艺术线图以及用于工程和 3D 模型。

常用的绘图软件有 Adobe Illustrator、AutoCAD、CorelDraw、Macromedia FreeHand 等。由美国 Autodesk 公司开发的 AutoCAD 是一个通用的交互式绘图软件包，应用广泛，常用于绘制土建图、机械图等。

　　例 2.5　利用 AutoCAD 制作建筑立面图。图 2.3.7 显示了该软件的操作界面和制作效果。

（3）动画制作软件

图片比单纯文字更容易吸引人的目光，而动画又比静态图片更引人入胜。一般的动画制作软件都会提供各种动画编辑工具，只要依照自己的想法来排演动画即可，分镜的工作可交给软件自动处理。例如一只蝴蝶从花园一角飞到另一角，制作动画时只要指定起始镜头与结束镜头，并决定飞行时间，软件就会自动产生每一格画面。动画制作软件还提供场景变换、角色更替等功能。动画制作软件广泛用于游戏制作、电影制作、产品设计、建筑效果设计等。

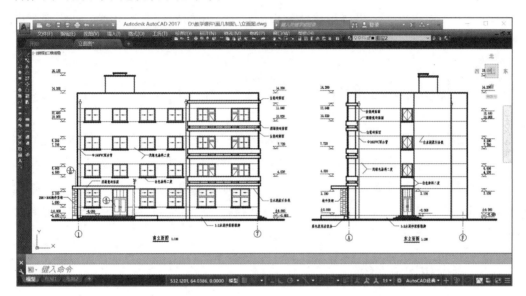

图 2.3.7　AutoCAD 的操作界面和制作效果

常见的动画制作软件有 3ds MAX、Flash、After Effects 等。

3. 数据库系统

数据库系统是 20 世纪 60 年代末产生并发展起来的，主要面向解决数据处理的非数值计算问题。数据库系统由数据库（存放数据）、数据库管理系统（管理数据）、数据库应用程序（应用数据）、数据库管理员（管理数据库系统）和硬件等组成。

（1）数据库管理系统

数据库管理系统是用于建立、使用和维护数据库的软件，简称 DBMS。它对数据库进行统一的管理和控制，以保证数据库的安全性和完整性。用户通过 DBMS 访问数据库中的数据，利用它可使多个应用程序和用户用不同的方法在相同或不同时刻建立、修改和访问数据库。

目前，常用的数据库管理系统有 Access、MySQL、SQL Server、Oracle、Sybase 等。

（2）数据库应用软件

利用数据库管理系统的功能，自行设计开发符合自己需求的数据库应用软件，是目前计算机应用最为广泛并且发展最快的领域之一，已经和人们的工作、生活密切相关。常见的数据库应用软件如银行业务系统，超市销售系统，铁路、航空的售票系统，学校的一卡通管理系统、学生选课成绩管理系统、通用考试系统等。

4. 互联网服务和手机应用软件

信息时代，Internet 在全世界迅速发展，人们的生活、工作、学习已离不开 Internet。互联网服务和手机应用软件琳琅满目，常用的软件有浏览器、网络搜索引擎、即时通信工具、在线教育平台以及各种手机 App 等。

2.4 计算机基本工作原理

冯·诺依曼计算机的主要思想是存储程序和程序控制。存储程序就是预先把程序和原始数据通过输入设备输送到计算机的内存中，程序的指令中明确规定了计算机从哪个地址取数，进行什么操作，然后送到什么地址等步骤；程序控制则是计算机按程序编排的顺序，依次地取出指令并加以分析和执行，直到完成该程序的全部指令。这就是计算机的基本工作原理。

动画 2.2：
计算机的工作
原理

2.4.1 指令和指令系统

1. 指令及格式

指令是能够被计算机识别并执行的二进制编码，又称为机器指令。它规定了计算机能够执行的操作以及操作对象所在的位置。在计算机中，每条指令表示一个简单的功能，许多条指令的功能实现了计算机复杂的功能。

一条指令由两部分组成，如图 2.4.1 所示。

① 操作码规定了操作的类型，即告诉 CPU 应当执行何种操作。例如，取数、存数、加法、减法、乘法、除法、逻辑判断、输入、输出、移位、转移、停机等操作。操作码的位数决定了一台机器最多允许的指令条数。

② 地址码规定了要操作的数据及操作结果存放的位置。

操作码	地址码

图 2.4.1　指令格式

例 2.6　某条 16 位的指令如图 2.4.2 所示，其中前 6 位操作码"000001"表示该指令从存储器取数，而后 10 位"0000001000"则给出了将要读取的数据在存储器中的地址。

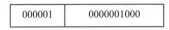

000001	0000001000

图 2.4.2　16 位指令例

一条指令的长度、操作码所占的位数和所表示的操作类型、地址码中指令的格式等，不同类型的 CPU 都有自己的约定。

2. 指令系统及指令类型

指令系统指计算机的 CPU 所能执行的全部指令的集合。不同计算机的指令系统包含的指令种类和数目也不同，一般均包含如下类型。

① 数据传送型。将数据在存储器之间、寄存器之间以及存储器和寄存器之间传送。

② 数据处理型。对数据进行加、减、乘、除等算术运算和与、或、非等逻辑运算。

③ 程序控制型。控制程序中指令执行的顺序，程序调用指令等。

④ 输入和输出型。实现输入输出设备与主机间的数据传递。

⑤ 硬件控制型。对计算机的硬件进行控制和管理。

例 2.7　若要计算 s = ax + b，算法描述如下，相应功能的指令实现如表 2.4.1 所示。

说明：本例中为便于显示，假定指令的格式为每条指令长度为 16 位，操作码和地址码各占 8 位。

取 x	至累加器中
乘以 a	结果在累加器中
加 b	结果在累加器中
将运算结果存于 s	
打印 s	
停机	

指令和数据存储地址	指　令 操作码	指　令 地址码	注　释
00H	00000001	00010100	取 14H 号单元的数 x 至累加器中
01H	00000100	00010101	乘 15H 号单元的数 a 得 ax，结果仍放入累加器中
02H	00000011	00010110	加 16H 号单元的数 b 得 ax+b，结果仍放入累加器中
03H	00000010	00010111	将 ax+b 的结果存于 17H 号单元 s
04H	00000101	00010111	打印 17H 号单元的值 s
05H	00000110		停机
14H	x		原始数据 x
15H	a		原始数据 a
16H	b		原始数据 b
17H	s		计算结果

◀表 2.4.1
指令及其实现

在表 2.4.1 中，01H~05H（0~5）号存储单元存放的是程序代码，而 14H~17H（20~23）号存储单元存放的是数据。这就是冯·诺依曼的"程序和数据以同等地位存储在存储器中"的思想和实现的示意。存储在存储器中的程序和数据可被 CPU 按地址存取和处理。

2.4.2 计算机的工作原理

计算机的基本原理主要分为存储程序和程序控制，预先要把控制计算机如何进行操作的指令序列（称为程序）和原始数据通过输入设备输送到计算机内存中。每一条指令中明确规定了计算机从哪个地址取数，进行什么操作，然后送到什么地址去等步骤。

例 2.8 以例 2.7 计算 s=ax+b 的指令执行过程为例，以图 2.4.3 所示一条指令的执行过程来认识计算机的基本工作原理。

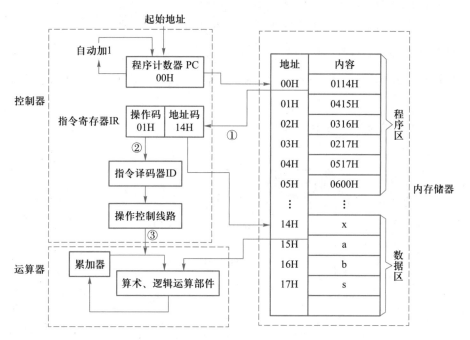

图 2.4.3 指令的执行过程

由此可见，指令的执行过程一般分为以下 3 个步骤。

① 取指令。按照程序计数器 PC 中的地址（00H），从内存储器中取出指令（0114H），并送往指令寄存器。

② 分析指令。对指令寄存器中存放的指令（0114H）进行分析，由译码器对操作码（01H）进行译码，将指令的操作码转换成相应的控制电位信号；由地址码（14H）

确定操作数地址。

③ 执行指令。由操作控制线路发出完成该操作所需要的一系列控制信息，完成该指令所要求的操作。例如，加法指令取内存单元（14H）的值和累加器的值相加，结果还是放在累加器中。

一条指令执行完成后，程序计数器加 1 或将转移地址码送入程序计数器，继续重复执行下一条指令，直到遇到结束指令，如图 2.4.4 所示。

图 2.4.4　程序的执行过程

2.4.3　流水线和多核技术

1. 流水线技术

早期的计算机串行执行指令，即执行完一条指令的各个步骤后再执行下一条指令。为了提高 CPU 执行指令的速度，采用流水线（pipe lining）技术将不同指令的各个步骤通过多个硬件处理单元进行重叠操作，从而实现几条指令的并行处理，以加速程序运行过程。流水线技术如同工厂的生产流水线，目的是提高产品的生产效率。

拓展阅读 2.6：
流水线技术

按照上面的介绍，每条指令由 3 个步骤依次串行完成。采用流水线设计之后，如图 2.4.5 所示，在 CPU 中将取指令单元、分析指令单元与执行指令单元分开。从 CPU 整体来看，在执行指令 1 的同时，又在并行地分析指令 2 和取指令 3，这样使得指令可以连续不断地进行处理。在同一个较长的时间段内，显然拥有流水线设计的 CPU 能够处理更多的指令。目前，几乎所有的高性能计算机都采用了指令流水线技术。

图 2.4.5　流水线技术指令执行示意图

2. 多核技术

流水线技术虽然能使指令并行处理，但在控制器中每个部件还是串行处理的，要提高程序的执行速度，还是要提高处理器主频的速度，但主频与功耗成指数关系，主频越高，功耗越高，发热量越大，散热难以解决，所以主频速度不可能无限制提高。而随着超大规模集成电路技术的发展，晶体管体积的缩小，可通过放置多个计算引擎（内核）来提升处理器的计算速度，这就是多核（multicore chips）技术。多核虽也会增加功耗，但只是倍数关系，较容易解决散热问题。

单核处理器只有一个逻辑核心，而多核处理器在一枚处理器中集成了多个微处理器核心（内核，core），如图 2.4.6 所示，于是多个微处理器核心就可以并行地执行程序代码。现代操作系统中，程序运行时的最小调度单位是线程，即每个线程是 CPU 的分配单位。多核技术可以在多个执行内核之间划分任务，使得线程能够充分利用多个执行内核。使用多核处理器将具有较高的线程级并行性，可以在特定的时间内执行更多任务。

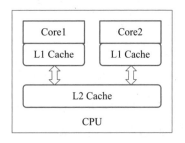

图 2.4.6　双核 CPU 示意图

目前手机、笔记本计算机、服务器和超级计算机等计算机系统广泛采用多核技术，多核技术已经成为处理器体系结构发展的一种必然趋势。

思考题

1. 简述冯·诺依曼体系结构。
2. 简述计算机的五大组成部分。
3. 指令和程序有什么区别？试述计算机执行指令的过程。
4. 什么是流水线技术？它的作用是什么？
5. 什么是多核技术？它的作用是什么？
6. 简述机器语言、汇编语言、高级语言各自的特点。
7. 简述解释和编译的区别。
8. 简述将源程序编译成可执行程序的过程。
9. 简述各种常用高级语言的特点。

10. 什么是主板？它主要有哪些部件？各部件之间如何连接？

11. CPU 有哪些性能指标？

12. CPU 的位数是什么？常见的 CPU 是多少位的？

13. ROM 和 RAM 的作用和区别是什么？

14. 总线的概念是什么？简述总线的类型。

15. 简述高速缓冲存储器的作用及原理。

16. 简述串行总线的优点。

17. 计算机常见的接口有哪些？

18. 输入输出设备有什么作用？

19. 常见的输入输出设备有哪些？

第 3 章
数据在计算机中的表示

计算机最基本的功能是对数据进行计算和加工处理，这些数据包括数值、字符、图形、图像、声音等。在计算机系统中，这些数据都要转换成 0 或 1 的二进制形式存储，也就是进行二进制编码。本章主要介绍常用数制及其相互转换，数值、字符以及多媒体信息在计算机中的表示。

电子教案：
数据在计算机中的表示

3.1   进位计数制及相互转换

3.1.1   进位计数制

在日常生活中，经常遇到不同进制的数，如十进制数，逢十进一；一周有七天，逢七进一。平时用的最多的是十进制数，而计算机中存放的是二进制数，为了书写和表示方便，还引入了八进制数和十六进制数。无论哪种数制，其共同之处都是进位计数制。

在采用进位计数的数字系统中，如果只用 r 个基本符号（例如 $0,1,2,\cdots,r-1$）表示数值，则称其为 r 进制数（radix $- r$ number system），r 称为该数制的"基数"（radix），而数制中每一固定位置对应的单位值称为"权"。表 3.1.1 是常用的几种进位计数制。

▶表 3.1.1
    计算机中常用
的各种进制数的
表示

进位制	二进制	八进制	十进制	十六进制
规则	逢二进一	逢八进一	逢十进一	逢十六进一
基数	$r=2$	$r=8$	$r=10$	$r=16$
基本符号	0,1	$0,1,2,\cdots,7$	$0,1,2,\cdots,9$	$0,1,\cdots,9,A,B,\cdots,F$
权	2^i	8^i	10^i	16^i
角标表示	B(binary)	O(octal)	D(decimal)	H(hexadecimal)

不同的数制有共同的特点：其一是采用进位计数制方式，每一种数制都有固定的基本符号，称为"数码"；其二是都使用位置表示法，即处于不同位置的数码所代表的值不同，与它所在位置的"权"值有关。

例如，在十进制数中，678.34 可表示为：

$$678.34 = 6\times10^2+7\times10^1+8\times10^0+3\times10^{-1}+4\times10^{-2}$$

可以看出，各种进位计数制中权的值恰好是基数 r 的某次幂。因此，对任何一种进位计数制表示的数都可以写出按其权展开的多项式之和，任意一个 r 进制数 N 可表示为：

$$
\begin{aligned}
(N)_r &= a_{n-1}a_{n-2}\cdots a_1a_0a_{-1}\cdots a_{-m} \\
&= a_{n-1}\times r^{n-1}+a_{n-2}\times r^{n-2}+\cdots a_1\times r^1+a_0\times r^0+a_{-1}\times r^{-1}+\cdots+a_{-m}\times r^{-m} \\
&= \sum_{i=-m}^{n-1} a_i \times r^i
\end{aligned}
\tag{3-1}
$$

其中，a_i 是数码，r 是基数，r^i 是权。不同的基数表示不同的进制数。

例 3.1 图 3.1.1 是二进制数的位权示意图。熟悉位权关系对数制之间的转换很有帮助。

$$\begin{array}{ccccccccccc}
2^7 & 2^6 & 2^5 & 2^4 & 2^3 & 2^2 & 2^1 & 2^0 & & 2^{-1} & 2^{-2} \\
1 & 1 & 1 & 1 & 1 & 1 & 1 & 1 & \cdot & 1 & 1 \\
128 & 64 & 32 & 16 & 8 & 4 & 2 & 1 & & 0.5 & 0.25
\end{array}$$

图 3.1.1 二进制数的位权示意图

例如，$(110111.01)_B = 32+16+4+2+1+0.25 = (55.25)_D$

3.1.2 不同进位计数制间的转换

1. r 进制数转换成十进制数

把任意 r 进制数按照式（3-1）写成按权展开式后，各位数码乘以各自的权值累加，就可得到该 r 进制数对应的十进制数。

例 3.2 下面分别将二、八、十六进制数利用式（3-1）转换为十进制数。

$(110111.01)_B = 1×2^5+1×2^4+1×2^2+1×2^1+1×2^0+1×2^{-2} = (55.25)_D$

$(456.4)_O = 4×8^2+5×8^1+6×8^0+4×8^{-1} = (302.5)_D$

$(A12)_H = 10×16^2+1×16^1+2×16^0 = (2\,578)_D$

2. 十进制数转换成 r 进制数

将十进制数转换为 r 进制数时，可将此数分成整数与小数两部分分别转换，然后再拼接起来即可。

整数部分：采用除以 r 取余法，即将十进制整数不断除以 r 取余数，直到商为 0，余数从右到左排列，首次取得的余数在最右侧。

小数部分：采用乘以 r 取整法，即进制小数不断乘以 r 取整，直到小数为 0 或达到所求的精度为止（小数部分可能永远不会得到 0）；所得的整数从小数点自左往右排列，取有效精度，首次取得的整数在最左侧。

动画 3.1：
十进制数转换
为 r 进制数

例 3.3 将 $(100.345)_D$ 转换成二进制数。

（1）整数部分

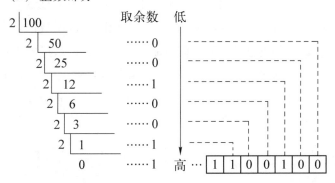

（2）小数部分

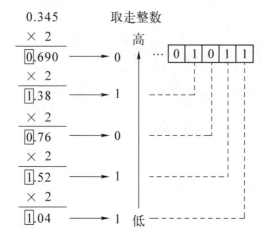

转换结果：$(100.345)_D \approx (1100100.01011)_B$

例3.4 将十进制数193.12转换成八进制数。

取余数　　　　0.12

```
        0.12
      ×  8
8│193   ⎰0⎱.96      ⟶ 0
8│ 24 ……1 ×  8
8│  3 ……0 ⎰7⎱.68      ⟶ 7
    0 ……3 ×  8
        ⎰5⎱.44      ⟶ 5
        ×  8
        ⎰3⎱.52      ⟶ 4  三舍四入
```

转换结果：$(193.12)_D \approx (301.0754)_O$

注意：小数部分转换时可能是不精确的，要保留多少位小数没有规定，主要取决于用户对数据精度的要求。

3. 二进制、八进制、十六进制数间的相互转换

人们通常使用十进制数，计算机内部采用二进制数。由例3.3看到十进制数转换成二进制数转换过程书写比较长。同样，二进制表示的数比等值的十进制数占更多的位数，书写也长，容易出错。为了方便起见，人们就借助于八进制和十六进制来进行转换或表示。由于二进制、八进制和十六进制之间存在特殊关系：$8^1 = 2^3$、$16^1 = 2^4$，即一位八进制数相当于3位二进制数，一位十六进制数相当于4位二进制数，因此转换方法就比较容易，如表3.1.2所示。

十进制	八进制	二进制	十进制	十六进制	二进制	十进制	十六进制	二进制
0	0	000	0	0	0000	9	9	1001
1	1	001	1	1	0001	10	A	1010
2	2	010	2	2	0010	11	B	1011
3	3	011	3	3	0011	12	C	1100
4	4	100	4	4	0100	13	D	1101
5	5	101	5	5	0101	14	E	1110
6	6	110	6	6	0110	15	F	1111
7	7	111	7	7	0111	16	10	10000
8	10	1000	8	8	1000			

◀表 3.1.2
十进制、八进制与二进制，十进制、十六进制与二进制之间的关系

根据这种对应关系，二进制数转换成八进制数时，以小数点为中心向左、右两边分组，每 3 位为一组，两头不足三位补 0 即可。同样地，二进制数转换成十六进制数只要 4 位为一组进行分组转换即可。

动画 3.2：
二进制与十六进制互转

例 3.5 将二进制数 $(1101101110.110101)_B$ 转换成十六进制数。

$(\underline{0011}\ \underline{0110}\ \underline{1110}.\ \underline{1101}\ \underline{0100})_B = (36E.D4)_H$（整数高位和小数低位补零）
　　3　　6　　E　　D　　4

例 3.6 将二进制数 $(1101101110.110101)_B$ 转换成八进制数。

$(\underline{001}\ \underline{101}\ \underline{101}\ \underline{110}.\ \underline{110}\ \underline{101})_B = (1556.65)_O$
　1　　5　　5　　6　　6　　5

动画 3.3：
二进制与八进制互转

例 3.7 将八（十六）进制数转换成二进制数只要一位化三（四）位即可。

$(2C1D.A1)_H = (\underline{0010}\ \underline{1100}\ \underline{0001}\ \underline{1101}.\ \underline{1010}\ \underline{0001})_B$
　　　　　2　　C　　1　　D　　A　　1

$(7123.14)_O = (\underline{111}\ \underline{001}\ \underline{010}\ \underline{011}.\ \underline{001}\ \underline{100})_B$
　　　　　7　　1　　2　　3　.　1　　4

注意：整数前的高位 0 和小数后的低位 0 可取消。

说明：使用 Windows "附件"中的"计算器"功能，在其窗口选择"程序员"命令，切换到程序员模式，当输入十进制数后，可显示各种进制数的转换结果，如图 3.1.2 所示。当然，计算器转换功能只能满足对整数的转换。

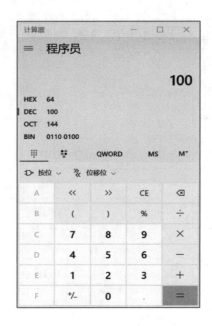

图 3.1.2 "计算器"的"程序员"界面

3.2 数据存储单位和内存地址

不管什么类型的数据,在内存中都是以二进制编码存放的。在介绍信息编码前,先介绍数据单位的相关知识,以便于理解,这对后面学习程序设计很有帮助。

3.2.1 数据的存储单位

1. 位(bit)

在计算机中,数据存储的最小单位为一个二进制位(bit,简写为 b)。一位可存储一个二进制数 0 或 1。

2. 字节(byte)

由于位太小,无法用来表示出数据的信息含义,所以把 8 个连续的二进制位组合在一起构成一个字节(byte,简写为 B)。一般用字节来作为计算机存储容量的基本单位。常用的单位有 B、KB、MB、GB、TB,它们之间的换算关系为:

$1\,KB = 2^{10}\,B = 1\,024\,B$

$1\,MB = 2^{20}\,B = 1\,024\,KB$

$1\,GB = 2^{30}\,B = 1\,024\,MB$

$1\,TB = 2^{40}\,B = 1\,024\,GB$

一般一个字节存放一个西文字符，两个字节存放一个中文字符；一个整数占4个字节，一个双精度实数占8个字节。

例如，西文字符"A"的二进制编码为"0100 0001"，即编码值为65。

3.2.2 内存地址和数据存放

不同类型的数据如何存放到内存以便计算机识别和处理，又如何取出，这些涉及内存的地址问题。

众所周知，城市的每条街中的住户有唯一的门牌号，可以使邮递员准确地投递信件。同样，内存如同一条街（长度由内存容量决定），每家住户的大小是规定好的，即一个字节；每家都有唯一的门牌号，即内存地址，这样可以方便地存储数据。当然，不同的数据类型占据的字节数不同。

例3.8 当在C语言中声明了如下变量：

int　　n=100；　　　//整型变量占4个字节

double　x=3.56　　//双精度型变量占8个字节

假定两个变量n、x在内存中连续存放，变量n的存放起始地址为1000H，则两个变量在内存中的存放如图3.2.1所示。

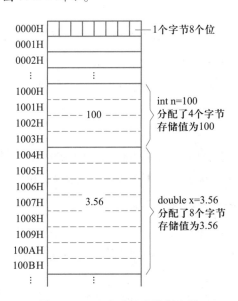

图3.2.1　内存地址及数据存储

注意：对程序设计人员来说，不必关心具体的内存地址是多少，因为变量在内存中的地址是在程序执行时确定的。

3.3　信息编码

3.3.1　信息编码概述

1. 什么是编码

在数字化社会，编码跟人们密切相关：身份证号、电话号码、邮政编码、条形码、扫描码、学号、工号等都是编码。编码没有严格的定义，通俗地说，编码就是用数字、字符、图形等按规定的方法和位数来代表特定的信息，主要目的则是为了人与计算机之间的信息交流和处理。

例如，某校每年招生规模不超过 10 000 人，学号编码为了能唯一地表示某学生，一般可采用 6 位编码，前 2 位为入学年份，后 4 位为本年新生的序列号，编码值的大小无意义，仅作为识别与使用这些编码的依据。

大家应该还记忆犹新，当初为了节省计算机的空间，存储日期中的年份用两位数字表示，到了 2000 年，无法唯一地识别年份，造成了"千年虫"问题，付出了巨大的代价来解决这个问题。

在计算机中，要将数值、文字、图形、图像、声音等各种数据进行二进制编码后才能存放到计算机中进行处理，编码的合理性影响到数据占用的存储空间和使用效率。

2. 计算机为什么采用二进制编码

计算机中存放的任何形式的数据都是以"0"和"1"二进制编码表示的，采用二进制编码的优点如下。

（1）物理上容易实现，可靠性强

电子元器件大都具有两种稳定的状态：电压的高和低；晶体管的导通和截止；电容的充电和放电等。这两种状态正好用来表示二进制数的两个数码——0 和 1。

两种状态分明，工作可靠，抗干扰能力强。

（2）运算简单，通用性强

二进制数的乘法运算规则有 3 种：$1 \times 0 = 0 \times 1 = 0$；$0 \times 0 = 0$；$1 \times 1 = 1$。而十进制数的运算法则有 55 种。

（3）计算机中二进制数的 0、1 与逻辑量"假"和"真"的 0 与 1 相吻合，便于表示和进行逻辑运算。

二进制形式适用于对各种类型数据的编码。

因此，计算机中的各种数据都要进行二进制"编码"的转换。同样地，从计算机中输出的数据进行逆向的转换称为"解码"，过程如图 3.3.1 所示。

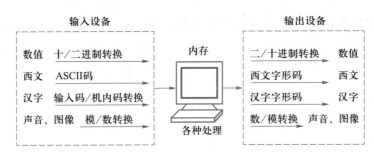

图 3.3.1 各类数据在计算机中的转换过程

3.3.2 数值编码

计算机中的数值计算基本分为两类：整数和实数。数值在计算机中以 0 和 1 的二进制形式存储，正负数和浮点数在计算机中如何表示，这是本节要解决的问题。

1. 正负数在计算机中的表示

计算机中只有"0"和"1"两种形式，为了表示数的正（"+"）、负（"-"）号，就要将数的符号以"0"和"1"编码。通常把一个数的最高位定义为符号位，用"0"表示正，"1"表示负，称为数符；其余位仍表示数值。

例3.9 一个 8 位二进制数 -0101100，它在计算机中表示为 10101100，如图 3.3.2 所示。

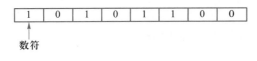

数符

图 3.3.2 机器数示例

这种把符号数值化了的数称为"机器数"，而它代表的数值称为此机器数的"真值"。在例 3.9 中，10101100 为机器数，-0101100 为此机器数的真值。

数值在计算机内采用符号数字化后，计算机就可识别和表示数符了。但若将符号位同时和数值一起参加运算，由于两操作数符号的问题，有时会产生错误的结果；否则要考虑计算机结果的符号问题，将增加计算机实现的难度。

例3.10 (-5)+4 的结果应为 -1。但在计算机中若按照上面讲的符号位同时和数值参加运算，则运算过程如下。

```
    10000101    ………… -5 的机器数
  + 00000100    ………… 4 的机器数
    10001001    ………… 运算结果为 -9
```

若要考虑符号位的处理，则运算变得复杂。为了解决此类问题，在机器数中，符号数有多种编码表示方式，常用的有原码、反码和补码，其实质是对负数表示的不同编码。

为了简单起见，这里只以整数为例，而且假定字长为 8 位。

（1）原码

整数 X 的原码指其数符为 0 表示正，1 表示负；其数值部分就是 X 绝对值的二进制表示。通常用 $[X]_原$ 表示 X 的原码。

例如：

$$[+1]_原 = 00000001 \qquad [+127]_原 = 01111111$$
$$[-1]_原 = 10000001 \qquad [-127]_原 = 11111111$$

由此可知，8 位原码表示的最大值为 2^7-1，即 127，最小值为 -127，表示数的范围为 $-127 \sim 127$。

当采用原码表示法时，编码简单，与真值转换方便。但原码也存在下列问题。

① 在原码表示中，0 有两种表示形式，即

$$[+0]_原 = 00000000 \qquad [-0]_原 = 10000000$$

0 的二义性，给机器判零带来了麻烦。

② 用原码进行四则运算时，符号位需要单独处理，增加了运算规则的复杂性。例如，当两个数进行加法运算时，如果两数的符号相同，则数值相加，符号不变；如果两数的符号不同，数值部分实际上是相减，这时，必须比较两个数哪个绝对值大，才能决定运算结果的符号位，所以不便于运算。

原码的这些不足之处促使人们寻找更好的编码方法。

（2）反码

对于正数，整数 X 的反码与原码相同；对于负数，整数 X 的反码的数符位为 1，数值位为 X 的绝对值取反。通常用 $[X]_反$ 表示 X 的反码。

例如：

$$[+1]_反 = 00000001 \qquad [+127]_反 = 01111111$$
$$[-1]_反 = 11111110 \qquad [-127]_反 = 10000000$$

在反码表示中，0 也有两种表示形式，即

$$[+0]_反 = 00000000 \qquad [-0]_反 = 11111111$$

由此可知，8 位反码表示的最大值、最小值和表示数的范围与原码相同。

反码运算也不方便，很少使用，一般用作求补码的中间码。

（3）补码

对于正数，整数 X 的补码与原码、反码相同；对于负数，整数 X 的补码的数符位为 1，数值位为 X 的绝对值取反最右加 1，即为反码加 1。通常用 $[X]_补$ 表示 X 的补码。

例如,

$$[+1]_补 = 00000001 \qquad [+127]_补 = 01111111$$

$$[-1]_补 = 11111111 \qquad [-127]_补 = 10000001$$

在补码表示中,0 有唯一的编码,即

$$[+0]_补 = [-0]_补 = 00000000$$

因而,可以用多出来的一个编码 10000000 来扩展补码所能表示的数值范围,即将最小负数由 -127 扩展到 -128。这里的最高位 "1" 既可看作符号位负数,又可表示数值位,其值为 -128。这就是补码与原码、反码最小值不同的原因。

利用补码可以方便地进行运算。

例 3.11 (-5)+4 的运算如下。

```
    11111011    ……… -5 的补码
 +  00000100    ……… 4 的补码
 ─────────────
    11111111
```

运算结果补码为 11111111,符号位为 1,即为负数。已知负数的补码,要求其真值,只要将数值位再求一次补就可得其原码为 10000001,再将其转换为十进制数,即为 -1,运算结果正确。

同样 (-9)+(-5) 的运算如下。

```
    11110111    ……… -9 的补码
 +  11111011    ……… -5 的补码
 ─────────────
  [1]11110010
```

拓展阅读 3.1:
补码总结

丢弃高位 1,运算结果的机器数为 11110010,与例 3.11 求法相同,获得 -14 的运算结果。

由此可见,利用补码可方便地实现正、负数的加法运算,规则简单,在数的有效存放范围内,符号位如同数值一样参加运算,也允许产生最高位的进位(被丢弃),所以使用较广泛。

当然,当运算的结果超出该类型所能表示的范围时,会产生不正确的结果,实质是 "溢出"。

例 3.12 计算 60+70 的运算结果。

```
    01110100    ……… 60 的补码
 +  01000110    ……… 70 的补码
 ─────────────
    10111010
```

两个正整数相加,从结果的符号位可知是一个负数,原因是结果超出了该数有效存放范围（一个有符号的整数若占 8 个二进制位，最大值为 127，超出该值称为"溢出"）。当要存放很大或很小的数时，需要采用指数形式存放。

2. 浮点数在计算机中的表示

解决了数值的符号表示和计算问题，接着解决数值的小数点存放问题。数值在计算机中存放时小数点是不占位置的，用隐含规定小数所在的位置来表示，分别有定点整数、定点小数和两者结合而成的浮点数三种形式。

（1）定点整数

定点整数指小数点隐含固定在机器数的最右边，如图 3.3.3 所示，定点整数是纯整数。

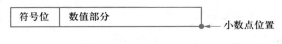

图 3.3.3   定点整数表示

（2）定点小数

定点小数约定小数点位置在符号位、有效数值部分之间，如图 3.3.4 所示。定点小数是纯小数，即所有数的绝对值均小于 1。

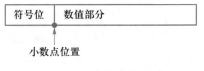

图 3.3.4   定点小数表示

（3）浮点数

定点数表示的数值范围在实际应用中是不够用的，尤其在科学计算中。为了能表示特大或特小的数，采用"浮点数"或称"指数形式"表示。

浮点数由阶码和尾数两部分组成：阶码用定点整数表示，阶码所占的位数确定了数的范围；尾数用定点小数表示，尾数所占的位数确定了数的精度。由此可见，浮点数是定点整数和定点小数的结合。

为了在计算机中唯一地表示浮点数，对尾数采用了规格化的处理，即规定尾数的最高位为 1，通过阶码进行调整，这也是浮点数的来历。

在程序设计语言中，最常见的有如下两种类型浮点数。

① 单精度（float 或 single）浮点数占 4 个字节，阶码部分占 7 位，尾数部分占 23 位，阶符和数符各占 1 位，如图 3.3.5 所示。

② 双精度（double）浮点数占 64 位，阶码部分占 10 位，尾数部分占 52 位，阶符和数符各占 1 位。其与单精度浮点数的区别在于，双精度浮点数占用的内存空间更大，这如同宾馆的单人房和双人房的区别。双精度浮点数类型使得数的表示精度、表示范围更大。

例 3.13   26.5 作为单精度浮点数在计算机的表示。

规格化表示：$26.5 = 11010.1 = +0.110101 \times 2^5$

因此，26.5 在计算机中的存储如图 3.3.5 所示。

阶符	阶码	数符	尾数
0	0000101	0	11010100000000000000000
1位	7位	1位	23位

图 3.3.5　26.5 作为单精度浮点数的存储

注意：为了统一浮点数的存储格式，IEEE 在 1985 年制定了 IEEE 754 标准。在此不详细介绍，读者可参阅相关资料。

3.3.3　字符编码

这里的字符包括西文字符（英文字母、数字、各种符号）和中文字符，即所有不可进行算术运算的数据。由于计算机中的数据都是以二进制的形式存储和处理的，因此字符也必须按特定的规则进行二进制编码后才能进入计算机。字符编码的方法很简单，首先确定需要编码的字符总数，然后将每一个字符按顺序确定编号，编号值的大小无意义，仅作为识别与使用这些字符的依据。字符形式的多少涉及编码的位数。

1. 西文字符编码

西文字符编码最常用的是 ASCII 字符编码（American Standard Code for Information Interchange，美国信息交换标准代码）。ASCII 码用 7 位二进制数编码，它可以表示 2^7 即 128 个字符，如表 3.3.1 所示。每个字符用 7 位基 2 码表示，其排列次序为 $d_6 d_5 d_4 d_3 d_2 d_1 d_0$，$d_6$ 为高位，d_0 为低位。

$d_3 d_2 d_1 d_0$		$d_6 d_5 d_4$							
		000	001	010	011	100	101	110	111
		0	1	2	3	4	5	6	7
0000	0	NUL	DLE	SP	0	@	P	`	P
0001	1	SOH	DC1	!	1	A	Q	a	q
0010	2	STX	DC2	”	2	B	R	b	s
0011	3	ETX	DC3	#	3	C	S	c	s
0100	4	EOT	DC4	$	4	D	T	d	t
0101	5	ENQ	NAK	%	5	E	U	e	u

◀表 3.3.1
7 位 ASCII 代码表

续表

$d_3d_2d_1d_0$		$d_6d_5d_4$							
		000	001	010	011	100	101	110	111
		0	1	2	3	4	5	6	7
0110	6	ACK	SYN	&	6	F	V	f	v
0111	7	BEL	ETB	,	7	G	W	g	w
1000	8	BS	CAN	(	8	H	X	h	x
1001	9	HT	EM	)	9	I	Y	i	y
1010	A	LF	SUB	*	:	J	Z	j	z
1011	B	VT	ESC	+	;	K	[	k	{
1100	C	FF	FS	.	<	L	\	l	|
1101	D	CR	GS	−	=	M	]	m	}
1110	E	SO	RS	。	>	N	↑	n	~
1111	F	SI	US	/	?	O	↓	o	DEL

在 ASCII 码表中，十进制码值 0~32 和 127（即 NUL~SP 和 DEL）共 34 个字符称为非图形字符（又称为控制字符）；其余 94 个字符称为图形字符（又称为普通字符）。在这些字符中，"0"~"9"、"A"~"Z"、"a"~"z"都是按顺序排列的，且小写字母比大写字母码值大 32，即位值 d_5 分别为 1（小写字母）、0（为大写字母），这有利于大、小写字母之间的编码转换。

例 3.14   记住下列特殊的字符编码及其相互关系。

字母"a"的编码为 1100001，对应的十、十六进制数分别是 97 和 61H。

字母"A"的编码为 1000001，对应的十、十六进制数分别是 65 和 41H。

数字字符"0"的编码为 0110000，对应的十、十六进制数分别是 48 和 30H。

空格字符" "的编码为 0100000，对应的十、十六进制数分别是 32 和 20H。

注意：H 表示十六进制。

计算机的内部存储与操作常以字节为单位，即以 8 个二进制位为单位。因此一个字符在计算机内实际是用 8 位表示的。正常情况下，最高位 d_7 为"0"。在需要奇偶校验时，这一位可用于存放奇偶校验的值，此时称这一位为校验位。

西文字符除了常用的 ASCII 码外，还有另一种 EBCDIC 码（extended binary coded decimal interchange code，扩展的二-十进制交换码），这种字符编码主要用在大型机器中。EBCDIC 码采用 8 位基 2 码表示，有 256 个编码状态，但只选用其中一部分。

在了解了数值和西文字符编码在计算机内的表示后，读者可能会产生一个问题：

二者在计算机内都是二进制数，如何区分数值和字符呢？例如，内存中有一个字节的内容是65，它究竟表示数值65，还是表示字母A。面对一个孤立的字节，确实无法区分，但存储和使用这个数据的软件会以其他方式保存有关类型的信息，指明这个数据是何种类型。

2. 汉字字符编码

由于汉字集大，在计算机中处理汉字比处理西文字字符复杂，需要解决汉字的输入输出以及汉字的处理等如下问题。

① 键盘上无汉字，不能直接利用键盘输入，需要输入码来对应。

② 汉字在计算机内的存储需要机内码来表示，以便存储、处理和传输。

③ 汉字量大、字形变化复杂，需要用对应的字库来存储。

由于汉字具有特殊性，计算机在处理汉字时，汉字的输入、存储、处理和输出过程中所使用的汉字编码不同，各过程之间要进行相互转换，过程如图3.3.6所示。

拓展阅读 3.2：
汉字字符编码

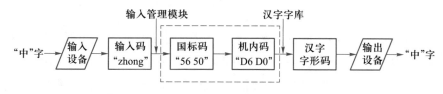

图 3.3.6 汉字信息处理系统的模型

（1）汉字输入码

汉字的输入码就是利用键盘输入汉字时对汉字的编码。目前常用的输入码主要分为以下两类。

① 音码类。主要是以汉语拼音为基础的编码方案，如全拼码、智能 ABC 等。

② 形码类。根据汉字的字形进行的编码，如五笔字型法、表形码等。

当然还有音形结合的编码，如自然码等。不管哪种输入法，都是操作者向计算机输入汉字的手段，而在计算机内部，汉字都是以机内码表示的。

（2）汉字字形码

汉字字形码又称汉字字模，用于汉字在显示屏或打印机输出。汉字字形码通常有点阵和矢量两种表示方式。

用点阵表示字形时，汉字字形码指的就是汉字字形点阵的代码。根据输出汉字的要求不同，点阵的多少也不同。简易型汉字为 16×16 点阵，提高型汉字为 24×24 点阵、32×32 点阵、48×48 点阵等。图 3.3.7 显示了"大"字的 16×16 字形点阵及代码。

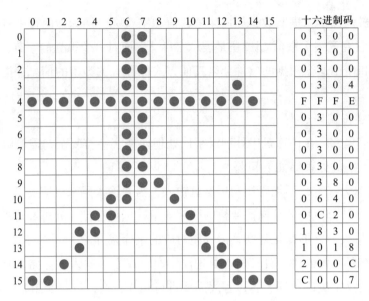

图 3.3.7　字形点阵及代码

　　点阵规模越大，字形越清晰美观，所占存储空间也很大。以 16×16 点阵为例，每个汉字就要占用 32 B，两级汉字大约占用 256 KB。因此，字模点阵只能用来构成"字库"，而不能用于机内存储。字库中存储了每个汉字的点阵代码，当需要显示输出时才检索字库，输出字模点阵得到字形。

　　矢量表示方式存储的是描述汉字字形的轮廓特征，当要输出汉字时，通过计算机的计算，由汉字字形描述生成所需大小和形状的汉字。矢量化字形描述与最终文字显示的大小、分辨率无关，因此可产生高质量的汉字输出。

　　点阵和矢量方式的区别在于，前者编码、存储方式简单，无须转换直接输出，但字形放大后产生的效果差；后者正好与前者相反。图 3.3.8 分别显示了矢量字和点阵字两种方式。

brown　brown

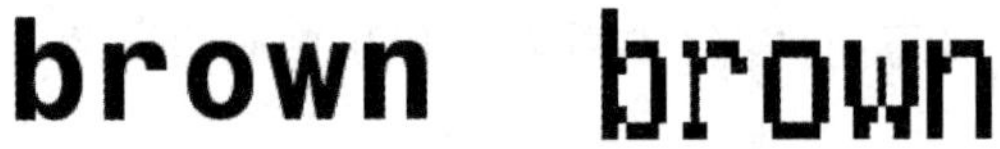

(a) 矢量字　　　　　　(b) 点阵字

图 3.3.8　矢量字和点阵字两种方式

（3）汉字机内码

　　西文字符不多，用 7 个二进制位编码就可以表示。而汉字的总数以及相关的文字符号有多少，这个问题没有统一的答案，著名的《康熙字典》收录了近五万个汉字，不过人们常用的汉字为四五千个。因此，汉字字符集至少要用两个字节进行编码。原理上两个字节可以表示 256×256 = 65 536 种不同的符号。典型的汉字编码有 GB2312，

Unicode 编码以及中国台湾地区、中国香港地区的 Big5 繁体汉字的编码。

① 国标码和机内码。国标码是我国 1980 年发布的《信息交换用汉字编码字符集—基本集》(GB2312—1980)，是中文信息处理的国家标准，也称汉字交换码，简称国标码或 GB 码。考虑到与 ASCII 码的关系，国标码使用了每个字节的低 7 位。这个方案最大可容纳 128×128 = 16 384 个汉字集字符。根据统计，把最常用的 6 763 个汉字分成两级：一级汉字有 3 755；二级汉字有 3 008 个。每个汉字用两个字节表示，每个字节的编码取值范围从 33～126（与 ASCII 编码中可打印字符的取值范围一致，共 94 个）。因此可以表示的不同字符数为 94×94 = 8 836 个。例如，"中"的国标码为 56 50H。

一个国标码占两个字节，每个字节最高位仍为"0"；英文字符的机内代码是 7 位 ASCII 码，最高位也为"0"，这样就给计算机内部处理带来问题。为了区分两者是汉字编码还是 ASCII 码，引入了汉字机内码（机器内部编码）。

例 3.15　汉字"中"的国标码和机内码表示如图 3.3.9 所示，区别是每个字节的最高位由"0"变为"1"。

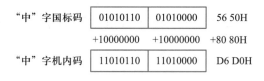

图 3.3.9　国标码和机内码关系

② Unicode 字符集编码。随着 Internet 的发展，需要满足跨语言、跨平台进行文本转换和处理的要求，还要与 ASCII 码兼容，为此，Unicode 诞生了。Unicode 编码系统分为编码方式和实现方式两个层次。

● Unicode 编码方式与 ISO 10646 的通用字字符集（universal character set，UCS）概念相对应，目前实用的 Unicode 版本对应于 UCS-2，使用 16 位的编码空间。也就是每个字符占用两个字节，最多可表示 65 536 个字符，基本可以满足各种语言的使用需求，而且每个字符都占用等长的两个字节，处理方便，但它和 ASCII 码不兼容。

拓展阅读 3.3：Unicode

● Unicode 实现方式称为 Unicode 转换格式（unicode translation format，UTF）。一个字符的 Unicode 编码是确定的，但是在实际传输过程中，由于不同系统平台的设计不一定一致，以及出于节省空间的考虑，将 Unicode 的实现方式即转换格式分为 3 种：UTF-8、UTF-16 和 UTF-32。

UTF-8 是以字节为单位对 Unicode 编码，用一个或几个字节来表示一个字符，是一种变长编码，这种方式的最大好处是保留了 ASCII 码作为它的一部分。UTF-16 和

UTF-32 分别是 Unicode 的 16 位和 32 位编码方式。

例 3.16   在记事本程序中查看可选择的编码。

【实现方法】在"记事本"应用程序中打开"保存"对话框，单击下方的"编码"列表框，显示可使用的编码方案，如图 3.3.10 所示。

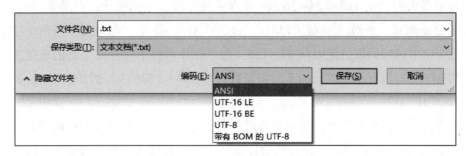

图 3.3.10   记事本中的编码

当收到的邮件或浏览器显示乱码时，主要是因为使用了与系统不同的汉字内码。解决的方法有以下两种。

① 切换编码方式。选择"查看"|"编码"命令，进行编码的选择。

② 在编写网页时指定编码方式。在 HTML 网页文件中指定编码字符集。

3.3.4   音频编码

1. 基本概念

声音是由空气中分子振动产生的波，这种波传到人们的耳朵，引起耳膜振动，这就是人们听到的声音。由物理学可知，复杂的声波由许多具有不同振幅和频率的正弦波组成。声波在时间上和幅度上都是连续变化的模拟信号，可用模拟波形来表示，如图 3.3.11 所示。

波形相对基线的最大位移称为振幅 A，反映音量；波形中两个相邻的波峰（或波谷）之间的距离

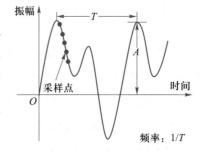

图 3.3.11   声音的波形
表示、采样表示

称为振动周期 T，周期的倒数 $1/T$ 即为频率 f，以赫兹（Hz）为单位。周期和频率反映了声音的音调。正常人所能听到的声音频率范围为 20 Hz ~ 20 kHz。

2. 声音的数字化

若要用计算机处理声音，就要将模拟音频信号转换成数字音频信号，这一转换过程称为模拟音频的数字化。数字化过程涉及声音的采样、量化和编码，其过程如图 3.3.12 所示。

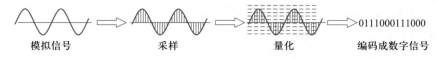

模拟信号　　　　采样　　　　量化　　编码成数字信号

图 3.3.12　模拟音频的数字化过程

拓展阅读 3.4：声音数字化

采样和量化的过程可由 A/D（模/数）转换器实现。A/D 转换器以固定的频率采样，即每个周期测量和量化信号一次。经采样和量化的声音信号再经编码后就成为数字音频信号，以数字声波文件形式保存在计算机的存储介质中。若要将数字声音输出，必须通过 D/A（数/模）转换器将数字信号转换成原始的模拟信号。

（1）采样

采样是每隔一定时间间隔在声音波形上取一个幅度值，把时间上的连续信号变成时间上的离散信号。该时间间隔称为采样周期，其倒数为采样频率。

采样频率即每秒钟的采样次数，如 44.1 kHz 表示将 1 秒钟的声音用 44 100 个采样点数据表示，采样频率越高，数字化音频的质量越高，但数据量越大。市场上的非专业声卡的最高采样频率为 48 kHz，专业声卡可达 96 kHz 或更高。根据奈奎斯特采样定律，采样频率高于输入的声音信号中最高频率的两倍就可从采样中恢复原始波形。这就是在实际采样中，采用 44.1 kHz 作为高质量声音的采样标准的原因。

（2）量化

量化是将每个采样点得到的幅度值以数字存储。量化位数（也即采样精度）表示存储采样点振幅值的二进制位数，它决定了模拟信号数字化以后的动态范围。通常量化位数有 8 位、16 位和 32 位等，分别表示有 2^8、2^{16} 和 2^{32} 个等级。

在相同的采样频率下，量化位数越大，则采样精度越高，声音的质量也越好，当然信息的存储量也相应越大。

（3）编码

编码是将采样和量化后的数字数据以一定的格式记录下来。编码的方式很多，常用的编码方式是脉冲编码调制（pulse code modulation，PCM），其主要优点是抗干扰能力强、失真小、传输特性稳定，但编码后的数据量比较大。CD—DA 采用的就是这种编码方式。

3. 数字音频的技术指标

数字化音频的质量由 3 项指标组成：采样频率、量化位数（即采样精度）和声道数。前两项已在上面介绍过，这里主要介绍声道数。

声音是有方向的，而且可以通过反射产生特殊的效果。当声音到达左右两耳的相对时差和不同的方向产生不同的强度，就产生立体声的效果。

声道数是指声音通道的个数。单声道只记录和产生一个波形；双声道产生两个波形,也即立体声,存储空间是单声道的两倍。

记录每秒钟存储声音容量的公式为:

$$采样频率(Hz)×采样精度(bit)÷8×声道数=每秒数据量(字节数)$$

例 3.17 用 44.10 kHz 的采样频率,每个采样点用 16 位的精度存储,则录制 1 s 的立体声(双声道)节目,其 WAV 文件所需的存储量为:

$$44\ 100×16÷8×2=176.4\ (KB)$$

在对声音质量要求不高时,降低采样频率、采样精度的位数或利用单声道来录制声音,可减小声音文件的容量。

4. 数字音频的文件格式

数字音频信息在计算机中是以文件形式保存的,相同的音频信息可以有不同的存储格式。常见的存储音频信息的文件格式主要有以下几类。

(1) WAV(wav)文件

WAV 是微软公司采用的波形声音文件存储格式,主要由外部音源(话筒、录音机)录制后,经声卡转换成数字化信息以扩展名 wav 存储;播放时还原成模拟信号,由扬声器输出。WAV 文件直接记录了真实声音的二进制采样数据,通常文件较大,多用于存储简短的声音片段。

(2) MIDI(mid)文件

MIDI 是乐器数字接口(music instrument digital interface)的英文缩写,是为了把电子乐器与计算机相连而制定的一个规范,是数字音乐的国际标准。

与 WAV 文件不同的是,MIDI 文件存储的不是声音采样信息,而是将乐器弹奏的每个音符记录为一连串的数字,然后由声卡上的合成器根据这些数字代表的含义进行合成后由扬声器播放声音。相对于保存真实采样数据的 WAV 文件,MIDI 文件显得更加紧凑,其文件大小通常比波形声音文件小得多。同样 10 分钟的立体声音乐,MIDI 文件大小不到 70 KB,而 WAV 文件要 100 MB 左右。

在多媒体应用中,一般 WAV 文件存储的是解说词,MIDI 文件存储的是背景音乐。

CD 存储格式是一个数字音频编码压缩格式。理论上讲,它有点像 MIDI 格式,只是一些命令串。它以音质好、容量小而广泛应用。

(3) MP3 文件

MP3 格式是采用 MPEG 音频压缩标准进行压缩的文件。MPEG 是一种标准,全称为 motion picture experts group,即运动图像专家组,是比较流行的一种音频、视频多媒体文件标准。MPEG-1 支持的格式主要有 MP3(全称 MPEG1-Layer3),它以高音质、低采样率、压缩比高、音质接近 CD、制作简单、便于交换等优点,非常适合在网上传播，是目前使用最多的音频格式文件。

上述的 WAV 和 MIDI 格式文件均可以压缩成 MPEG 格式文件。

（4）RA（ra）文件

RA（real audio）是 Real Network 公司制定的音频压缩规范，有较高的压缩比，采用流媒体方式，文件可在网上实时播放。

（5）WMA（wma）文件

WMA（windows media audio）是微软公司新一代的 Windows 平台音频标准，压缩比高，音质强于 MP3 和 RA 格式，适合网络实时播放。

3.3.5 图形和图像编码

1. 基本概念

在计算机中，图形（graphics）与图像（image）是一对既有联系又有区别的概念。它们都是一幅图，但图的产生、处理、存储方式不同。

图形一般是指通过绘图软件绘制的由直线、圆、圆弧、任意曲线等图元组成的画面，以矢量图形文件形式存储。矢量图文件中存储的是一组描述各个图元的大小、位置、形状、颜色、维数等属性的指令集合，通过相应的绘图软件读取这些指令可将其转换为输出设备上显示的图形。因此，矢量图文件的最大优点是对图形中的各个图元进行缩放、移动、旋转而不失真，而且占用的存储空间小。

图像是由扫描仪、数字照相机、摄像机等输入设备捕捉的真实场景画面产生的映像，数字化后以位图形式存储。位图文件中存储的是构成图像的每个像素点的亮度、颜色。位图文件的大小与分辨率和色彩的颜色种类有关，放大、缩小会失真，占用的空间比矢量文件大。

图 3.3.13 显示了原始矢量图与位图分别放大后的差别。矢量图形与位图图像可以转换，要将矢量图形转换成位图图像，只要在保存图形时，将其格式设置为位图图像格式即可；但反之则较困难，要借助其他软件来实现。

(a) 矢量图　　　　　　　　　　　(b) 位图

图 3.3.13　矢量图与位图的差别

2. 图像的数字化

图形是用计算机绘图软件生成的矢量图形，矢量图形文件存储的是描述生成图形的指令，因此不必对图形中每一点进行数字化处理。

现实中的图像是一种模拟信号。图像的数字化是指将一幅真实的图像转变成为计算机能够接受的数字形式，这涉及对图像的采样、量化以及编码等。

（1）采样

采样就是将二维空间上连续的图像转换成离散点的过程，采样的实质就是用多少个像素（pixel）点来描述一幅图像，像素的数量称为图像的分辨率，用"列数×行数"表示，分辨率越高，图像越清晰，存储量也越大。图3.3.14（b）是将图3.3.14（a）中的图像以48×48个像素点表示。

拓展阅读3.5：
图像的数字化

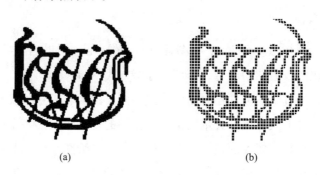

    (a)   (b)

图3.3.14 图像采样和分辨率示意图

（2）量化

量化则是在图像离散化后，将表示图像色彩浓淡的连续变化值离散化为整数值的过程。把量化时所确定的整数值取值个数称为量化级数，表示量化的色彩值（或亮度），所需的二进制位数称为量化字长。一般可用8位、16位、24位、32位等来表示图像的颜色，24位可以表示2^{24}＝16 777 216种颜色，称为真彩色。

在多媒体计算机中，图像的色彩值称为图像的颜色深度，有多种表示色彩的方式。

① 黑白图。图像的颜色深度为1，则用一个二进制位1和0表示纯白、纯黑两种情况。

② 灰度图。图像的颜色深度为8，占一个字节，灰度级别为256级。通过调整黑白两色的程度（称颜色灰度）来有效地显示单色图像。

③ RGB。24位真彩色图像显示时，由红、绿、蓝三基色通过不同的强度混合而成，当强度分成256级（值为0~255），占24位，就构成了2^{24}＝16 777 216种颜色的"真彩色"图像。

例 3.18 利用"画图"程序，验证不同色彩（单色、256 色和 24 位位图）下保存同样一幅图像的容量。

对一幅图像，在"画图"程序中选择"另存为"命令，打开"保存类型"列表框，如图 3.3.15 所示，选择相应的颜色位图，查看保存后对应文件的大小。

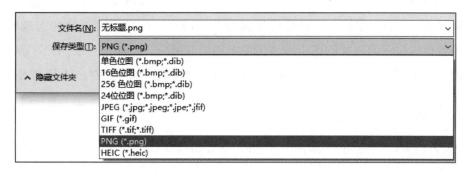

图 3.3.15 "文件类型"列表框

（3）编码

编码是将采样和量化后的数字数据转换成用二进制数码 0 和 1 表示的形式。

图像的分辨率和像素位的颜色深度决定了图像文件的大小，计算公式为：

$$列数×行数×颜色深度÷8＝图像字节数$$

例 3.19 要表示一个分辨率为 1 280×1 024 的 24 位"真彩色"图像，则图像文件大小为：

$$1\,280×1\,024×24÷8 ≈ 4（MB）$$

由此可见，数字化后的图像数据量十分巨大，必须采用编码技术来压缩信息。压缩是图像传输与存储的关键。

3. 图形、图像文件格式

在图形、图像处理中，可用于图形、图像文件存储的格式非常多，现分类列出常用的文件格式。

（1）BMP（bmp）文件

BMP（Bitmap 位图）是一种与设备无关的图像文件格式，是 Windows 环境中经常使用的一种位图格式。这种格式的特点是包含的图像信息较丰富，几乎不进行压缩，但由此导致了它占用磁盘空间过大的缺点。目前 BMP 文件在单机上比较流行。

（2）GIF（gif）文件

GIF（graphics interchange format，图形交换格式）是美国联机服务商 CompuServe 针对当时网络传输带宽的限制，开发出的一种图像格式。GIF 格式的特点是压缩比高，磁盘空间占用较少，但不能存储超过 256 色的图像。GIF 是互联网中的重要文件格式之一。

最初的 GIF 只是简单地用来存储单幅静止图像（称为 GIF87a），后来随着技术发展，可以同时存储若干幅静止图像进而形成连续的动画（称为 GIF89a），而且在 GIF89a 图像中可指定透明区域。考虑到网络传输中的实际情况，GIF 图像格式还增加了渐显方式，也就是说，在图像传输过程中，用户可以先看到图像的大致轮廓，然后随着传输过程的继续而逐步看清图像中的细节部分，从而适应了用户"从朦胧到清楚"的观赏心理。目前 Internet 上大量采用的彩色动画文件多为这种格式的文件。

（3）JPEG（jpg）文件

JPEG（joint photographic experts group，联合图像专家组）是利用 JPEG 方法压缩的图像格式，压缩比高，但压缩/解压缩算法复杂，存储和显示速度慢。同一图像的 BMP 格式的大小是 JPEG 格式的 5～10 倍，而 GIF 格式最多只能存储 256 色，JPEG 格式适用于处理 256 色以上、大幅面的图像，因此成了 Internet 中最受欢迎的图像格式。

JPEG 2000 格式是 JPEG 的升级版，其压缩率比 JPEG 高约 30%。与 JPEG 不同的是，JPEG 2000 同时支持有损和无损压缩，而 JPEG 只能支持有损压缩。无损压缩对保存一些重要图片十分有用。

（4）WMF（wmf）文件

WMF（windows metafile format）是 Windows 中常见的一种图元文件格式，它具有文件短小、图案造型化的特点，整个图形常由各个独立的组成部分拼接而成，但其图形往往较粗糙。Windows 中许多剪贴画图像是以该格式存储的。WMF 广泛应用于桌面出版印刷领域。

（5）PNG（png）文件

PNG（portable network graphics，移植的网络图像文件格式）是流式图像文件。其主要优点是压缩比高，并且是无损压缩，适合在网络中传播；支持 Alpha 通道透明图像制作，可以使图像与网页背景和谐地融为一体。缺点主要是不支持动画功能。

3.3.6　视频编码

1. 基本概念

视频是由一系列的静态图像按一定的顺序排列组成的，每一幅称为"帧"（frame）。电影、电视通过快速播放每帧画面，再加上人眼视觉效应便产生了连续运动的效果。当帧速率达到每秒显示 12 帧（12 fps）以上时，可以显示比较连续的视频图像。伴随着视频图像一般还配有同步的声音，所以视频信息需要巨大的存储容量。

视频有模拟视频和数字视频两类。早期的电视等视频信号的记录、存储和传输都采用模拟方式；如今的 VCD、DVD、数字式便携摄像机记录、存储和传输的都是数字视频。

世界上有两种模拟视频标准：NTSC 制式（每秒 30 帧，每帧 525 行）和 PAL 制式（每秒 25 帧，每帧 625 行），我国采用 PAL 制式。

2. 视频信息的数字化

由于上述两种视频标准的信号都是模拟量，而计算机处理和显示这类视频信号时，必须进行视频数字化。数字视频具有适合网络使用、可以不失真地无限次复制、便于计算机创造性编辑处理等优点，故得到广泛应用。

视频数字化过程同音频数字化相似，在一定的时间内以一定的速度对单帧视频信号进行采样、量化、编码等，实现模/数转换、彩色空间变换和编码压缩等，这通过视频捕捉卡和相应的软件来实现。

在数字化后，如果视频信号不加以压缩，数据量的大小是帧乘以每幅图像的数据量。例如，要在计算机中连续显示分辨率为 1 280×1 024 的 24 位"真彩色"的高质量电视图像，按每秒 30 帧计算，显示 1 分钟，则需要的文件大小为：

1 280（列)×1 024（行)×3（字节)×30（帧/s)×60（s)≈6.6（GB）

一张 650 MB 的光盘只能存放 6 s 左右的电视图像，这就带来了图像数据的压缩问题，视频压缩也成为多媒体技术中一个重要的研究课题。另外，可通过压缩、降低帧速、缩小画面尺寸等来降低数据量。

3. 视频文件格式

视频文件可以分成两大类：一类是影像文件，常见的 VCD 便是一例；另一类是流媒体文件，这是随着 Internet 的发展而诞生的后起之秀，例如在线实况转播，就是构架在流式视频技术之上的。

（1）影像视频文件

日常生活中接触较多的 VCD、多媒体 CD 光盘中的动画都是影像文件。影像文件不仅包含大量图像信息，同时还容纳大量音频信息。影像视频文件主要有以下几种类型。

① AVI（avi）文件。AVI（audio video interleaved，音频–视频交错）格式文件将视频与音频信息交错地保存在一个文件中，较好地解决了音频与视频的同步问题，是 Video for Windows 视频应用程序使用的格式，目前已成为 Windows 视频标准格式文件。该文件数据量较大，需要压缩。

AVI 格式的文件一般用于保存电影、电视等各种影像信息，有时也出现在 Internet 中，主要用于让用户欣赏新影片的精彩片段。

② MOV（mov）文件。MOV（movie）是 Apple 公司在 QuickTime for Windows 视频应用程序中使用的视频文件，原在 Macintosh 系统中运行，现已移植到 Windows 平台。利用它可以合成视频、音频、动画、静止图像等多种素材。该文件数据量较大，需要压缩。

③ MPEG（mpg）文件。按照 MPEG 标准压缩的全屏视频的标准文件。目前很多视频处理软件都支持这种格式的文件。

④ DAT（dat）文件。DAT 是 VCD 专用的格式文件，文件结构与 MPEG 文件格式基本相同。

（2）流媒体文件

Internet 中，基本上只有文本、图形等多媒体格式可以照原格式在网上传输。动画、音频、视频等这 3 种类型的媒体一般采用流式技术进行处理，以便在网上传输。由于不同的公司发展的文件格式不同，传输的方式也有所差异。到目前为止，Internet 上使用较多的流媒体格式主要有 RealNetworks 公司的 RealMedia、Apple 公司的 Quick-Time 和 Microsoft 公司的 Windows Media Technology。

此外，MPEG、AVI、DVI、SWF 等都是适用于流媒体技术的文件格式。

3.4　数据压缩技术简介

1. 数据压缩的重要性和可能性

拓展阅读 3.6：
数据压缩技术

从前几节多媒体数据的表示中可以看到，数据量大是多媒体的一个基本特性。例如，一幅具有中等分辨率（640×480）的 24 位真彩色数字视频图像的数据量大约在 1 MB/帧，如果每秒播放 25 帧图像，将需要 25 MB 的硬盘空间。对于音频信号，若采样频率采用 44.1 kHz，每个采样点量化为 16 位二进制数，1 分钟的录音产生的文件将占用 10 MB 的硬盘空间。由此可见，若不进行压缩处理，计算机系统几乎无法对它们进行存储和交换处理。

另一方面，图像、声音的压缩潜力很大。例如在视频图像中，各帧图像之间有相同的部分，因此数据的冗余度很大，压缩时原则上可以只存储相邻帧之间的差异部分。

数据压缩就是通过编码技术来降低数据存储时所需的空间，等到人们需要使用时再进行解压缩。根据对压缩后的数据经解压缩后是否能准确地恢复压缩前的数据来分类，可将其分成无损压缩和有损压缩两类。

衡量数据压缩技术的好坏有以下 4 个重要的指标。

① 压缩比。即压缩前后所需的信息存储量之比要大。

② 恢复效果。要能尽可能恢复原始数据。

③ 速度。压缩、解压缩的速度要快，尤其解压缩速度更为重要，因为解压缩是实时的。

④ 实现压缩的软、硬件开销要小。

2. 无损压缩

无损压缩方法是通过统计被压缩数据中重复数据的出现次数来进行编码的。无损压缩由于能确保解压缩后的数据不失真，一般用于文本数据、程序以及重要图片和图像的压缩。无损压缩比一般为 2:1~5:1，因此不适合实时处理图像、视频和音频数据。典型的无损压缩软件是 WinZip、WinRAR 等。

3. 有损压缩

有损压缩方法是以牺牲某些信息（这部分信息基本不影响对原始数据的理解）为代价，换取较高的压缩比。有损压缩具有不可恢复性，也就是还原后的数据与原始数据存在差异。有损压缩一般用于图像、视频和音频数据的压缩，压缩比高达几十到几百比一。

例如，在位图图像存储形式的数据中，像素与像素之间无论是列方向还是行方向都具有很大的相关性，因此数据的冗余度很大，在允许一定限度的失真下，能够对图像进行大量的压缩。这里所说的失真，是指在人的视觉、听觉允许的误差范围内。

由于多媒体信息的广泛应用，为了便于信息的交流、共享，对于视频和音频数据的压缩有专门的组织制定压缩编码的国际标准和规范，主要有 JPEG 静态和 MPEG 动态图像压缩的工业标准两种类型。

例 3.20 利用"画图"程序，将获取的屏幕界面以不压缩的位图 BMP 文件保存，再以 JPEG 方式压缩成扩展名为 jpg 的文件，比较它们的压缩比。

在 Windows 的"画图"程序中保存 Windows"桌面"屏幕界面，以扩展名为 bmp 的文件（没有压缩）保存的文件大小为 6 076 KB，若以 JPEG 方式压缩成以扩展名为 jpg 的文件保存，则文件大小为 442 KB，压缩比约为 14:1，如图 3.4.1 所示。

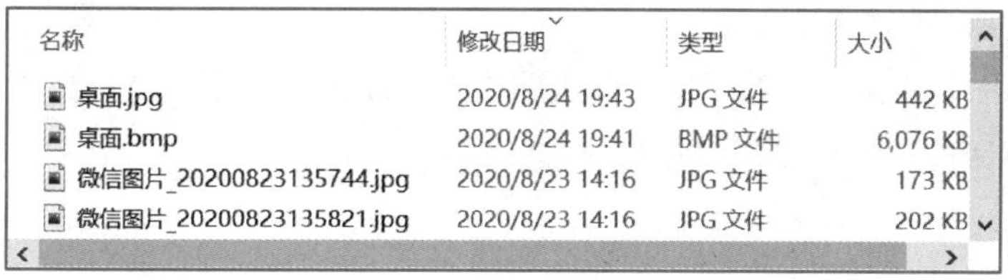

名称	修改日期	类型	大小
桌面.jpg	2020/8/24 19:43	JPG 文件	442 KB
桌面.bmp	2020/8/24 19:41	BMP 文件	6,076 KB
微信图片_20200823135744.jpg	2020/8/23 14:16	JPG 文件	173 KB
微信图片_20200823135821.jpg	2020/8/23 14:16	JPG 文件	202 KB

图 3.4.1 图像压缩效果对比

思考题

1. 简述计算机内以二进制编码的优点。

2. 进行下列数的数制转换。

　(1) $(213)_D = ($ 　　　　 $)_B = ($ 　　　　 $)_H = ($ 　　　　 $)_O$

　(2) $(69.625)_D = ($ 　　　　 $)_B = ($ 　　　　 $)_H = ($ 　　　　 $)_O$

　(3) $(127)_D = ($ 　　　　 $)_B = ($ 　　　　 $)_H = ($ 　　　　 $)_O$

　(4) $(3E1)_H = ($ 　　　　 $)_B = ($ 　　　　 $)_D$

　(5) $(10A)_H = ($ 　　　　 $)_O = ($ 　　　　 $)_D$

　(6) $(670)_O = ($ 　　　　 $)_B = ($ 　　　　 $)_D$

　(7) $(10110101101011)_B = ($ 　　　　 $)_H = ($ 　　　　 $)_O = ($ 　　　　 $)_D$

　(8) $(11111111000011)_B = ($ 　　　　 $)_H = ($ 　　　　 $)_O = ($ 　　　　 $)_D$

3. 给定一个二进制数，怎样能够快速地判断出其十进制等值数是奇数还是偶数？

4. 浮点数在计算机中是如何表示的？

5. 假定某台计算机的机器数占 8 位，试写出十进制数 -67 的原码、反码和补码。

6. 如果 n 位能够表示 2^n 个不同的数，为什么最大的无符号数是 2^n-1 而不是 2^n？

7. 如果一个有符号数占有 n 位，那么它的最大值是多少？

8. 什么是 ASCII 码？请查一下 "D" "d" "3" 和空格的 ASCII 码值。

9. 已知"学校"汉字的机内码为 D1A7 和 D0A3，请问它们的国标码是什么？如何验证其正确性。

10. 简述声音数字化的过程。

11. 数字音频的技术指标主要是哪三项？

12. 简述 WAV 文件与 MIDI 文件的区别。

13. 简述矢量图文件与位图图像文件的区别。

14. 简述图像数字化的过程。

15. 利用"画图"程序，观察 BMP 与 JPG 文件的大小。

16. 简述流媒体技术的特点。常见的流媒体格式有哪几种？

17. 数据压缩技术分为哪两类？

18. 衡量压缩技术的标准有哪四个？

第 4 章
操作系统基础

操作系统是最重要的系统软件。无论计算机技术如何纷繁多变，为计算机系统提供基础支撑始终是操作系统永恒的主题。纵使计算机技术经历了几十年的发展，操作系统始终是其华美乐章中多彩的主旋律。

电子教案：
操作系统基础

4.1　操作系统概述

4.1.1　引言

计算机发展到今天，从微型计算机到智能手机、高性能计算机，无一例外都配置了操作系统。计算机为什么要配置操作系统？

分析一个在生活中经常会遇到的问题：出门坐公交车，在天气、道路等正常的情况下，公交车长时间不来，或者一来就是很多辆，造成这种情况的责任在谁呢？显然这是调度员的责任。调度员的职责应该是合理地调度车辆，并且确保乘客等待时间最短，且车辆载客量最多。

从计算机技术的角度来说，造成这一问题的原因是调度员没有像操作系统那样去调度车辆资源。计算机配置操作系统的目的是由操作系统去管理和调度资源。

早期的计算机没有操作系统，计算机要在人工干预下才能进行工作，程序员兼职操作员，效率非常低下。为了使计算机系统中所有软、硬件资源协调一致、有条不紊地工作，就必须有一个软件来进行统一的管理和调度，这种软件就是操作系统。因此，操作系统是管理和控制计算机中所有软、硬件资源的一组程序。现代计算机绝对不能没有操作系统，正如人不能没有大脑一样，而且操作系统的性能很大程度上直接决定了整个计算机系统的性能。

操作系统直接运行在裸机上，是对计算机硬件系统的第一次扩充。在操作系统的支持下，计算机才能运行其他软件。从用户的角度看，操作系统加上计算机硬件系统形成一台虚拟机（通常广义上的计算机），它为用户构建了一个方便、有效、友好的使用环境。因此可以说，操作系统是计算机硬件与其他软件的接口，也是用户和计算机的接口，如图 4.1.1 所示。

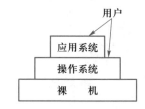

图 4.1.1　用户面对的计算机

一般而言，引入操作系统有以下两个目的。

① 操作系统将裸机改造成一台虚拟机，使用户能够无须了解许多有关硬件和软件的细节就能使用计算机，从而提高用户的工作效率。

② 为了合理地使用系统内包含的各种软、硬件资源，提高整个系统的使用效率和经济效益。

操作系统作为计算机系统的资源的管理者，它的主要功能是对系统所有的软、硬件资源进行合理而有效的管理和调度，提高计算机系统的整体性能。具体地说，操作系统具有处理器管理、存储管理、设备管理、信息管理等功能。

操作系统的出现是计算机软件发展史上的一个重大转折，也是计算机系统的一个重大转折。

4.1.2 操作系统的分类

经过了许多年的迅速发展，操作系统种类繁多，功能也相差很大，已经能够适应各种不同的应用和各种不同的硬件配置。操作系统有以下几种不同的分类标准。

① 按与用户对话的界面分类，可分为命令行界面操作系统（如 MS DOS、Novell 等）和图形用户界面操作系统（如 Windows 等）。

② 按系统的功能为标准分类，可分为三种基本类型，即批处理系统、分时操作系统和实时操作系统。随着计算机体系结构的发展，又出现了许多种操作系统，如个人计算机操作系统、网络操作系统和智能手机操作系统。下面简要介绍这些操作系统。

1. 批处理系统

在批处理系统中，用户可以把作业一批批地输入系统。它的主要特点是允许用户将由程序、数据以及操作说明书组成的作业一批批地提交给系统，然后不再与作业发生交互，直到作业运行完毕后，才能根据输出结果分析作业运行情况，确定是否需要适当修改后再次上机。批处理系统现在已经不多见了。

2. 分时操作系统

分时操作系统的主要特点是将 CPU 的时间划分成时间片，轮流接收和处理各个用户从终端输入的命令。如果用户的某个处理要求时间较长，分配的一个时间片不够用，它只能暂停下来，等待下一次轮到时再继续运行。由于计算机运算的高速性能和并行工作的特点，使得每个用户感觉不到别人也在使用这台计算机，就好像他独占了这台计算机。典型的分时系统有 UNIX、Linux 等。

3. 实时操作系统

实时操作系统的主要特点是对信号的输入、计算和输出都能在一定的时间范围内完成。也就是说，计算机对输入信息要以足够快的速度进行处理，并在确定的时间内做出反应或进行控制。超出时间范围就失去了控制的时机，控制也就失去了意义。响应时间的长短，根据具体应用领域及应用对象对实时性要求的不同而不同。根据具体应用领域的不同，又可以将实时操作系统分成两类：实时控制系统（如导弹发射系统、飞机自动导航系统）和实时信息处理系统（如机票订购系统、联机检索系统）。常用的实时系统有 RDOS 等。

4. 个人计算机操作系统

个人计算机操作系统运行在个人计算机上，主要特点是：计算机在某个时间内为单个用户服务；采用图形用户界面，界面友好；使用方便，用户无须专门学习，也能熟练操作机器。目前常用的是 Windows、Linux 等。

5. 网络操作系统

网络操作系统是在单机操作系统的基础上发展起来的，能够管理网络通信和网络上的共享资源，协调各个主机上任务的运行，并向用户提供统一、高效、方便易用的网络接口。目前常用的有 Windows Server。

6. 智能手机操作系统

智能手机操作系统运行在智能手机上。智能手机具有独立的操作系统、良好的用户界面以及很强的应用扩展性，能方便地安装和删除应用程序。目前常用的手机操作系统有 Android、iOS。

4.1.3   常用操作系统简介

操作系统种类很多，目前主要有 Windows、UNIX、Linux、Mac OS 和 Android。由于 DOS 曾在 20 世纪 80 年代的个人计算机上占有绝对主流地位，因此在这里也做简要介绍。

1. DOS

DOS（disk operating system）是微软公司研制的配置在 PC 上的单用户命令行界面操作系统。它曾经广泛地应用在 PC 上，对于计算机的应用普及可以说是功不可没。DOS 的特点是简单易学，硬件要求低，但存储能力有限。因为种种原因，现在已被 Windows 替代。

2. Windows

Windows 是基于图形用户界面的操作系统。因其生动、形象的用户界面，十分简便的操作方法，吸引着成千上万的用户，成为目前装机普及率最高的一种操作系统。

3. UNIX

UNIX 是一种发展比较早的操作系统，一直占有操作系统市场较大的份额。UNIX 的优点是具有较好的可移植性，可运行于许多不同类型的计算机上，具有较好的可靠性和安全性，支持多任务、多处理、多用户、网络管理和网络应用。缺点是缺乏统一的标准，应用程序不够丰富，并且不易学习，这些都限制了 UNIX 的普及应用。

4. Linux

Linux 是一种源代码开放的操作系统。用户可以通过 Internet 免费获取 Linux 及其生成工具的源代码，然后进行修改，建立一个自己的 Linux 开发平台，开发 Linux 软件。

Linux 实际上是从 UNIX 发展起来的，与 UNIX 兼容，能够运行大多数的 UNIX 工具软件、应用程序和网络协议。Linux 继承了 UNIX 以网络为核心的设计思想，是一个性能稳定的多用户网络操作系统。同时，它还支持多任务、多进程和多 CPU。

Linux 版本众多，厂商们利用 Linux 的核心程序，再加上外挂程序，就形成了各种 Linux 版本。现在主要流行的版本有：Red Hat、Debian、Ubuntu 等。我国自己开发的有：深度（Deepin）、中标麒麟（NeoKylin）等。

5. Mac OS

Mac OS 是一套运行在苹果公司的 Macintosh 系列计算机上的操作系统。Mac OS 是首个在商用领域成功的图形用户界面。

Mac OS 具有较强的图形处理能力，广泛用于桌面出版和多媒体应用等领域。Mac OS 的缺点是与 Windows 缺乏较好的兼容性，影响了它的普及。

6. Android

Android 是一种基于 Linux 的自由及开放源代码的操作系统，主要使用于便携设备，如智能手机和平板电脑。Android 操作系统最初由 Andy Rubin 开发，主要支持智能手机，后来逐渐扩展到平板电脑及其他领域。目前，Android 是智能手机上最重要的操作系统之一。

4.2　Windows 基础

本节介绍 Windows 的基础知识和基本应用。

1. Windows 的发展历史

自 1983 年 11 月微软公司宣告 Windows 诞生以来，Windows 已有近 40 年的历史，因其生动、形象的用户界面，简便的操作方法，吸引着众多的用户，一直是使用最广泛的操作系统。

尽管 Windows 家族产品繁多，但是两个产品线还是清晰可见：一是面向个人消费者和客户机开发的 Windows 7/8/10 等；二是面向服务器开发的 Windows Server 2012/2016/2019。

2. 桌面

Windows 启动后呈现在用户面前的是桌面。所谓桌面是指 Windows 所占据的屏幕空间，即整个屏幕背景。桌面的底部是一个任务栏，其最左端是"开始"按钮；中间部分显示已打开的程序和文件，在它们之间可以进行快速切换；其最右端是通知区域，包括时钟以及一些告知特定程序和计算机设置状态的图标。初始时桌面上只有一个"回收站"图标，以后用户可以根据自己的喜好设置桌面，把经常使用的程序、文档和文件夹放在桌面上或在桌面上为它们建立快捷方式。

（1）"开始"菜单

"开始"菜单是访问程序、文件夹和设置计算机的入口，如图 4.2.1 所示。在其中可以启动程序，打开文件夹，搜索文件、文件夹和程序，设置计算机，获取帮助信息，切换到其他用户账户等。

图 4.2.1   "开始"菜单

（2）"回收站"

"回收站"是一个文件夹，用来存储被删除的文件、文件夹。用户可以把"回收站"中的文件恢复到它们在系统中原来的位置。

桌面是工作的平面，可以通过控制面板改变桌面的设置。

例 4.1   在桌面上显示计算机、回收站、用户的文件、控制面板和网络图标。

【实现方法】在桌面的快捷菜单中选择"个性化"命令，再选择"主题"｜"桌面图标设置"。

3. "设置"

"设置"窗口是用来进行系统设置和设备管理的一个工具集，过去称为控制面板。

在"设置"窗口中，用户可以根据自己的喜好对桌面、用户等进行设置和管理，还可以进行添加或删除程序等操作，如图 4.2.2 所示。

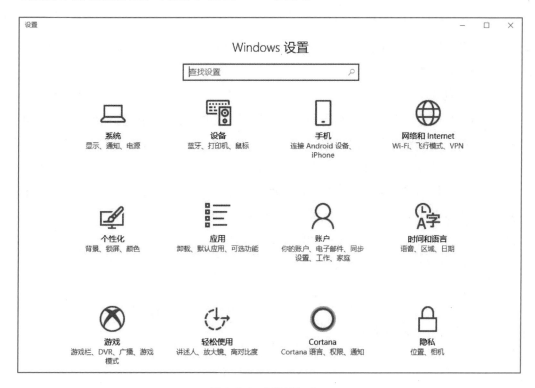

图 4.2.2 "设置"窗口

启动"设置"窗口的方法很多，最简单的是选择"开始|设置"命令。

4. 账户管理

Windows 允许多个用户共同使用同一台计算机，这就需要进行账户管理，包括创建新账户以及为账户分配权限等。在 Windows 中，每一个用户都有自己的工作环境，如桌面、我的文档等。

Windows 的账户有以下两种类型。

① Microsoft 账户。与设备无关，可以在任意数量的设备上使用。

② 本地计算机账户。只能在本地使用，无法从其他设备访问。

5. 帮助系统

在使用计算机的过程中，经常会遇到各种各样的问题。解决问题的方法之一是使用 Windows 提供的帮助和支持。在 Windows 10 中，获得帮助和支持有 3 种方法。

① F1 键。在打开的应用程序中按 F1 键，就能看到该应用程序的帮助信息。

② 询问 Cortana。Cortana 是 Windows 10 中自带的虚拟助理，它能够了解用户的喜

好和习惯，帮助用户进行日程安排、问题回答等。

③ 入门应用。Windows 10 内置了一个入门应用，可以帮助用户获取帮助。

例 4.2　查找关于"设置无线网络"的帮助信息。

【实现方法】在"开始"菜单右边的快速搜索栏中输入"无线网络"，在查找结果中选择"设置无线网络"。

6. 剪贴板

在 Windows 中，剪贴板是程序和文件之间用于传递信息的临时存储区。剪贴板不但可以存储文本，还可以存储图像、声音等其他信息。通过它可以把文本、图像、声音粘贴在一起形成一个图文并茂、有声有色的文档。

剪贴板的使用步骤是先将信息复制或剪切到剪贴板这个临时存储区，然后在目标应用程序中将插入点定位在需要放置信息的位置，再使用"编辑｜粘贴"命令将剪贴板中的信息传到目标应用程序中，如图 4.2.3 所示。

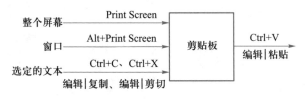

图 4.2.3　剪贴板的使用

（1）将信息复制到剪贴板

① 复制整个屏幕到剪贴板

按 Print Screen 键，整个屏幕被复制到剪贴板。

② 复制窗口到剪贴板

先将窗口选择为当前活动窗口，然后按 Alt+Print Screen 键。按 Alt+Print Screen 键也能复制对话框，因为可以把对话框看作是一种特殊的窗口。

③ 把选定的信息复制到剪贴板

选定的信息既可以是文本，也可以是文件或文件夹等其他对象。把选定的信息复制到剪贴板的方法是：选择"编辑｜剪切"（或按 Ctrl+X 键）或"编辑｜复制"（或按 Ctrl+C 键）命令。

"编辑｜剪切"命令是将选定的信息复制到剪贴板上，然后在源文件中删除；"编辑｜复制"命令是将选定的信息复制到剪贴板上，并且在源文件中保持不变。

（2）从剪贴板中粘贴信息

信息复制到剪贴板后，就可以从剪贴板中粘贴到目标应用程序中。粘贴的方法

是：按 Ctrl+V 键或选择"编辑 | 复制"命令。

将信息粘贴到目标程序后，剪贴板中的内容依旧保持不变，因此可以进行多次粘贴。既可以在同一文件中多处粘贴，也可以在不同文件（甚至可以是不同应用程序创建的文件）中粘贴，所以剪贴板提供了在不同应用程序间传递信息的一种有效方法。

"复制""剪切"和"粘贴"命令都有对应的快捷键，分别是 Ctrl+C、Ctrl+X 和 Ctrl+V。

例 4.3　把整个屏幕复制到"画图"程序中，以 JPG 格式保存起来。

【实现方法】按 Print Screen 键将整个屏幕复制到剪贴板，启动"画图"程序，选择"主页 | 剪贴板 | 粘贴"命令或按 Ctrl+V 键就可以将剪贴板上的内容（整个屏幕图像）粘贴到"画图"程序中，选择"保存"命令，保存时选择 JPG 文件类型。

7. 任务管理器的使用

在 Windows 中，同时按下 Ctrl + Alt + Del 键，选择"任务管理器"，将弹出如图 4.2.4 所示的任务管理器。在任务管理器中，除了查看系统当前的信息之外，还可以进行如下操作。

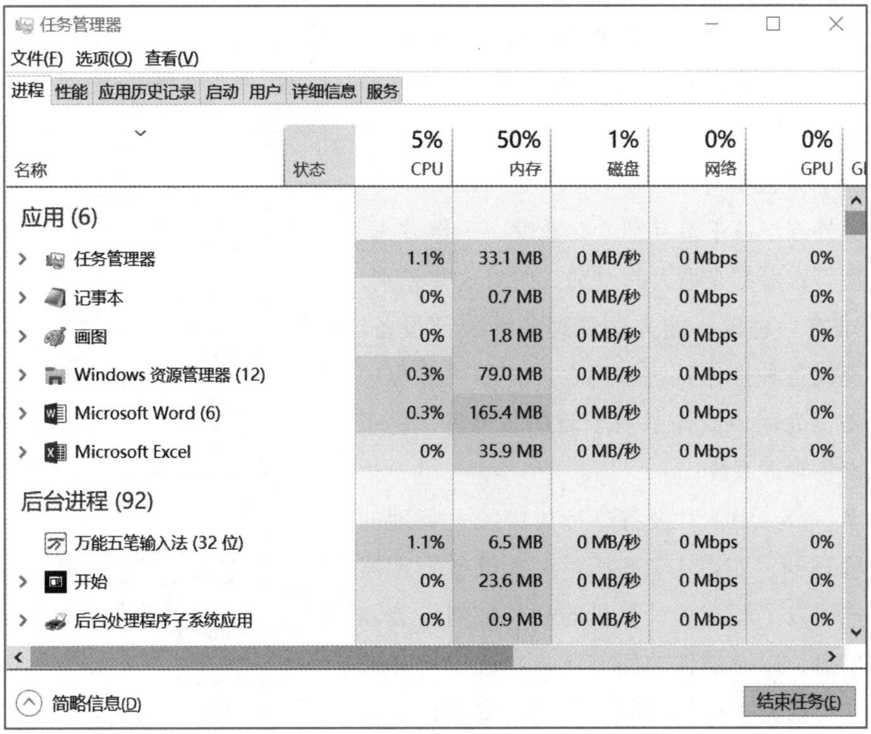

图 4.2.4　任务管理器

（1）终止未响应的应用程序

当系统出现像"死机"一样的症状时，往往存在未响应的应用程序。此时，可以通过任务管理器终止这些未响应的应用程序，系统就恢复正常了。

（2）终止进程的运行

当 CPU 的使用率长时间达到或接近 100%，或系统提供的内存长时间处于几乎耗尽的状态时，通常是系统感染了病毒的缘故。利用任务管理器，找到 CPU 或内存占用率高的进程，然后终止它。

8. 设备管理

每台计算机都配置了很多硬件设备，它们的性能和操作方式都不一样。但是在操作系统的支持下，可以极其方便地添加和管理设备。

（1）添加设备

目前，绝大多数设备都是 USB 设备，即通过 USB 电缆连接到计算机上的 USB 端口，图标如图 4.2.5 所示。USB 设备支持即插即用（plug and play，简称 PnP）和热插拔。

图 4.2.5   USB 连接符号

即插即用并不是说不需要安装设备驱动程序，而是意味着操作系统能自动检测到设备并自动安装驱动程序。第一次将某个设备插入 USB 端口进行连接时，Windows 会自动识别该设备并为其安装驱动程序。如果找不到驱动程序，Windows 将提示插入包含驱动程序的光盘。

（2）管理设备

各类外部设备千差万别，在速度、工作方式、操作类型等方面都有很大的差别。面对这些差别，确实很难有一种统一的方法管理各种外部设备。但是，现代各种操作系统求同存异，尽可能集中管理设备，为用户设计了一个简洁、可靠、易于维护的设备管理系统。

在 Windows 中，对设备进行集中统一管理的是设备管理器，如图 4.2.6 所示。在设备管理器中，用户可以了解有关计算机的硬件如何安装和配置的信息，以及硬件如何与计算机程序交互的信息，还可以检查硬件状态，并更新安装在计算机上的硬件的设备驱动程序。

打开设备管理器的方法是，在"此电脑"的

图 4.2.6   Windows 的设备管理器

"属性"窗口中选择"设备管理器"命令。

4.3 程序管理

Windows 10 拥有众多的应用程序,它们的安装通常是通过运行其自带的安装程序进行的,卸载通常是通过"Windows 设置"完成的。

在计算机系统中,程序的运行同样置于操作系统的管理下,主要目的是要把 CPU 的时间有效、合理地分配给各个正在运行的程序。

4.3.1 程序和进程

1. 程序

程序是计算机为完成某一个任务所必须执行的一系列指令的集合,通常以文件的形式存放在外存储器上,开始执行时就被操作系统从外存储器调入内存中。在 Windows 中,绝大多数程序文件的扩展名是 .exe。表 4.3.1 所示是常用的程序文件名。

常用应用程序	文 件 名
Windows 资源管理器	explorer. exe
记事本	notepad. exe
写字板	wordpad. exe
画图	mspaint. exe
命令提示符	cmd. exe
Windows Media Player	wmplayer. exe
Microsoft Edge	msedge. exe
Microsoft Word	winword. exe

◀表 4.3.1
常用应用程序
文件名

(1) 单道程序系统

在早期的计算机系统中,一旦某个程序开始运行,它就占用了整个系统的所有资源,直到该程序运行结束,这就是所谓的单道程序系统。单道程序系统中,在任一时刻只允许一个程序在系统中执行,正在执行的程序控制了整个系统的资源,一个程序执行结束后才能执行下一个程序。因此,系统的资源利用率不高,大量的资源在许多时间处于闲置状态。例如,图 4.3.1 所示是单道程序系统中 3 个程序依次运行的情况。首先程序 A 被加载到系统内执行,执行结束后再加载程序 B 执行,最后加载程序 C 执行,3 个程序不能交替运行。

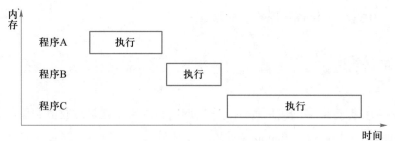

说明：任何时刻内存中只有一道程序。一个程序运行完全结束后才能运行下一个程序

图 4.3.1   单道程序系统中程序的执行

（2）多道程序系统

为了提高系统资源的利用率，后来的操作系统都允许同时有多个程序被加载到内存中执行，这样的操作系统被称为多道程序系统。在多道程序系统中，从宏观上看，系统中多道程序是并行执行的；从微观上看，在任一时刻仅能执行一道程序，各程序是交替执行的。由于系统中同时有多道程序在运行，它们共享系统资源，提高了系统资源的利用率，因此操作系统必须承担资源管理的任务，要求能够对包括处理机在内的系统资源进行管理。例如，图 4.3.2 所示是多道程序系统中 3 个程序交替运行的情况。程序 A 没有结束就释放了 CPU，让程序 B 和程序 C 执行，程序 C 没有结束又让程序 A 抢占了 CPU，3 个程序交替运行。

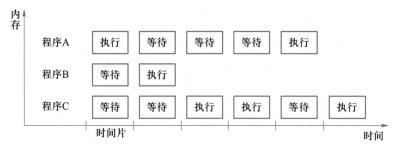

说明：等待是指等待CPU或系统资源。处于等待状态的程序虽然不占用CPU，但仍然驻留在内存中

图 4.3.2   多道程序系统中程序在交替执行

2. 进程

简单地说，进程就是一个正在执行的程序。或者说，进程是一个程序与其数据一起在计算机上顺序执行时所发生的活动。一个程序被加载到内存中，系统就创建了一个进程，程序执行结束后，该进程也就消亡了。当一个程序（如 Windows 的记事本程序）同时被执行多次时，系统就创建了多个进程。

在任务管理器的进程选项卡中，用户可以查看当前正在执行的进程，如图 4.3.3 所示。图中记事本程序被同时运行了 3 次，因而有 3 个这样的进程。

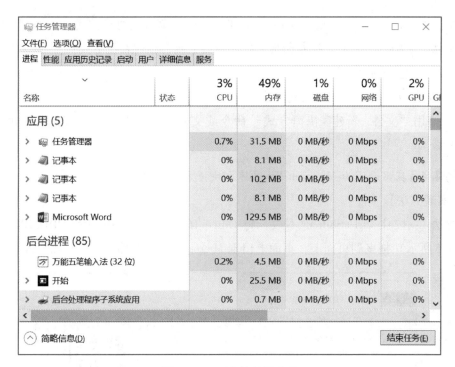

图 4.3.3　正在执行的进程

程序和进程的主要差异在于以下几点。

① 程序是一个静态的概念，指的是存放在外存储器上的程序文件；进程是一个动态的概念，描述程序执行时的动态行为。进程由程序执行而产生，如图 4.3.4 所示，随执行过程的结束而消亡，所以进程是有生命周期的。

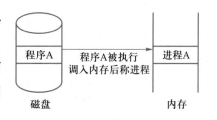

图 4.3.4　程序与进程的关系

② 程序可以脱离机器长期保存，即使不执行的程序也是存在的。而进程是执行着的程序，当程序执行完毕，进程也就不存在了，所以进程的生命是暂时的。

③ 一个程序可多次执行并产生多个不同的进程。

4.3.2　快捷方式

在桌面上，常见的左下角有一个弧形箭头的图标称为快捷方式，如图 4.3.5 所示。为了快速地启动某个应用程序或打开文件，通常在便捷的地方（如桌面或"开始"菜单）创建快捷方式。

图 4.3.5　Word
快捷方式

快捷方式是连接对象的图标，它不是这个对象本身，而是指向这个对象的指针，这如同一个人的照片。不仅可以为应用程序创建快捷方式,而且可以为 Windows 中的任何一个对象建立快捷方式。例如,可以为程序文件、文档、文件夹、控制面板、打印机或磁盘等创建快捷方式。

创建快捷方式有如下两个方法。

① 按住 Ctrl+Shift 键不放进行拖曳。

② 使用"文件|新建|快捷方式"命令或文件夹快捷菜单中的"新建|快捷方式"命令。

例4.4　在桌面上为 Microsoft Word 建立快捷方式。

【实现方法】

方法1:按住 Ctrl+Shift 键不放,将 Office 16 文件夹中的 WINWORD. EXE(如图 4.3.6 所示)拖曳到桌面上,桌面上出现 Microsoft Word 快捷方式图标。

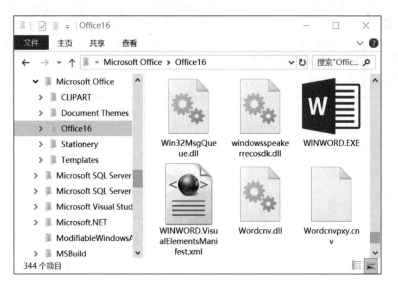

图 4.3.6　Office 16 窗口

方法2:在桌面的快捷菜单中选择"新建|快捷方式"命令,通过浏览输入 C:\ Program Files\Microsoft Office\Office16\WINWORD. EXE(或直接输入),再输入快捷方式的名称。

"文件"菜单中还有一个"创建快捷方式"命令,它用于在"原地"创建快捷方式。

4.4　文件管理

在操作系统中,负责管理和存取文件信息的部分称为文件系统或信息管理系统。

在文件系统的管理下，用户可以按照文件名访问文件，而不必考虑各种外存储器的差异，不必了解文件在外存储器上的具体物理位置以及是如何存放的。文件系统为用户提供了一个简单、统一的访问文件的方法，因此它也被称为用户与外存储器的接口。

4.4.1　文件

文件是有名字的一组相关信息的集合。在计算机系统中，所有的程序和数据都以文件的形式存放在计算机的外存储器（如磁盘等）上。例如，C/C++或 Visual Basic 源程序、Word 文档、各种可执行程序等都是文件。

1. 文件名

任何一个文件都有文件名。文件名是存取文件的依据，即按名存取。一般来说，文件名分为文件主名和扩展名两个部分，如图 4.4.1 所示。

XXXXXXXXXXXXXX.XXX
文件主名　　　扩展名

图 4.4.1　文件名

一般来说，文件主名应该用有意义的词汇或是数字命名，以便用户识别。例如，Windows 中的 Microsoft Edge 浏览器的文件名为 msedge. exe。

不同操作系统的文件名命名规则有所相同。有些操作系统是不区分大小写的，如 Windows，而有的是区分大小写的，如 UNIX。

2. 文件类型

在绝大多数的操作系统中，文件的扩展名表示文件的类型。例如，exe 是可执行程序文件，cpp 是 C++源程序文件，jpg 是图像文件，wmv 是一种流媒体文件，htm 是网页文件，rar 是压缩文件。

3. 文件属性

文件除了文件名外，还有文件大小、占用空间、所有者信息等，这些信息称为文件属性。

文件重要的属性如下。

① 只读。设置为只读属性的文件只能读，不能修改或删除，能够起到保护作用。

② 隐藏。具有隐藏属性的文件一般情况下是不显示的。

③ 存档。任何一个新创建或修改的文件都有存档属性。当用"控制面板"中的"备份和还原"程序备份后，存档属性消失。

4.4.2　文件夹

文件夹俗称目录，用于在磁盘上分类存放大量的文件。

1. 目录结构

一个磁盘上的文件成千上万，为了有效地管理和使用文件，用户通常在磁盘上创建文件夹（目录），在文件夹下再创建子文件夹（子目录），也就是将磁盘上的所有文件组织成树状结构，然后将文件分门别类地存放在不同的文件夹中，如图4.4.2所示。这种结构像一棵倒置的树，树根为根文件夹（根目录），树中每一个分支为文件夹（子目录），树叶为文件。在树状结构中，用户可以将与同一个项目有关的文件放在同一个文件夹中，也可以按文件类型或用途将文件分类存放；同名文件可以存放在不同的文件夹中；也可以将访问权限相同的文件放在同一个文件夹里，集中管理。

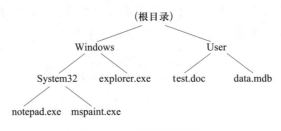

图 4.4.2 树形目录结构

2. 文件路径

当一个磁盘的目录结构被建立后，所有的文件可以分门别类地存放在所属的文件夹中，接下来的问题是如何访问这些文件。若要访问的文件不在同一个目录中，就必须加上文件路径，以便文件系统可以查找到所需要的文件。

文件路径分为以下两种。

① 绝对路径。从根目录开始，依序到该文件的名称。

② 相对路径。从当前目录开始到某个文件的名称。

例4.5 说明图4.4.2所示的目录结构中notepad. exe和test. doc文件的绝对路径和data. mdb文件的相对路径（假定当前目录为System32）。

notepad. exe和test. doc文件的绝对路径是 C:\Windows\System32\notepad. exe 和 C:\User\test. doc。

data. mdb文件的相对路径是 ..\..\User\data. mdb（用"..."表示上一级目录）。

3. 文件系统

Windows 10支持的常用磁盘文件系统有3种：FAT32、NTFS和exFAT。

① FAT32可以支持容量达8 TB的卷，单个文件大小不能超过4 GB。

② NTFS是Windows 10的标准文件系统，单个文件大小可以超过4 GB。NTFS兼顾了磁盘空间的使用与访问效率，提供了高性能、安全性、可靠性等高级功能。

例如，NTFS 提供了诸如文件和文件夹权限、加密、磁盘配额和压缩这样的高级功能。

③ exFAT 是指扩展 FAT，是为了解决 FAT32 不支持 4 GB 以上文件推出的文件系统。对于闪存，NTFS 文件系统不适合使用，exFAT 更为适用。因为 NTFS 是采用"日志式"的文件系统，需要不断读写，比较损伤闪存芯片。

4.4.3 管理文件和文件夹

管理文件和文件夹是 Windows 的主要功能。由于采用树形结构组织计算机中的本地资源和网络资源，因此操作起来非常方便。

"Windows 资源管理器"是 Windows 中管理文件和文件夹的主要程序，对应的程序文件名为 explorer. exe。"此电脑"是管理文件和文件夹的主要"入口"，通过"此电脑"可以一级一级打开文件夹，进行各种操作。从本质上来说，"此电脑"与"网上邻居""回收站"一样，是一个系统文件夹，打开"计算机"实质上是调用 explorer. exe。

1. 操作方式

使用 Windows 的一个显著特点是：先选定操作对象，再选择操作命令。选定对象是最基本的，绝大多数的操作都是从选定对象开始的。只有在选定对象后，才可以对它们执行进一步的操作。例如，要删除文件，必须先选定所要删除的文件，然后选择"文件"菜单中的"删除"命令或直接按 Del 键。选定对象的方法见表 4.4.1。

选 定 对 象	操　作
单个对象	单击所要选定的对象
多个连续的对象	鼠标操作：单击第一个对象，按住 Shift 键，单击最后一个对象
	键盘操作：移动光条到第一个对象上，按住 Shift 键不放，移动光条到最后一个对象上
多个不连续的对象	单击第一个对象，按住 Ctrl 键不放，单击剩余的每一个对象

◀表 4.4.1 选定对象

管理文件和文件夹的操作有如下 3 种方式。

（1）通过菜单命令

管理文件和文件夹的命令基本上都组织成菜单。使用时，先选择对象，然后在菜单中选择所需的命令。

（2）使用快捷菜单

对于选定的文件或文件夹，单击鼠标右键都能弹出一个快捷菜单。快捷菜单包含了常用的操作命令，它们在菜单中几乎都有对应的命令。

（3）鼠标拖曳

许多操作可以用鼠标拖曳的方式实现。在拖曳文件或文件夹时，如果有"+"号出现，则意味着复制，否则意味着移动；如果按住 Ctrl 键拖曳，则是复制，否则当在不同驱动器之间拖曳时是复制，在同一驱动器之间拖曳时是移动。

管理文件和文件夹的操作有很多，常用的操作以及使用的命令如表 4.4.2 ~ 表 4.4.4 所示。

▶ 表 4.4.2
管理文件和文件夹的操作 1

作用	"编辑"菜单中的命令	鼠标拖曳	快捷键或键盘命令
复制	"复制""粘贴"	直接拖曳（不同驱动器） Ctrl+拖曳（同一驱动器）	Ctrl+C、Ctrl+V
移动	"剪切""粘贴"	Shift+拖曳（不同驱动器） 直接拖曳（同一驱动器）	Ctrl+X、Ctrl+V
删除	"删除"	直接拖曳到回收站	Del

▶ 表 4.4.3
管理文件和文件夹的操作 2

作用	"文件"菜单中的命令	说　明
发送	"发送"	可将文件发送到磁盘、文档、邮件接收者等，也可以用该命令在桌面创建快捷方式
新建	"新建"	新建文件夹、快捷方式或各种类型的文档
改名	"重命名"	重新命名文件或文件夹的名称
查看属性	"属性"	查看文件或文件夹的属性

▶ 表 4.4.4
管理文件和文件夹的操作 3

作用	操作命令	作　用
恢复文件	通过"回收站"	从回收站恢复到原有位置
查找文件	"开始|搜索"	搜索所需的文件

说明：在设置搜索条件时，可以使用通配符"?"和"*"。"?"代表任意一个字符，"*"代表任意一个字符串。例如，"*.doc"代表扩展名为 doc 的所有文件，"?B*.exe"代表第二个字符为 B 的所有程序文件。如果要指定多个文件名，则可以使用分号、逗号或空格作为分隔符，例如，"*.doc;*.bmp;*.txt"。

2. 修改查看选项

"查看"菜单中的命令用来设置查看文件和文件夹的方式，如图 4.4.3 所示。其中重要的选项如下。

① 文件和文件夹的显示方式，如大图标、详细信息等方式。

② 是否显示文件扩展名。

图 4.4.3 "查看"菜单中的命令

③ 文件夹选项:"常规"选项卡和"查看"选项卡如图 4.4.4 和图 4.4.5 所示。

图 4.4.4 "常规"选项卡

例 4.6 设置显示隐藏的文件和系统文件。

【实现方法】打开任意一个文件夹,选择"查看│选项"命令,在"查看"选项卡中选定"显示隐藏的文件、文件夹和驱动器"。

例 4.7 搜索计算机中第二字符为"算"、扩展名为 .docx 的所有文件。

【实现方法】打开"此电脑"文件夹,在窗口右上角的搜索框中输入搜索条件:?算*.docx。

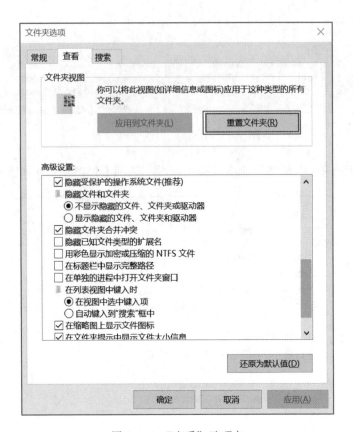

图 4.4.5　"查看"选项卡

4.5　磁盘管理

磁盘是微型计算机必备的最重要的外存储器。另外，现在可移动磁盘越来越普及，为了确保信息安全，掌握有关磁盘的基本知识和管理磁盘的正确方法是非常必要的。

在 Windows 10 中，一个新硬盘（假定出厂时没有进行过任何处理）需要进行如下处理。

① 创建磁盘主分区和逻辑驱动器。

② 格式化磁盘主分区和逻辑驱动器。

1. 磁盘分区

（1）创建磁盘分区和逻辑驱动器

硬盘（包括可移动硬盘）的容量很大，人们常把一个硬盘划分为几个分区，主要原因如下。

① 硬盘容量很大，分区便于管理。

② 安装不同的操作系统，如 Windows、Linux 等。

在 Windows 10 中，一个硬盘最多可以创建 3 个
主分区，只有创建了 3 个主分区后才能创建后面的
逻辑驱动器。主分区不能再细分，所有的逻辑驱动
器组成一个扩展分区，如图 4.5.1 所示。删除分区
时，主分区可以直接删除，扩展分区需要先删除逻
辑驱动器后再删除。

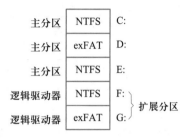

图 4.5.1　磁盘分区

（2）磁盘管理

在 Windows 10 中，除了在安装时可以进行简单的磁盘管理以外，磁盘管理一般是
通过控制面板中的"管理工具｜创建并格式化硬盘分区"程序来实现的。

图 4.5.2 是启动"Windows 管理工具"中"计算机管理"程序后看到的某一台计
算机的磁盘。从图中可以看到，计算机有两个磁盘：磁盘 0 含有 2 个主分区（C 盘和
D 盘）以及 2 个未分配区块；磁盘 1 为 U 盘，全部未分配。

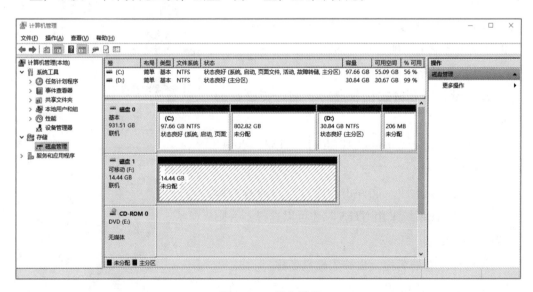

图 4.5.2　磁盘管理

创建磁盘分区和逻辑驱动器的方法是：在代表磁盘空间的区块上单击右键，在弹
出的快捷菜单中选择"新建简单卷"命令即可。图 4.5.3 中创建了一个 5 GB 的主分区。

2. 磁盘格式化

磁盘分区并创建逻辑驱动器后还不能使用，还需要进行格式化。格式化的目的
如下。

① 把磁道划分成一个个扇区，每个扇区 512 B。

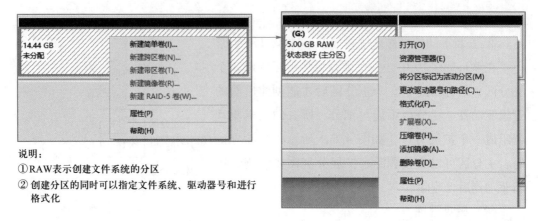

说明：
① RAW表示创建文件系统的分区
② 创建分区的同时可以指定文件系统、驱动器号和进行格式化

图 4.5.3　创建磁盘分区

② 安装文件系统，建立根目录。

旧磁盘也可以格式化。如果对旧磁盘进行格式化，将删除磁盘上原有的信息。因此在对磁盘进行格式化时要特别慎重。

磁盘可以被格式化的条件是：磁盘不能处于写保护状态，磁盘上不能有打开的文件。

图 4.5.4 是格式化磁盘的对话框。

① 容量。只有格式化软盘时才能选择磁盘的容量。

② 文件系统。Windows 10 支持 FAT32、exFAT 和 NTFS 文件系统。

③ 分配单元大小。文件占用磁盘空间的基本单位。只有当文件系统采用 NTFS 时才可以选择，否则只能使用默认值。

④ 卷标。卷的名称，也称为磁盘名称。

如果选定快速格式化，则仅仅删除磁盘上的文件和文件夹，而不检查磁盘的损坏情况。快速格式化只适用于曾经格式化过的磁盘并且磁盘没有损坏的情况。

图 4.5.4　"格式化"磁盘

例 4.8　对 U 盘进行格式化。

【实现方法】

① 打开"此电脑"窗口，在 U 盘的快捷菜单中选择"格式化"命令。

② 选定合适的文件系统，指定卷标等参数，开始格式化。

3. 磁盘碎片整理

磁盘碎片又称文件碎片，是指一个文件没有保存在一个连续的磁盘空间上，而是被分散存放在许多地方。计算机工作一段时间后，磁盘进行了大量的读写操作，如删除、复制文件等，就会产生磁盘碎片。磁盘碎片太多就会影响数据的读写速度，因此需要定期进行磁盘碎片整理，消除磁盘碎片，提高计算机系统的性能。图 4.5.5 反映了磁盘碎片整理前后的情况。

图 4.5.5　磁盘碎片整理前后

例 4.9　对 C 盘进行磁盘碎片整理。

【实现方法】选择"开始｜Windows 管理工具"中的"碎片整理和优化驱动器"程序，如图 4.5.6 所示，在其中选择"C:"进行碎片整理。

图 4.5.6　"碎片整理和优化驱动器"程序

4. 磁盘清理

计算机工作一段时间后会产生很多的垃圾文件，如已经下载的程序文件、Internet临时文件等。利用 Windows 10 提供的磁盘清理工具，可以轻松而又安全地实现磁盘清理，删除无用的文件，释放硬盘空间。

例 4.10　对 C 盘进行磁盘清理。

【实现方法】选择"开始│Windows 管理工具"中的"磁盘清理"程序，如图4.5.7所示，在其中选择"C:"驱动器；图4.5.8所示是清理 C 盘的对话框，显示了要清理的文件。

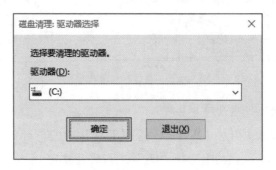

图 4.5.7　"磁盘清理"程序

图 4.5.8　磁盘清理对话框

思考题

1. 操作系统的主要功能是什么？为什么说操作系统既是计算机硬件与其他软件的接口，又是用户和计算机的接口？

2. 简述 Windows 10 的文件命名规则。

3. 如何查找 C 盘上所有的文件名以 Auto 开始的文件？

4. 回收站的功能是什么？什么样的文件删除后不能恢复？

5. 快捷方式和程序文件有什么区别？

6. 什么是进程？进程与程序有什么区别？

7. 什么是线程？线程与进程有什么区别？

8. 绝对路径与相对路径有什么区别？

9. 请简述 Windows 支持的三种文件系统：exFAT、FAT32 和 NTFS。

10. 什么情况下不能格式化磁盘？

11. 什么是即插即用设备？如何安装非即插即用设备？

第 5 章
文字处理软件 Word 2016

Word 是使用最广泛的文字处理软件之一，是微软公司的 Office 办公软件中的重要成员。本章介绍文字处理软件概述、文档建立和编辑、格式设置、表格处理、图文混排和高级自动化等内容。

电子教案：
文字处理软件
Word 2016

5.1 文字处理软件概述

5.1.1 文字处理软件的发展

最早较有影响的文字处理软件是由 MicroPro 公司在 1979 年研制的 WordStar（文字之星，简称 WS）。该软件很快成为畅销软件，风行于 20 世纪 80 年代。汉化版的 WS 在我国也非常流行。

1989 年，香港金山电脑公司推出了完全针对汉字的文字处理软件 WPS（Word Processing System）。WPS 软件相比 WS 拥有更多的优点：字体格式丰富、控制灵活、表格制作方便、下拉菜单便捷、模拟显示实用有效。凭借这些优点，当时，WPS 在我国的软件市场可谓独占鳌头。但是当时的 WPS 也并非完美，它并不能处理图文并茂的文件。在吸取了微软 Word 软件的优点后，WPS 的功能、操作方式与 Word 就非常相似。目前，WPS Office 可以通过其官网免费下载。

1982 年，微软公司开始加入文字处理软件市场的争夺，最初将文字处理软件命名为 MS Word。微软文字处理软件 Word 的真正发展得益于 1989 年 Windows 系统的创新推出和巨大成功，文字处理软件并因此成为文字处理软件销售市场的主导产品。早期的文字处理软件只是以文字为主，现代的文字处理软件可以集文字、表格、图形、图像、声音于一体。Word 的版本在不断更新中，目前最新为 2019 版，本书是以 2016 版为蓝本。

5.1.2 文字处理软件基本功能

作为文字处理软件，一般具有如下功能。

（1）文档管理功能。文档的建立、搜索满足条件的文档、以多种格式保存、文档自动保存、文档加密和意外情况恢复等，以确保文件的安全、通用。

（2）编辑功能。对文档内容的多种途径输入（语音和多种手写输入功能，更好地体现了"以用户为中心"的特点）、自动更正错误、拼写检查、中文简体繁体转换、大小写转换、查找与替换等，以提高编辑的效率。

（3）排版功能。提供了对字体、段落、页面的方便、丰富、美观的多种排版格式。

（4）表格处理。表格的建立、编辑、格式化、统计、排序以及生成统计图等。

（5）图形处理。建立、插入多种形式的图形、对图形编辑、格式化、图文混排等。

（6）高级功能。提高对文档自动处理的功能，如建立目录、邮件合并、宏的建立和使用等。

5.1.3 认识 Word 2016 的工作界面

打开 Word 2016 后，显示其工作窗口界面。Word 2016 窗口界面主要由快速访问工具栏、功能区选项卡、标题栏、功能区、文档编辑区、状态栏等部分组成，如图 5.1.1 所示。

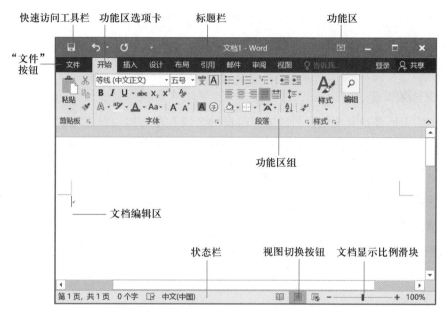

图 5.1.1　Word 2016 工作窗口界面

1. 快速访问工具栏

快速访问工具栏可以快速访问使用频繁的工具，一般默认情况下仅显示"保存""撤销""重复" 3 个命令按钮。用户可以通过"文件"选项卡的"选项"命令，在其对话框中的"快速访问工具栏"选项卡处，通过添加或去除命令按钮设置自定义快速访问工具栏。

2. "文件"按钮

"文件"按钮用于对文件的操作和设置命令。包含文件的"新建""打开""保存""打印"等常用操作命令。与以前版本不同的是当选择某命令时分为左右两个区域显示，左侧为命令选择区，右侧显示其下级全部按钮或操作选项。

"另存为"功能可以将原本的 docx 文档保存为扩展名为 "doc" 的文档，也可以直接保存为扩展名为 "pdf" 的文档。

3. 功能区

从 Word 2007 版本开始取消了传统的菜单操作方式，而是用功能区来代替。功能区是一个动态的带状区域，它由多个选项卡组成。通常情况下，功能区包含了开始、插入、设计、布局、引用、邮件、审阅、视图等功能选项卡。

每个选项卡有各自对应的功能区面板，其中每个功能区面板中又可细化为几个组，称为功能区组（简称组）。每个组由若干种按钮组成，功能区组的右下角有一个"对话框启动器"按钮，可以打开相应分组的对话框或者窗格，例如"字体"对话框、"样式"窗格等，以便对相应的功能进行全面的设置。

注意：单击窗口右上角的"📑"功能区显示方式按钮，可选择"自动隐藏功能区""显示选项卡""显示选项卡和命令"等。

4. 文档编辑区

文档编辑区是指对文档进行输入和编辑的区域。在文档编辑区有不断闪烁的插入点"｜"，表示用户当前的编辑位置。文档编辑区左边的区域称为"选定区"，当鼠标移到该区域，会自动变成向右倾斜的空心箭头"⬈"，此时点击鼠标左键并上下拖曳可快速地选定文本块。

5. 视图切换按钮

视图切换按钮可以对文档选择不同的显示方式，有"阅读视图""页面视图""Web 版式视图"等；在"视图"选项卡中，可以选择更多的显示方式。

6. 状态栏

状态栏显示文档的信息：当前第几页、文档总页数以及文档字数等。

7. 文档显示比例滑块

拖动滑块使文档按比例显示，方便用户查看文档。

8. 标尺隐藏/显示

标尺用于排版时文档、图片等定位所需。通过"视图"｜"显示"的标尺复选框控制水平标尺和垂直标尺显示与否。

5.1.4　文档的显示模式

通过"视图"选项卡可以更全面地选择文档的显示模式，共有 5 种视图模式。

1. 阅读视图

以图书分栏样式显示文档，用来模拟书本阅读方式，并自动隐藏了完整的功能区显示，仅提供了"文件""工具""视图"3 个适合阅读的选项卡。

2. 页面视图

可以全面地看到文档中文本、图片和其他对象的实际位置，与打印的效果相同。一般对文档的编辑和排版均使用该模式，是 Word 的默认视图。

3. Web 版式视图

文档在 Web 浏览器中观看时的效果，文本和表格等会随着窗口的大小而自动换行。

4. 大纲视图

通过此视图可以方便地查看、调整文档的层次结构，设置标题的大纲级别，方便地移动文本段落。此视图可以轻松地对超长文档进行结构层面上的调整。

5. 草稿视图

此视图隐藏了页面边距、分栏、页眉页脚和图片等元素，仅显示标题和正文，是最节省计算机系统硬件资源的视图方式。当然计算机系统的硬件配置都比较高，基本上不存在由于硬件配置偏低而使 Word 运行遇到障碍的问题。

5.2　Word 2016 的基本操作

本节重点介绍创建 Word 文档所需掌握的基本操作与技能，主要涉及文档的创建、保存、输入和编辑。

5.2.1　文档的创建和保存

1. 创建文档

创建 Word 文档有多种方式，常用的有以下两种方式。

（1）打开 Word 2016 应用程序，自动创建一个文件名为"文档 1"的新文档，用户可以输入和编辑文档。

（2）通过"文件"按钮，在下拉菜单中选择"新建"选项，在右边窗口显示各种模板的文档，选择新建空白文档，点击空白文档，创建了一个文件名为"文档 1"的新文档。

2. 保存文档

新文档的建立以及老文档的任何编辑都只是暂存在计算机的内存中，因此需要通过保存操作将文档存放到磁盘指定位置。保存文档可通过"文件"按钮的"保存"命令或"快速访问工具栏"的"🖫"按钮随时、快捷地保存文档。

用户也可以通过"文件"按钮的"另存为"命令保存文档，"另存为"文档包含了以下几种情形。

（1）改变文件名。

（2）改变文件的存放的位置。

（3）改变文件的类型。

例 5.1   将文档分别保存为扩展名为"doc"的文档，便于在 Word 2003 及以下低版本中通用；保存为 PDF 文档，便于在不同的环境下显示和打印。

【实现方法】单击"文件"按钮，选择"另存为"命令，打开其对话框；选择保存文件的路径并输入文件名，在"保存类型"下拉列表选择"Word 97-2003 文档（*.doc）"，如图 5.2.1 所示；要将文档保存为 PDF 文档，方法类似，只要在文件类型中选择"PDF（*.pdf）"即可。

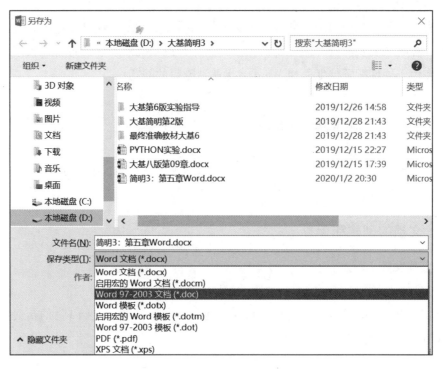

图 5.2.1   "另存为"对话框

5.2.2   文档的输入

在文字处理软件中，输入的途径有多种：通过键盘输入、联机手写体输入、语音输入、扫描输入等，本书主要介绍键盘输入和联机手写输入。

1. 键盘输入

键盘是最常用的输入设备，可方便地输入各种英文字母、数字和其他字符等。汉字输入可根据个人习惯选择不同的输入法。

对于各种符号的输入方法如下。

① 常用的中文标点符号，只要切换到中文输入法，直接按键盘的标点符号。

② 其他符号，如各种数字序号、希腊字母等，可通过输入法打开软键盘，如图 5.2.2 所示，选择所需的符号；也可在输入法中单击"表情及符号"（☺）按钮，打开该对话框，在对话框左侧选择"符号"按钮，显示各类符号，如图 5.2.3 所示。

图 5.2.2　软键盘菜单

常用	单位	序号	特殊	标点	数学	几何	字母			
①¹	②²	③³	④⁴	⑤⁵	⑥⁶	⑦⁷	⑧⁸	⑨⁹	⑩⁰
(一)	(二)	(三)	(四)	(五)	(六)	(七)	(八)	(九)	(十)
1	2	3	4	5	6	7	8	9	10.
11.	12.	13.	14.	15.	16.	17.	18.	19.	20.
(1)	(2)	(3)	(4)	(5)	(6)	(7)	(8)	(9)	(10)
(11)	(12)	(13)	(14)	(15)	(16)	(17)	(18)	(19)	(20)

图 5.2.3　"表情及符号"对话框中的"序号"界面

③ 特殊符号。通过"插入"|"符号"下拉按钮选择"其他符号"选项，弹出"符号"对话框，如图 5.2.4 所示。在"字体"下拉列表选择所需的字体类别，如"Wingdings"。

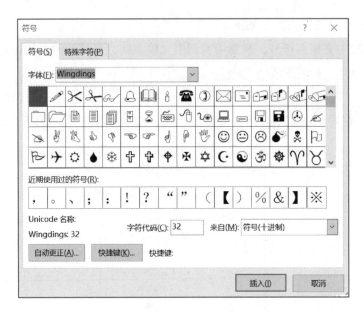

图 5.2.4 "符号"对话框

2. 联机手写输入

手写输入分为联机手写输入和脱机手写输入。对于汉字识别系统，联机手写汉字识别比脱机手写汉字识别相对容易些。联机手写输入汉字利用输入设备（如输入板或鼠标）模仿成一支笔进行书写，输入板或屏幕中内置的高精度的电子信号采集系统将笔画变为一维电信号，输入计算机的是以坐标点序列表示的笔尖移动轨迹，因而被处理的是一维的线条（笔画）串，这些线条串含有笔画数目、笔画走向、笔顺和书写速度等信息。脱机手写汉字指利用扫描仪等设备输入，识别系统处理的是二维的汉字点阵图像，由于汉字独特的复杂结构和写字者的书写自由性，实现汉字正确识别是一个难题，本书不作介绍。

在 Windows 7 及以后版本中，系统自带的微软输入法提供的"触摸键盘"能实现手写输入，如图 5.2.5 所示。要使用"触摸键盘"，首先右键单击"任务栏"，在快显

图 5.2.5 "触摸键盘"写字

菜单中单击"显示触摸键盘按钮"。然后在"任务栏"的输入法旁会出现"触摸键盘按钮"（▦），单击此按钮，出现软键盘。在软键盘中单击左上角的"键盘设置"，如图 5.2.6 所示。在打开的键盘设置对话框中，选择"手写输入"就可利用鼠标输入，对话框的上方显示与之匹配、相似的文字供选择，效果如图 5.2.5 所示。

图 5.2.6　软键盘

5.2.3　文档的编辑

文档的编辑是对输入的内容进行删除、修改、插入，以确保输入的内容正确。这通过文字处理软件提供的编辑功能可以快速实现。

1. 文本的选定和编辑

（1）选定文档

对文本进行复制或剪切操作前，必须先选定所要操作的内容。通过鼠标拖曳可以选中一块连续的区域；而按住 Ctrl 键再加选定操作，可以同时选定多块不连续的区域。

（2）复制、剪切与粘贴

人们在日常工作中要"复制"一段文字，在文字处理软件里分解成两个动作：先将选定的原内容"复制"到剪贴板，再从剪贴板"粘贴"到目标处。同样，要将一段文字移动到另一处，也要分解成两个动作：先将选定的内容"剪切"到剪贴板保存，再从剪贴板"粘贴"到目标处。要删除一段选定的文字，则可以通过键盘上的"Delete"键实现，也可以通过"剪切"来实现，区别是，前者是直接删除，后者会在剪贴板上保存着被"剪切"的内容。对用户来说，剪贴板是透明的，只要正确地使用它即可。

复制、剪切与粘贴按钮均在"开始"选项卡的"剪贴板"功能区组中。

注意：在粘贴时可以在下拉列表中选择"选择性粘贴"，打开其对话框，如图 5.2.7 所示，选择粘贴的形式。

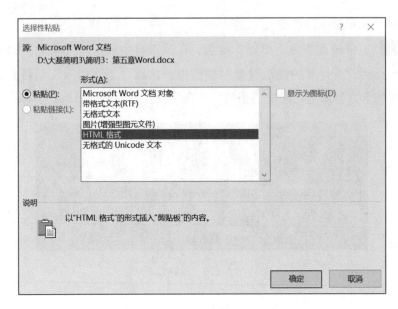

图 5.2.7 "选择性粘贴" 对话框

（3）剪贴板

剪贴板是 Windows 应用程序中都可以共享的一块公共信息区域。它的功能非常强大，不但可以保存文本信息，也可以保存图形、图像和表格等各种信息。在 Office 2016 中，剪贴板中可以存放最多 24 次复制或剪切的内容。要查看剪贴板的内容，通过选择 "开始" | "剪贴板" 功能区组，打开剪贴板任务窗格即可。

（4）撤销和重复

在编辑文档的过程中，如果用户操作失误，可通过快速访问工具栏的 "撤销"（⤺），恢复到前一步操作前或前 n 步操作前的状态；并且也能通过 "恢复"（⟳），恢复到撤销动作前的状态。

2. 查找与替换和文档导航

（1）查找与替换

查找与替换是提高文本编辑效率的常用操作。根据输入所要查找或替换的内容，系统可自动地在规定的范围或全文内进行定位，然后进行手动逐一替换或自动全部替换。

查找或替换不但可以作用于具体的文字，也可以作用于格式、特殊字符、通配符等。

例 5.2 将文档中所有的英文字母改为带有下画线的大写字母。

实现的方法如下。

微视频 5-2：
查找与替换

① 单击"开始"|"编辑"|"替换"按钮，弹出"查找和替换"对话框，如图 5.2.8 所示。

图 5.2.8 "查找和替换"对话框

② 鼠标插入点先定位于"查找内容"文本框，单击左下角的"更多"按钮，在展开后对话框中点击"特殊格式"按钮并选择"任意字母"选项。此时，"查找内容"的文本框中会出现"^$"的信息。

③ 插入点再定位在"替换为"文本框，选择下方"格式"按钮中的"字体"命令，在弹出的对话框中进行下画线线型设置，在效果中选中全部大写字母，界面如图 5.2.9 所示。

④ 最后，单击"全部替换"按钮实现批量替换。

注意：利用替换功能，还可以达到简化输入、提高效率的效果。例如，在一篇经常会出现"Microsoft Office Word 2016"的文档中，可以在输入时用一个不常用的字符表示，然后利用替换功能将这一字符全部替换成"Microsoft Office Word 2016"，当然替换时要防止出现两义性。

图 5.2.9   "替换字体"对话框

（2）文档导航

在 Word 2016 中，利用文档导航可以快速地实现长文档的定位，还可以重排结构等。要实现文档导航必须打开"导航"窗格，单击"视图"｜"显示"｜"导航窗格"复选框，在"搜索文档"文本框输入待搜索的内容，按 Enter 键，在下方将会显示文档搜索到的个数，在右侧的文档窗口中自动定位到搜索到的第一个出现的位置，并以高亮度显示；通过单击"导航"窗格的"▲▼"按钮，分别定位到前一个和下一个位置搜索到的位置。

例 5.3   在打开的文档中搜索"计算机"出现的情况。在打开的"导航"任务窗格的"搜索文档"文本框输入"计算机"按回车键，在搜索下方显示该词出现的个数（本例为共 12 个匹配项）；单击"▲▼"按钮，可快速定位到出现"计算机"的所需位置，如图 5.2.10 所示。

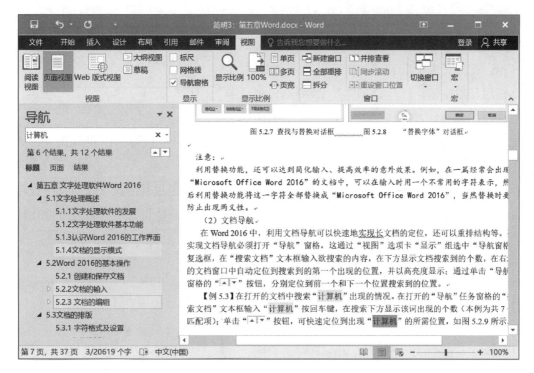

图 5.2.10 文档导航

5.3 文档的排版

对文档的排版有 3 种基本操作对象：字符、段落和页面，由此有相应的排版命令。

5.3.1 字符排版

字符排版是以若干文字为对象进行格式化。常见的格式化有：字体、字号、字形、文本效果、字间距、字符宽度、中文加拼音等，如图 5.3.1 所示。

图 5.3.1 部分字符格式设置效果

在"开始"|"字体"功能区组中，列出了字体格式化相关的各种功能按钮，如图5.3.2所示。此外，也可以通过功能区组右下角的对话框启动器按钮，打开"字体"对话框，进行更详细的设置。"字体"对话框中的"字体"

图 5.3.2　"字体"功能区组

选项卡可以对文档的字体进行常规设置，"高级"选项卡可进行字间距等设置，如图5.3.3所示。

在 Word 2016 中，提供了"文本效果"的功能，可以通过其下拉按钮对文字进行外观处理，包括轮廓、阴影、映像、发光等具体效果，从而使得文字更具有专业化的艺术效果，如图5.3.4所示。

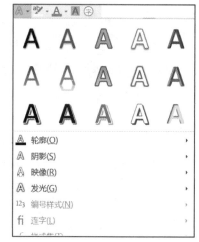

图 5.3.3　"字体"对话框的"高级"选项卡　　　图 5.3.4　文本效果

5.3.2　段落排版

段落是文本、图形、对象或其他项目的集合。在显示编辑标记的状态下，每个段落后面会出现一个段落标记符"↵"，一般为一个回车符（按"Enter"键产生）。段落的排版是针对整个段落的外观,包括对齐方式、段缩排、行间距和段间距等,"段落"格式功能区组如图5.3.5所示。打开的"段落"格式对话框如图5.3.6所示。

图5.3.5 "段落"格式功能区组   图5.3.6 "段落"格式对话框

1. 对齐方式

在文档中对齐文本可以使得文本的层次关系更清晰、阅读更容易。"对齐方式"一般有5种形式:左对齐、居中、右对齐、两端对齐和分散对齐。

"两端对齐"是通过词与词间自动增加空格的宽度,使得正文沿左右页边对齐。"两端对齐"的方式对于英文文本特别有效,因为可以有效防止出现一个单词跨两行的情况;而对于中文文本,效果基本等同"左对齐"。

"分散对齐"是以字符为单位,均匀地分布在每一行上,对中、英文均有效。

例 5.4 对打印的"录取通知书"进行 5 种对齐方式的设置，对齐效果如图 5.3.7 所示。

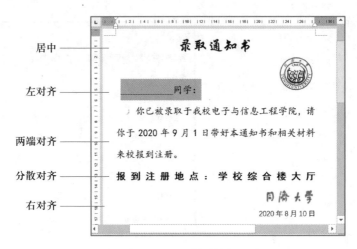

图 5.3.7 对齐效果

2. 文本的缩进

对于普通的文档段落，一般都规定首行缩进两个汉字。有时候为了强调某些段落，也会适当进行缩进。缩进方式有以下 4 种。

① "首行缩进"：控制段落中第一行第一个字的起始位。

② "悬挂缩进"：控制段落中首行以外的其他行的起始位。

③ "缩进左侧"：控制段落左边界（包括首行和悬挂缩进）缩进的位置。

④ "缩进右侧"：控制段落右边界缩进的位置。

设置缩进的位置，既可以直接在水平标尺上拖动"段落缩进"标记，如图 5.3.8 所示；也可以在"段落"对话框中精确设置。

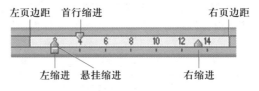

图 5.3.8 水平标尺的"段落缩进"标记

注意：

① 尽量不要用 Tab 键或空格键来设置文本的缩进，也不要在每行的结尾处使用 Enter 键换行，因为这样做不利于文章的对齐。

② 图 5.3.8 中的左、右页边距指打印纸张的页边距，将在下节介绍。

③ 要显示标尺，选中"视图"|"显示"|"标尺"复选框即可。

3. 行间距与段落间距

行间距用于控制每行之间的间距,在 Word 中,"行距"设置有最小值、固定值、X 倍行距(X 倍可为单倍、1.5 倍、2 倍、多倍等)等选项。用得较多的是"最小值"选项,其默认值为 15.6 磅,当文本高度超出该值时,Word 会自动调整高度以容纳较大字体。"固定值"选项可指定一个行距值,当文本高度超出该值,则该行的文本不能完全显示出来。

段间距用于控制段落之间的间距,有"段前"和"段后"两种设置。

注意:行、段设置的单位有字符、行数,也有磅值、厘米为单位,这可以通过直接输入实现,如 2 厘米、10 磅等,系统会自动识别的;也可通过"文件"按钮"选项"命令的"高级"选项进行设置,如图 5.3.9 所示,当要以非字符为单位,则必须取消选中"以字符宽度为度量单位"复选框。

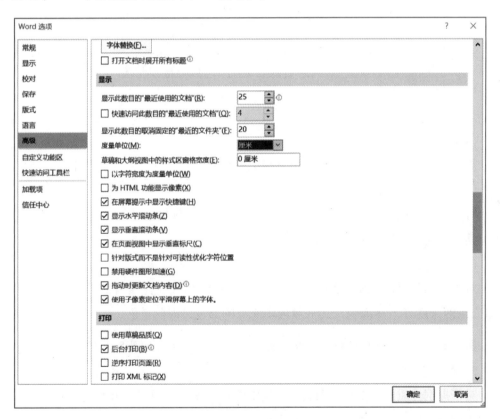

图 5.3.9 "Word 选项"对话框度量单位的选择

4. 边框和底纹

添加边框和底纹的目的是为使内容更加醒目。选择"段落"功能区组的"边框"下拉按钮 ▾,打开"边框和底纹"对话框,如图 5.3.10 所示。

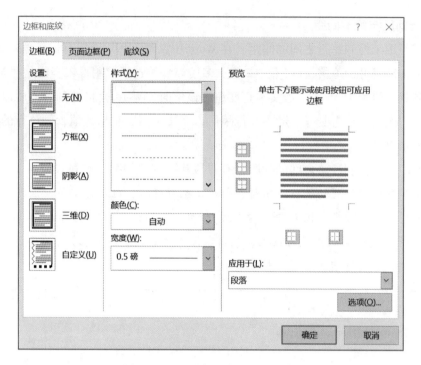

图 5.3.10　"边框和底纹"对话框

（1）"边框"选项卡

对选定的段落或文字加边框，可选择边框线的样式、颜色、宽度等外观效果。

（2）"页面边框"选项卡

对页面设置边框，各项设置同"边框"选项卡，仅增加了"艺术型"下拉式列表，其应用范围适用于整篇文档或某些章节。

（3）"底纹"选项卡

对选定的段落加底纹，其中，"填充"为底纹的背景色；"样式"为底纹的图案（填充点的密度等）；"颜色"为底纹内填充点的颜色，即前景色。

例 5.5　对文本进行边框、底纹和页面边框设置，效果如图 5.3.11 所示。

5. 项目符号和编号

对于提纲性质的文档称为列表，列表中的每一项称为项目。可通过项目符号和编号方式对列表进行格式化，使得这些文档突出、层次鲜明。当然，在增加或删除项目时，系统会自动对编号进行相应的调整。

（1）编号

编号一般为连续的数字、字母，根据层次的不同，会有相应的编号。选定要设置编号的列表，单击"段落"功能区组"编号"下拉按钮，选择所需的编号类型。还可在列表中选择"定义新编号格式"选项，打开其对话框，如图 5.3.12 所示，设置所需的格式。"编号"下拉按钮中的"设置编号值"选项中可以设置编号的起始值，从而实现对列表编号的动态调整。

图 5.3.11　边框、底纹和页面边框效果　　　图 5.3.12　"定义新编号格式"对话框

（2）项目符号

项目符号是列表中的每一项设置相同的符号，可以是字符，也可以是图片。选定要设置项目符号的列表，单击"项目符号"下拉按钮，选择所需的符号，如图 5.3.13 所示。同样，也可在列表中选择"定义新项目符号"选项，打开其对话框，选择所需的项目符号。

（3）多级列表

多级列表可以清晰地表明各层次之间的关系。选定要建立多级列表的列表，单击"多级列表"下拉按钮，确定多级格，这时列表是以同一级别显示；选定要缩进的项目，按 Tab 键一次，右缩进一级，按 Shift+Tab 组合键一次，回退一级。

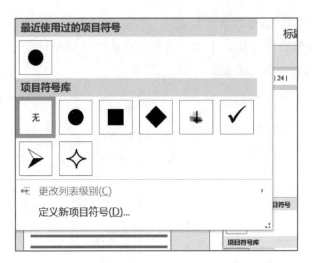

图 5.3.13　"项目符号"列表

例 5.6　对文档分别设置字母编号、图片为符号的项目符号和多级列表，效果如图 5.3.14 所示。

图 5.3.14　各项目符号和编号效果例

【实现方法】首先对列表文档进行三分栏（关于分栏将在下一节介绍），然后分别选中每一栏进行相应的编号、项目符号和多级列表设置。

5.3.3　页面排版

页面排版的主要目的是为了文档的整体美观和输出效果，排版内容包括页面设置、分栏、分节、页面背景等，可以通过"布局"选项卡的各功能区组实现。

1. 页面设置

在新建一个文档时，Word 2016 提供了 Normal（.dotm）模板，其页面设置适用于大部分文档。当然，用户也可根据需要进行所需的设置，可以通过打开在"布局"|"页面设置"功能区组的对话框来实现，如图 5.3.15 所示，该对话框有 4 个选项卡。

（1）页边距

页边距是指打印文本与纸张边缘的距离。Word 通常在页边距以内打印正文，而页码、页眉和页脚等则都打印在页边距上。在设置页边距的时候，可以添加装订边，便于后期装订。此外，还可以选择纸张方向等。

图 5.3.15　"页面设置"对话框

（2）纸张

选择打印纸的大小，用户可以自定义纸张大小。

（3）版式

设置页眉、页脚离页边界的距离，奇页、偶页、首页的页眉和页脚的内容，还可以为每行增加行号。

（4）文档网格

设置每行、每页打印的字数、行数，文字排列的方向，以及行、列网格线是否需要打印等格式。

注意：不要把页边距与段落的缩进混淆起来。段落的缩进是指从文本区开始算起缩进的距离，图 5.3.16 表示了左右缩进、页边距、页眉和页脚之间的位置关系。

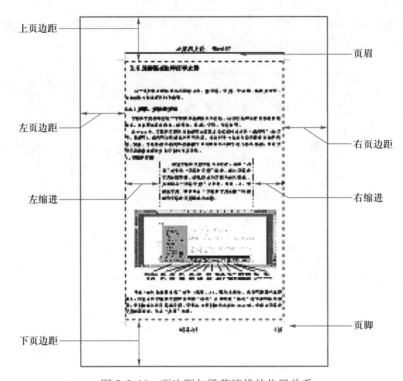

图 5.3.16   页边距与段落缩排的位置关系

2. 分栏

编辑报纸、杂志时，经常需要对文章进行各种复杂的分栏排版操作，使得版面更生动、更具可读性。选择"布局"｜"页面设置"｜"分栏"按钮，在下拉列表中选择"更多分栏"命令，打开"分栏"对话框，如图 5.3.17 所示。

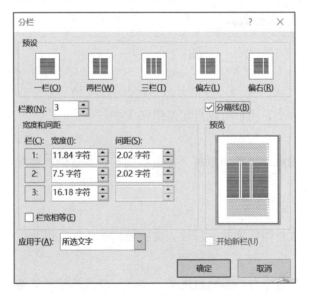

图 5.3.17   "分栏"对话框

在对话框中可设置栏数、每栏的宽度（不选择"栏宽相等"选项的前提下）等，图 5.3.14 是三分栏的效果。

若要对文档进行多种分栏，只要分别选择所需分栏的段落，然后进行上述分栏操作即可。多种分栏并存时，在"草稿"视图模式下可以看到不同分栏的段落之间系统会自动增加双虚线表示的"分节符"。

若要取消分栏，只要选择已分栏的段落，进行一分栏的操作即可；也可切换到"草稿"视图直接删除双虚线表示的"分节符"。

注意：在"草稿"视图下并不能看到分栏后的效果，必须切换到"页面视图"模式。此外，当分栏的段落是文档的最后一段时，为使分栏有效，必须在进行分栏操作前在文档最后添加一空段落（按回车键）。

3. 分节符

（1）节的概念

"节"是文档格式化的最大单位（或指一种排版格式的范围），分节符是一个"节"的结束符号。默认方式下，Word 将整个文档视为一"节"。在需要改变分栏数、页眉页脚、页边距、纸张方向等特性时，就要插入分节符将文档分成若干"节"。分节符中存储了"节"的格式设置信息。

注意：通常情况下，在"草稿"视图下可看到分节符是以双虚线呈现的。如果删除了某个分节符，它前面的文字会合并到后面的节中，并且统一采用后者的格式设置。一定要注意，分节符只控制它前面文字的格式。

编辑电子书稿时，一般可将封面作为一节，扉页和前言部分作为一节（不编页码），目录作为一节，正文内容根据需要可分为一节或多节（若正文中有横向页面必须单独成为一节），从而方便在不同位置设置不同类型的页码。

（2）插入分节符

插入点定位在文档中待分节处，选择"布局"|"页面设置"|"分隔符"下拉按钮，分节符有以下类型：

"下一页"：新节从下一页开始。

"连续"：新节从同一页开始。

"奇数页""偶数页"：新节从奇数页或偶数页开始。

例 5.7 在文档中插入一幅图，要求此图以横向显示，其余文档默认为以纵向显示。

【实现方法】

① 首先光标定位在待插入图片处，选择"插入"|"插图"|"图片"按钮，将所

需的图片插入在文档中。

② 在图片前后分别插入两个分节符，类型为"下一页"，即将文档分为 3 节。

③ 光标定位在第 2 节，即图片所在节，选择"布局"|"页面设置"|"纸张方向"为"横向"即可。

在"页面视图"显示效果如图 5.3.18 所示。

图 5.3.18 分节后纵横显示例

4. 页眉和页脚

页眉和页脚是指在每一页顶部和底部加入相关信息。这些信息可以是文字或图形形式，内容可以是总标题名、各章节标题名、日期、页码、图标等。其中内容包含两部分，一部分是固定不变的普通文本或图形，如总标题名、图标等，另一部分是可变的"域代码"，如页码、日期等，它在打印时会被当前的最新内容代替。例如，生成日期的"域代码"是根据打印时机器内的时钟生成当前的日期，同样页码也是根据文档的实际页数打印其页码。

选择"插入"|"页眉和页脚"|"页眉"或"页脚"按钮，显示对应列表，选择"编辑页眉"或"编辑页脚"选项，进入编辑界面，同时选项卡最右侧会显示动态"页眉和页脚工具"|"设计"选项卡及各功能区组，如图 5.3.19 所示。

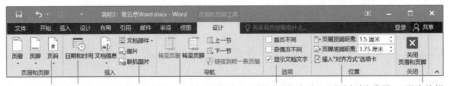

图 5.3.19 "页眉和页脚工具"|"设计"选项卡各功能区组

进入页眉页脚编辑状态后，正文会以暗淡色显示，表示处于不可编辑的状态，虚线框则表示页眉的输入区域。创建页脚，只要单击"转至页脚"按钮进行切换即可。实际操作中，一个文档的奇数页和偶数页可以显示不同的页眉和页脚，另外也可以设置首页不显示页眉和页脚。

退出页眉和页脚的编辑状态只需要单击"关闭页眉和页脚"即可。

例 5.8 将文档的页眉设置为各章的标题名。

【实现方法】

① 在每一章开头前插入分节符，并且将每章标题设置成统一的标题样式（关于样式见下节）如"标题 1"。

② 进入页眉编辑状态，单击"页眉和页脚工具"｜"设计"｜"插入"｜"文档部件"下拉按钮，在列表中选择"域"命令，打开"域"对话框，如图 5.3.20 所示。

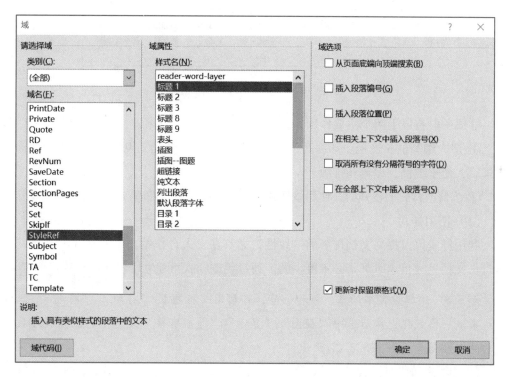

图 5.3.20 "域"对话框

③ 在"域名"列表选择"StyleRef"选项，在"样式名"列表选择"标题 1"即可。

完成页眉设置后，用户可以观察到当某章的标题名被改变时，该章的页眉也会发生相应改变。

5.3.4 格式刷、样式和模板

为了有助于提高格式化的效率和质量，Word 提供了 3 种工具，分别是格式刷、样式和模板。

1. 格式刷

格式刷"<img style>"可以方便地将选定源文本的格式复制给目标文本，从而实现文本或段落格式的快速格式化。若要对同一格式进行多次复制，可以在选定源文本后双击"<img style>"，然后进行多次复制，结束时再单击一次"<img style>"，取消格式复制状态。

2. 样式

样式就是指一组已经命名的字符格式或者段落格式。它规定了文档中标题以及正文等一系列的格式。在"开始"选项卡的"样式"功能区组中的列表框显示了 Word 2016 中已经设置的样式，如图 5.3.21 所示。

图 5.3.21 "样式"功能区组

样式一般有以下两个主要作用。

① 多人编写的长文档，如编写一本书籍，对书的章节统一规定了不同级别的标题样式后，便于统稿、编辑和排版。

② 当修改样式的格式后，使用该样式的文档中的格式也随着改变，避免重复操作。

（1）使用样式

利用样式可以提高文档排版的一致性，尤其在多人合作编写统一格式的文档，或是对长文档生成目录时都是必不可少的。通过更改样式可建立个性化的样式。

例5.9 编辑排版书的章、节和小节，可利用"标题1""标题2""标题3"三级样式来统一格式化；然后选中"视图"｜"显示"｜"导航窗格"复选框，能直观地展示文档的各层结构，如图5.3.22所示。

（2）创建和修改样式

当需要使用个性化的样式时，可以创建样式或对原有样式进行修改。

① 创建样式。单击"开始"｜"样式"组右下角的"ꇇ"按钮，打开"样式"任务窗格，如图 5.3.23 所示。单击左下角的"新建样式"按钮，打开"根据格式设置创建新样式"对话框，如图 5.3.24 所示，在对话框中根据需求进行设置即可。

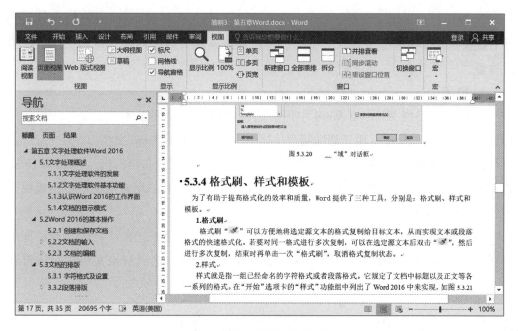

图 5.3.22　导航窗格示例

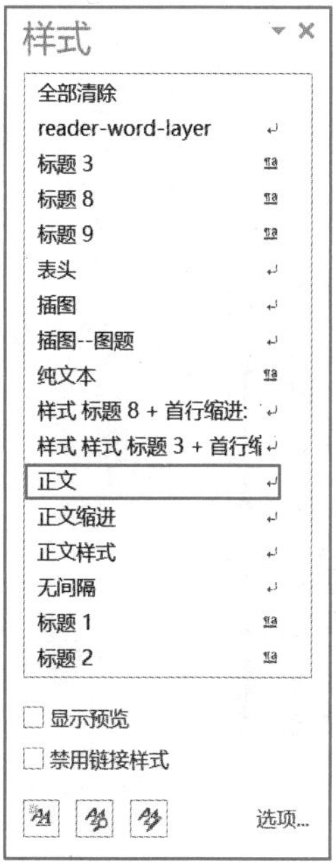

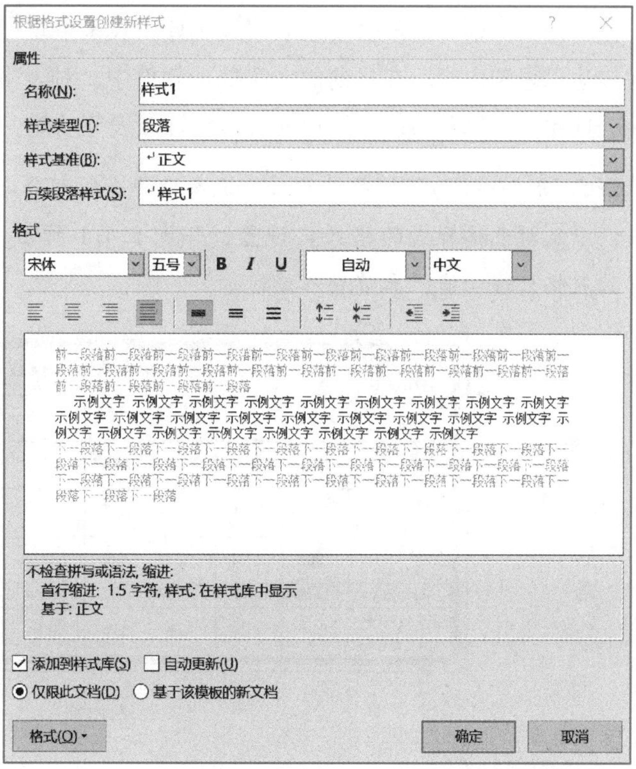

图 5.3.23　"样式"任务窗格　　　　图 5.3.24　"根据格式设置创建新样式"对话框

② 修改样式格式。只要打开"样式"任务窗格，在列表中选择待修改的样式，在右键快捷菜单中选择"修改"命令，即可在打开的"修改样式"对话框中进行相关设置。

3. 模板

Word 模板是指 Microsoft Word 中内置的包含固定格式设置和版式设置的模板文件，扩展名为".dotx"，用于帮助用户快速生成特定类型的 Word 文档。

在 Word 2016 中新建文档时自动使用"Normal"型空白文档模板。Word 2016 还内置了多种文档模板，如书法字帖、聚会邀请单等模板，用户可以借助这些模板快捷地建立相应的文档。

利用模板创建文档的过程为：打开"文件 │ 新建"命令，在"新建"对话框选择所需的模板，进行相关的选择后即可创建自己的文档，然后对该文档进行编辑和保存。

5.4　表格

在一份文档中，经常会使用表格或统计图表来呈现一些数据，从而可以简明、直观地传达思想和内容。在目前的文字处理软件中，对表格的处理包括建立、编辑、格式化、排序、计算和将表格转换成各类统计图表等功能。

例 5.10　从网络获得第 4 至第 6 次人口普查的部分省市人口数量数据，统计汇总结果，以及对表格样式的格式化设置，如图 5.4.1 所示。实际上，Excel 提供了更为丰富的表格处理功能，本节稍作简述。

人数〔万人〕次（年份）省市	人口普查部分省市人口数量						
	北京市	天津市	上海市	江苏省	浙江省	广东省	陕西省
第4次（1990年）	1081	878	1334	6705	4144	6282	3288
第5次（2000年）	1382	1001	1674	7438	4677	8642	3605
第6次（2010年）	1961	1293	2301	7866	5442	10430	3732
三次平均值	1475	1057	1770	7336	4754	8451	3542
第6次相对于第4次增长率	81%	47%	72%	17%	31%	66%	14%

图 5.4.1　表格示例

Word 中的表格有两类：规则表格和无规则表格。建立表格的途径有许多种，可以通过命令生成、鼠标直接绘制、文本转换成表格以及插入 Excel 电子表格等。表格是由若干行和若干列组成，行列的交叉称为单元格。单元格内可以输入字符、插入图形，甚至可以插入另一个表格。

5.4.1　建立表格

微视频 5-6：建立表格

表格建立可通过"插入"选项卡的"表格"下拉按钮，如图 5.4.2 所示。通过下拉的列表可选择建立表格的方法，下面介绍最常用的 3 种。

1. 建立规则表格

两种建立规则表格的方法如下。

（1）拖曳鼠标生成有规律表格。直接在图 5.4.2 的上方拖曳鼠标，生成 6×4 的表格；

（2）选择"插入表格"选项，打开其对话框，如图 5.4.3 所示，输入表格的行数、列数，生成规则表格。

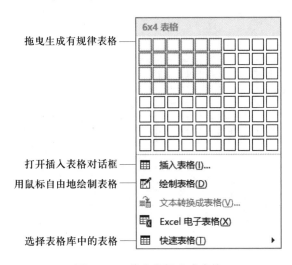

图 5.4.2　拖曳鼠标生成表格

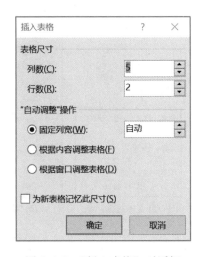

图 5.4.3　"插入表格"对话框

2. 建立无规则表格

在图 5.4.2 的列表中选择"绘制表格"选项，光标会变成一支笔的形状"✐"，每次拖曳鼠标可以自动生成一个表格或一根直线（水平线、竖直线或对角线）。绘制无规则表格时，一般先拖曳鼠标获得最外面的表格框，然后通过拖曳出的竖直、水平线条分隔出各种小单元格。动态"表格工具""布局"选项卡下，"✐"绘制表格按钮可以增加表格线，"✐"橡皮擦按钮可以删除表格线。利用这两个按钮，可以方便自如地绘制无规则表格，如图 5.4.4 所示。

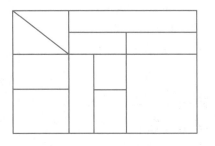

图 5.4.4　绘制的无规则表格

3. 将文本转换为表格

文本转换成表格的前提是文本内容之间有西文字符作为分隔符或者内容的排列是有规律的。

例 5.11 将记录学生成绩的文本文件，如图 5.4.5（a）所示，转换为表格形式。

【实现方法】选中文本后，在"插入"|"表格"|"文本转换成表格"命令，打开"将文字转换成表格"对话框，如图 5.4.5（b）所示。系统已经自动识别规律为：4 列 6 行，逗号分隔；单击"确定"按钮后即可转换成规则表格，如图 5.4.5（c）所示。

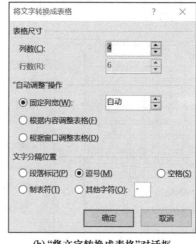

(a) 文本数据 (b) "将文字转换成表格"对话框 (c) 转换后的结果

图 5.4.5　文本转换为表格过程

注意：若要将表格转换为文本，只要将插入点定位在表格的任意单元格，选择动态"表格工具"|"布局"|"数据"组的"转换为文本"按钮，在显示的对话框中，如图 5.4.6 所示，选择文字分隔符即可。

在表格建立好后，可向单元格输入文字、图形等内容。按 Tab 键可以使插入点快速移动至下一单元格，按 Shift+Tab 快捷键则可以使插入点移动至前一单元格。当然也可以通过鼠标直接定位于所需的单元格。值得注意的是，当插入点位于表中最后一个单元格，此时按 Tab 键，Word 将为此表自动添加一行。

图 5.4.6　"表格转换成文本"对话框

5.4.2 编辑表格

微视频 5-7：
编辑表格

表格的编辑主要包含增加、删除行（列或单元格），单元格合并和拆分，表格拆分等操作。与文本编辑一致，表格的编辑也遵循先选定后操作的原则，首先要选定待编辑的对象，然后进行相关操作。

1. 选择表格对象

在表格中，每一列的上边界（列上边界实线附近）、每个表格的左边沿（行或单元格）有一个看不见的选择区域。选定表格对象常用鼠标进行操作，如表 5.4.1 所示。

选 定 区 域	鼠 标 操 作
一个单元格	鼠标指向单元格左边界的选择区时，鼠标指针呈形状↗，单击可选择该单元格
整行	鼠标指向表格左边界的该行选择区，鼠标指针呈形状↗，单击可选择此行
整列	鼠标指向该列上边界的选择区域时，鼠标指针呈形状↓，单击可选择此列
整个表格	单击表格左上方的⊞
多个单元格	按住鼠标左键，从左上角单元格拖曳到右下角单元格

◀表 5.4.1
选定表格编辑
对象

选定表格对象除了直接用鼠标拖曳操作，还可以利用快捷菜单中的"选择"命令，进行相关选择，如图 5.4.7 所示。

2. 编辑表格

选定全部或部分表格对象后，就可进行编辑工作，常用的编辑方法如下。

① 快捷菜单命令编辑。按右键在快捷菜单选择相关编辑命令，如图 5.4.7 所示。

② 鼠标操作。插入点定位在表格处，显示动态"表格工具"|"布局"|"绘图"组的"🖊（绘制表格）""🖊（橡皮擦）"按钮，直接利用鼠标进行绘制或删除操作。

③ 命令按钮。利用动态"表格工具"|"布局"选项卡，如图 5.4.8 所示，在"行和列""合并"功能区组对

图 5.4.7 表格编辑
快捷菜单

表格进行编辑。例如要将某一单元格分为两个，则插入点定位在该单元格，单击"合并"功能区组的"拆分单元格"按钮，则弹出"拆分单元格"对话框，进行拆分设置。

图 5.4.8　"表格工具"|"布局"浮动选项卡

5.4.3　表格的格式化

表格的格式化分为表格外观的格式化和表格内容的格式化两种。

1. 表格外观的格式化

微视频 5-8：
表格的格式化

表格整体外观的格式化包括相对页面水平方向的对齐方式、行高、列宽设置等。这可通过定位在表格，在快捷菜单选择"表格属性"命令，打开其对话框，如图 5.4.9 所示，进行相应的设置。其中"表格""行""列"选项卡说明如下。

图 5.4.9　"表格属性"对话框

（1）"表格"选项卡

表格相对页面的对齐方式的设置。

（2）"行""列"选项卡

精确设置选定行或列的高度或宽度；对表格行高、列宽的粗略调整，可以直接通过鼠标指向表格边框线处拖曳即可。

对于表格边框和底纹设置，可先选定表格，单击"表格工具"|"设计"的"边框"功能区组的对话框启动器，打开"边框和底纹"对话框，如图5.4.10所示，进行所需格式的设置。

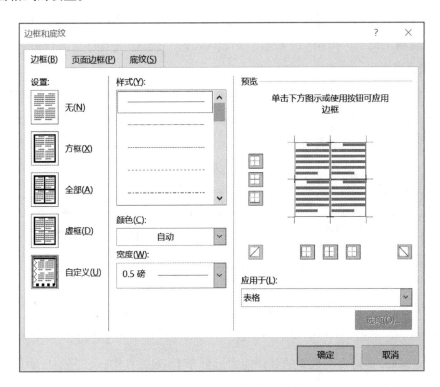

图 5.4.10 "边框和底纹"对话框

2. 表格内容的格式化

表格内容的格式化主要包括字体、对齐方式（水平与垂直）、缩进、设置制表位等内容，这些与文本格式化的操作基本相同。图5.4.11显示了"表格工具"|"布局"|"对齐方式"功能区组的各种选项。

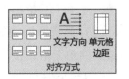

图 5.4.11 "对齐方式"功能区组

3. 表格样式

Word 2016 为用户提供了数十种内置的表格样式，样式包括了表格的边框、底纹、字体、颜色等，使用时只要选中所需的样式，就可快速地格式化表格。在动态"表格工具"|"设计"选项卡下直接选用"表格样式"功能区组中的格式。

4. 表格与文本混排

在 Word 文本中插入表格，默认是左对齐的方式。如果要改变对齐方式，可以先选中表格或将插入点定位在表格中，在快捷菜单中选择"表格属性"，打开其对话框，如图 5.4.9，在"表格"选项卡进行对齐方式的选择，实现表格与文本的合理混排。

5.4.4 表格数据处理

Word 提供了对表格中数据的简单处理功能，主要包括数据统计和排序，可以通过动态"表格工具"|"布局"|"数据"功能区组的"公式""排序"等按钮来实现。

1. 相关概念

为了处理表格中的数据，首先涉及对表格中单元格的引用。同 Excel 软件一样，表格中每一列号依次用字母 A、B、C、…表示，每一行号依次用数字 1、2、3、…表示，列、行号的交叉为单元格号（或称单元格地址），例 B3 表示第 2 列第 3 行的单元格。表 5.4.2 列出了函数自变量的多种表达形式。

▶表 5.4.2
函数自变量的多种表示形式

函数自变量形式	含　义
单元格 1:单元格 2	以单元格 1 为左上角，单元格 2 为右下角表示的矩形区域 例 A1:B3，表示有 6 个单元格的区域
单元格 1，单元格 2	以逗号分隔的单元格列表 例 A1,B3，表示仅 2 个单元格
LEFT、RIGHT ABOVE、BELOW	关键字，表示左侧、右侧、上面、下面的单元格

当然，Word 中对表格数据的处理能力远低于 Excel，其中，较差的自动化能力表现在以下两点。

（1）对于不同单元格进行相同的统计功能时，Word 并不提供"填充"功能，即必须对多个单元格重复编辑公式或调用函数，编辑效率较低。

（2）当表格中的数据发生变化时，统计结果不会进行自动更新，必须依次选定存放结果的单元格，按 F9 功能键重新计算。

2. 统计功能

Word 中提供了在表格中进行数值的加、减、乘、除等计算功能，还提供了常用的统计函数供用户调用，包括求和（SUM）、求平均值（AVERAGE）、求最大值（MAX）、求最小值（MIN）、条件统计（IF）等，这些统计功能都是通过等号开始的公式来实现的。

例 5.12 根据学生成绩表，统计每个人的总分和每门课的平均分。

【实现方法】

（1）将插入点定位在存放结果的单元格，即第一个学生总分的单元格，如图 5.4.12 所示；然后选择动态"表格工具"│"布局"│"数据"│"fx 公式"按钮，打开"公式"对话框，如图 5.4.13 所示。

姓名	数学	外语	计算机	总分
吴华	98	77	88	
钱玲	88	90	99	
张家鸣	67	76	76	
王平	98	86	88	
李力力	98	77	90	

图 5.4.12　学生成绩示例

（2）在"公式"对话框中的"公式"文本框，Word 自带函数调用："=SUM(LEFT)"，参数"LEFT"表示当前单元格左侧的所有数值型单元格区域。用户也可在"粘贴函数"列表选择所需的函数并输入参数。在"编号格式"列表设置输出的格式，如数字类型、保留小数位数等。用户也可自行在"公式"文本框中输入计算公式，如"=B2+C2+D2"，同样也表示计算第一位学生的总分。

（3）公式复制。在完成第一位学生总分以及第一门课程平均分的计算后，如果需要计算其余学生的总分以及其余课程的平均分，可通过公式复制提高效率。首先选中已输入公式的单元格，将其公式内容复制到所有其他同类单元格中，然后逐一选中这些单元格，在快捷菜单中重复执行"更新域"命令即可完成所有的同类计算，如图 5.4.14 所示。

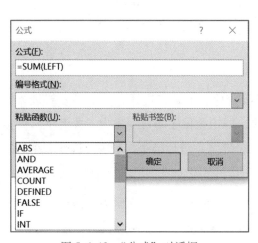

图 5.4.13　"公式"对话框

图 5.4.14　复制公式的统计

注意：要使"更新域"命令有效，函数参数必须是保留字 LEFT、RIGHT、ABOVE、BELOW 四个之一，也就是相对地址引用。若用单元格号作为参数，相当于绝对地址引用，"更新域"命令将不起作用。

"域"中存放的是公式，在"公式"对话框中可编辑和查看公式，单击单元格看到的是公式计算后的结果，以灰色底纹显示。

对于例 5.10 的三次人口普查平均值的计算如同例 5.12 很容易解决，要计算"第 6 次相对于第 4 次增长率"（简称相对增长率），没有现成的函数，要书写计算表达式，例如要求"北京市"的相对增长率，则插入点定位在"B7"单元格，单击"表格工具"|"布局"|"数据"|"ƒx 公式"按钮，打开"公式"对话框，在"公式"输入文本框输入计算公式、在"编号格式"下拉列表框选择显示格式，如图 5.4.15 所示。其余城市的相对增长率重复打开"公式"对话框，在"公式"文本框可以复制北京市的公式，但单元格地址要变，例如天津市的相对增长率公式为应该为" = (C5 － C3)/C3 * 100"其余城市计算以此类推。

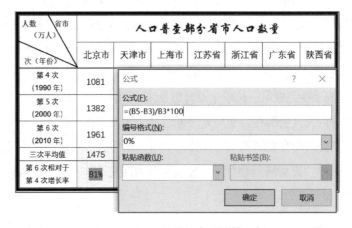

图 5.4.15　相对增长率的计算示例

3. 表格的排序

除了统计计算外，Word 还可对表格按数值、笔画、拼音、日期等方式进行升序或降序的排序。同时，还可选择多列排序，即当被排序的列（称为主关键字）的内容有多个相同的值时，可对另一列（称为次关键字）进行排序，最多可选择三个关键字排序。

例 5.13　对于学生成绩的表格数据（见表 5.4.3），按数学成绩降序排序，若相同再按外语成绩降序排序，若仍相同则再按计算机成绩降序排序。

【实现方法】将插入点定位在表格，选择"表格工具"|"布局"|"数据"|"排序"

按钮，打开"排序"对话框，进行相应的设置，如图 5.4.16 所示，排序结果如表 5.4.4 所示。

姓名	数学	外语	计算机
吴华	**98**	77	88
张家鸣	67	76	76
钱玲	88	90	99
王平	98	86	88
李力力	98	77	90

◀表 5.4.3
排序前学生成绩表

姓名	数学	外语	计算机
王平	98	86	88
李力力	98	77	90
吴华	**98**	77	88
钱玲	88	90	99
张家鸣	67	76	76

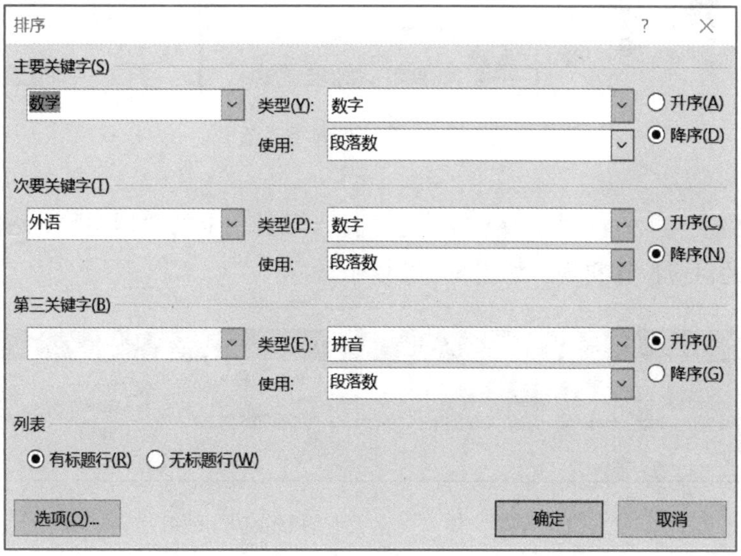

◀表 5.4.4
排序后学生成绩表

图 5.4.16 "排序"对话框

5.5   图文混排

　　文档不只是由文字、表格组成，因此，作为一个功能强大的文字处理软件，Word也不仅仅局限于处理文字、表格，而且能够在文档中插入各种图形，并能实现和谐的图文混排。

　　要实现图文混排，首先插入所需的图形对象，然后对图形对象进行必要的编辑，最后进行图文混排。

例 5.14　显示 Word 2016 中可插入的各种图形对象。

　　插入的对象依次有图片、图形、SmartArt 图、艺术字、屏幕截图、公式等，如图 5.5.1 所示。

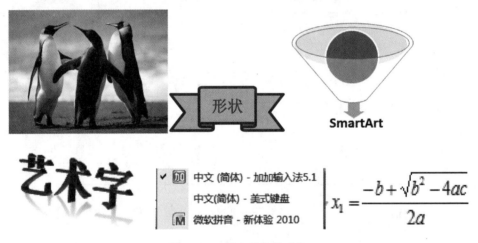

图 5.5.1　插入的各类对象

　　要在文档中插入这些对象，一般通过"插入"选项卡的"插图""文本""符号"等功能区组的对应按钮实现，如图 5.5.2 所示。

图 5.5.2　"插入"选项卡的部分功能区组

5.5.1 插入图片和绘制图形

1. 插入图片

图片是指由图形、图像等构成的保存在计算机内的平面媒体。图片的格式很多，但总体上可以分为点阵图和矢量图两大类，常用的 bmp、jpg 等格式的图形都是点阵图形，而 swf、psd 等格式的图形属于矢量图形。

微视频 5-10：
插入图片

插入图片可通过如图 5.5.2 所示的"插图"组的"图片"按钮，在打开的"插入图片"对话框中选择图片文件的类型、所存放的位置和文件名即可。

2. 插入联机图片

Word 2016 提供了插入联机图片的功能。可通过如图 5.5.2 所示的"插图"组的"联机图片"按钮，打开其对话框。在"必应图像搜索"文本框中输入搜索的关键字，然后单击"搜索"按钮，如图 5.5.3 所示，选择所需的图片插入当前文档中。

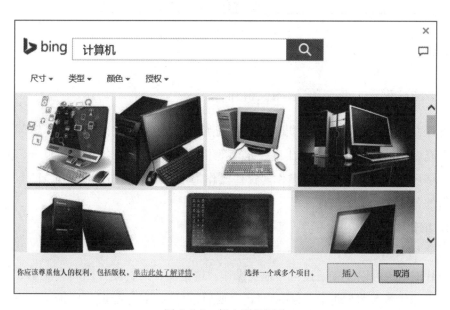

图 5.5.3 插入联机图片

3. 绘制图形

单击"插入"|"插图"|"形状"按钮，下拉的列表中会显示 Word 2016 提供的各种图形。

待文档中插入图形后，可以在图形上添加文字。实现的方法是先选定图形，然后在快捷菜单中选择"添加文字"，即可输入文字，文字的字体、大小可以编辑。

注意：每个绘制的图形都是对象，之间没有联系。若要将多个图形作为一个整体处理，则需要选定每个图形（按住 Ctrl 键单击每个图形），然后在快捷菜单中选择"组合"命令即可。整合后的图形若要修改，则需要先"取消组合"。

例 5.15　绘制各个图形，然后将图形组合成一个图形，过程如图 5.5.4 所示。

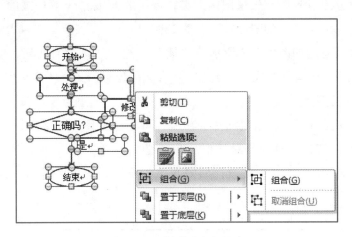

图 5.5.4　图形选定与组合

5.5.2　图片编辑、格式化和图文混排

图片在插入文档后，用户仍可以进行缩放、裁剪、复制、移动、旋转等编辑操作，填充、边框线、颜色、对比度、水印等格式化操作，组合与取消组合、叠放次序、文字环绕方式等图文混排操作。这些操作都可以通过动态"图片工具"|"格式"选项卡的各功能区组来实现。

1. 编辑图片

（1）缩放图片

图片的缩放可以直接通过鼠标拖曳操作。选定图片后，图片四周会显示 8 个方向的控制点，如图 5.5.5 所示。鼠标指针移到某控制点上后会变成双向箭头，拖曳鼠标就可对图片在该方向上进行缩放。

用户也可选定图片，通过动态"图片工具"|"格式"|"大小"功能区组中进行精确设置。

（2）裁剪图片

裁剪图片也可以通过鼠标快捷地操作。选定图片，在如图 5.5.6 的编辑快捷菜单中单击"裁剪"按钮，这时选定的图片的 8 个方向控制点增加了对应的裁剪点，如图 5.5.7 所示，鼠标指向某裁剪点拖曳可完成相应的裁剪。用户也可以选择快捷菜单

微视频 5-11：
图片编辑和格式化

的"设置图片格式"命令，打开其对话框，左侧选择"裁剪"选项，然后在右侧对话框内进行裁剪的设置。

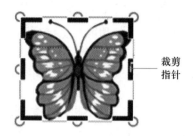

图 5.5.5　图片选中状态　　图 5.5.6　部分编辑快捷菜单　　　图 5.5.7　裁剪图示

　　此外，Word 2016 还提供了形状裁剪功能，可以按裁剪背景或按某特定形状进行裁剪，这可通过"图片工具"｜"格式"选项卡相应功能按钮来实现，如图 5.5.8 所示。

图 5.5.8　"图片工具"｜"格式"选项卡

例 5.16　对插入的红花绿叶图片进行裁剪，裁剪后的效果如图 5.5.9 所示。

【实现方法】

（1）背景裁剪。选中文档中已插入的图片，通过动态"图片工具"｜"格式"｜"调整"｜"删除背景"按钮就可删除花朵周围的绿叶，效果如图 5.5.9（b）所示。

(a) 插入原始图　　　　(b) "调整"组的删除背景　　　(c) 裁剪为形状效果

图 5.5.9　形状裁剪效果图

　　（2）多边形裁剪。选中图片，单击动态"图片工具"｜"格式"｜"大小"｜"裁剪"下拉按钮，如图 5.5.10 所示，在打开的"形状"列表中选择"心形"就可完成裁剪，效果如图 5.5.9（c）所示。

2. 格式化图片

插入的图片是个整体，对其格式化也只能作用于整体，包括应用"调整"功能区组进行图片色调改变；"图片样式"功能区组改变图片的外形等。这些操作通过功能区组对应的功能按钮来实现。

图 5.5.10　"裁剪"
下拉列表

例 5.17　以不同的样式展示文档中已插入的图片，效果如图 5.5.11 所示。

【实现方法】选中图片，在动态"图片工具"|"格式"|"图片样式"功能区组，单击"⁀"快翻按钮，在打开的图片样例列表中选择所要求的样式。

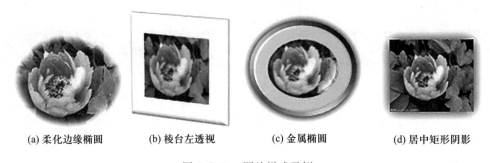

(a) 柔化边缘椭圆　　　(b) 棱台左透视　　　(c) 金属椭圆　　　(d) 居中矩形阴影

图 5.5.11　图片样式示例

微视频 5-12：
图文混排

3. 图文混排

在 Word 中插入的图片默认是嵌入型图，占据了文本处的位置，不能随意移动，也不能图文混排；绘制的图形默认为浮动型图，可随意移动。为了使图片能随意移动或混排，必须将嵌入型图改为浮动型图。

Word 2016 新增了"布局选项"功能提供图文混排的功能选择。当插入图片时，在图片的右上角自动出现一个"布局选项"按钮，如图 5.5.12 所示。单击该按钮，显示布局选择功能。选择"查看更多"则打开"布局"对话框，如图 5.5.13 所示。

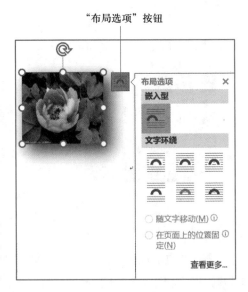

图 5.5.12　"布局选项"按钮及其功能

图 5.5.13 "布局"对话框

（1）嵌入型图与浮动型图之间的调整

将嵌入型图设置为浮动型图有三种途径实现：图 5.5.12 的"文字环绕"功能选项、"布局"对话框的"环绕方式"列表、"图片工具"|"格式"|"排列"|"环绕文字"按钮（如图 5.5.14 所示）。

图片被设置为浮动型后就可随意移动。若要将浮动型图调整为嵌入型图，则选择"嵌入型"即可。

注意：如果需要将文字和图片作为一个整体进行排版时，可选中嵌入图、文字，然后插入文本框作为容器自动将图片和文字放入，可以任意移动文本框。

（2）设置环绕方式

浮动型图具有文字环绕图片的多种方式，只要在图 5.5.13 或图 5.5.14 中选择具体的环绕方式即可。

图 5.5.14 "环绕文字"列表

例 5.18 在文档中插入图片，分别按"四周型""紧密型环绕""浮于文字上方""衬于文字下方"方式环绕，效果如图 5.5.15 所示。

图 5.5.15   文字环绕的四种效果

5.5.3   文字图形效果的实现

所谓文字图形效果，就是输入的是文字，但是能以图形方式进行编辑、格式化等处理。在 Word 2016 中，主要有首字下沉、艺术字和公式等效果。

1. 首字下沉

在报刊文章中，经常能看到文章第一个段落的第一个字比较大，其目的就是希望引起读者的注意，并由该字开始阅读。

为了实现这样的效果，可以通过"插入"|"文本"|"首字下沉"下拉列表选择首字下沉的形式。也可选择"首字下沉选项"，打开该对话框，如图 5.5.16 所示，进行"位置"即下沉形式、"字体""下沉行数""距正文"等选项的设置。

例 5.19   将文本的首字设置成首字下沉 4 行、黑体字。图 5.5.16 为下沉设置，设置后的效果如图 5.5.17 所示。

【实现方法】插入点所在要实现首字下沉的段首，选择"插入"|"文本"|"首字下沉"|"首字下沉选项"命令，打开"首字下沉"对话框，如图 5.5.16 所示，对首

字下沉的位置（下沉）、字体（黑体）、下沉行数（4 行）等进行设置。

图 5.5.16 "首字下沉"对话框

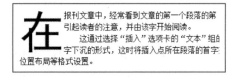

图 5.5.17 下沉效果示例

2. 艺术字

为了达到美化效果，可以将一些文字以艺术化的形式展示出来。这可以通过选择"插入"|"文本"|"艺术字"按钮，在艺术字库中选择不同的填充效果，然后输入艺术字文本实现。当然，先输入文本，选中后再进行艺术字设置也可达到同样效果。

待插入艺术字后，可以在动态"绘图工具"|"格式"选项卡（如图 5.5.18 所示）中各功能区组进行更多艺术字美化工作。

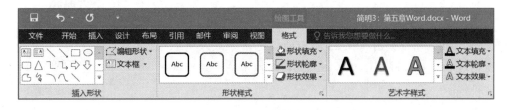

图 5.5.18 "绘图工具"|"格式"部分功能区

（1）艺术字样式。可设置艺术字文本填充、文本轮廓和文本效果，这是美化艺术字的关键。该功能区组如图 5.5.18 所示，图 5.5.19 显示了"文本效果"列表展示的各类效果，其中"转换"选项下列出了艺术字的各种排列形状。

（2）插入形状。设置艺术字的背景轮廓形状，如图 5.5.20 所示。

（3）形状样式。设置艺术字的背景效果，包括背景填充、背景效果如阴影等，如图 5.5.21 所示。

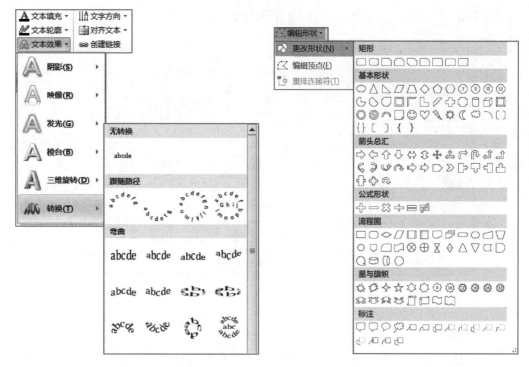

图 5.5.19　"文本效果"列表　　　　　图 5.5.20　"编辑形状"列表

　　注意：艺术字的字号、字体参数设置等与一般文字的处理方式相同，即通过"开始"|"字体"功能区组的相应命令实现。

　　若设置了艺术字阴影，一般要设置背景轮廓后阴影效果才比较明显。

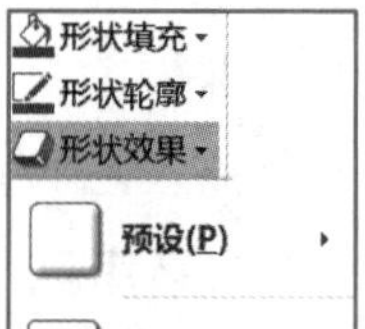

　　例 5.20　制作如图 5.5.22 所示的"艺术字效果例"，设置成具有圆弧形状文字效果、箭头轮廓和透视阴影的艺术字效果。

　　【实现方法】

　　（1）插入艺术字。单击"插入"|"文本"|"艺术字"按钮，在列表选择选择第 5 行第 2 列艺术字样式，输入文本"艺术字效果例"。

　　（2）选中艺术字，切换到"绘图工具"|"格式"选项卡，进行美化工作。

图 5.5.21　"形状效果"列表

　　单击"艺术字样式"|"文本效果"下拉按钮，在列表中选择"转换"选项，打开其列表，选择"跟随路径"中的"上弯弧"效果。

　　在"插入形状"|"编辑形状"|"更改形状"列表中选择"箭头总汇"中的"右

图 5.5.22　艺术字示例

箭头”形状。

在“形状样式”|“形状填充”|“渐变”列表中选择“变体”中的“线性向下”渐变颜色；在“形状效果”|“阴影”列表中选择“透视”中的“右上对角透视”选项。

3. 公式

在科学计算中，有大量的数学公式、数学符号需要表示，利用公式编辑器可以方便地实现。

例 5.21　建立如下数学公式：

$$S = \sum_{i=1}^{10} \left(\sqrt[3]{x_i - a} + \frac{a^3}{x_i^3 - y_i^3} - \int_3^7 x_i \mathrm{d}x \right)$$

【实现方法】

（1）单击“插入”|“公式”下拉按钮，在列表中选择“插入新公式”选项，显示“公式工具”|“设计”选项卡，如图 5.5.23 所示，同时显示公式输入框。利用“符号”功能区组可以插入各种数学字符，“结构”功能区组可以插入一些积分、矩阵等公式符号，依次输入公式内容。

图 5.5.23　“公式工具”|“设计”功能区

（2）输入完成后鼠标单击输入框外部，退出公式输入模式。若要对公式进行修改，直接单击公式处，在显示输入框后就可进行编辑。

用户也可在“工具”|“公式”下拉列表中选择系统已建立的内置公式。

注意：公式输入时，插入点光标的位置很重要，它决定了当前输入内容在公式中所处的位置。需要调整输入位置时，可以通过在所需的位置单击光标来实现。

5.6　Word 高效自动化功能

为了提高排版的效率，文字处理软件提供了一系列高效的自动化功能，本节介绍常用的长文档目录生成以及大量信函的产生等，以提高工作效率。

5.6.1　长文档目录生成

图书、论文往往都需要目录，以便全貌地反映文档的层次结构和主要内容，便于阅读。此外，生成目录时目录的页码和正文的页码应采用不同的页码形式分开计数。

例 5.22　为正文生成目录，同时将目录和正文以两种页码格式进行排版。

（1）准备工作

① 为文档设置不同级的标题样式。一般，目录分为 3 级，利用"开始"|"样式"中的"标题 1""标题 2""标题 3"进行格式化，也可以使用其他标题样式或自行创建样式。

② 为文档分节设置不同页码格式。通常书稿目录的页码和正文的页码是用不同格式的页码分别标注的，这就要通过分节来设置不同的页码和格式。方法如下。

插入点定位在正文前，单击"布局"|"页面设置"|"分隔符"下拉列表中的"下一页"命令，如图 5.6.1 所示，将文档分为两个节：前一节为空白页放目录、后一节为正文。对两个节插入不同格式的页码，起始页码都为第 1 页，页码显示的格式不同。如前一节的页码格式为罗马字母表示的数字"Ⅰ、Ⅱ、Ⅲ"等。

（2）生成目录

单击"引用"|"目录"下拉列表的"自定义目录"命令，打开"目录"对话框如图 5.6.2 所示。单击"选项"按钮可选择目录标题级别，选择显示级别等级后单击"确定"按钮就可以生成所需目录，如图 5.6.3 所示。

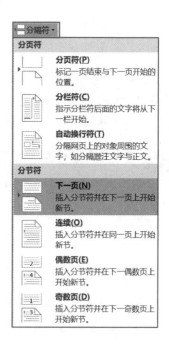

图 5.6.1　"分隔符"下拉列表

图 5.6.2 “目录”对话框

第五章 文字处理软件 Word 2010 1
5.1 文字处理概述 1
5.1.1 字处理软件的发展 1
5.1.2 字处理软件基本功能和 Word2010 新功能 2
5.1.3 认识 Word2010 的工作界面 2
5.2Word 2010 的基本操作 3
5.2.1 创建和保存文档 4
5.2.2 文档的输入 5
5.2.3 文档的编辑 6
5.3 文档的排版 8
5.3.1 字符格式及设置 8
5.3.2 段落排版 9
5.3.3 页面排版 13
5.3.4 格式刷、样式和模板 16
5.4 表格 18
5.4.1 建立表格 18
5.4.2 编辑表格 20
5.4.3 表格的格式化 21
5.4.4 表格数据处理 22
5.5 图文混排 24
5.5.1 插入图片和绘制图形 25
5.5.2 图片编辑、格式化和图文混排 26
5.5.3 文字图形效果的实现 28
5.6Word 高效自动化功能 31
5.6.1 长文档目录生成 31
5.6.2 邮件合并 32

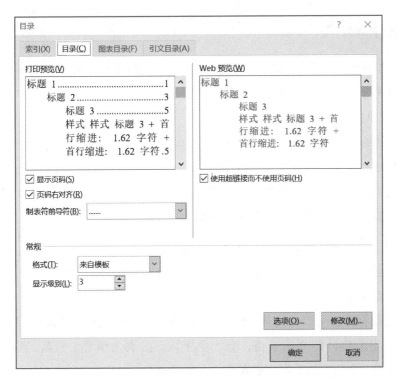

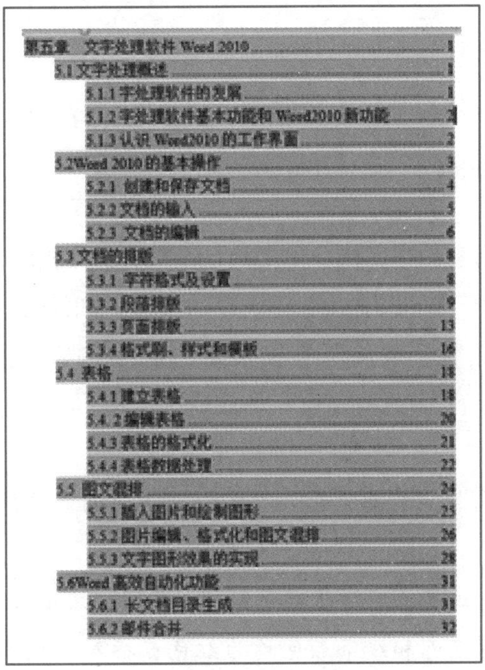

图 5.6.3 生成目录示例

5.6.2 邮件合并

在实际工作中，经常会遇到同时给多人发送会议通知、成绩单等工作，这些工作中内容、格式等基本相同，只是有些数据如姓名、成绩等不同，为提高工作效率，可利用 Word 提供的邮件合并功能。

邮件合并的过程包括以下 3 个步骤。

（1）创建数据源。每人的可变数据。

（2）建立主文档。公共不变的固定内容。

（3）数据源与主文档合并。主文档中插入可变的合并域。

例 5.23　学校招生结束后要给每位新生发录取通知书，通知书的格式是基本相同的，由于学生人数多，这可以通过邮件合并功能快速完成。

（1）准备工作

① 建立数据源。可以通过 Word、Excel 或 Access 等创建的二维表的数据源，并保存文件。本例用 Word 建立的表格，有 5 个字段，分别为编号、姓名、学号、学院、学制，输入若干个新生的数据，如表 5.6.1 所示。

▶ 表 5.6.1
　新生数据

编　　号	姓　　名	学　　号	学　　院	学　　制
190001	王明	1950016	电子与信息学院	4
190002	李萍	1950234	土木工程学院	4
190003	耿依依	1950567	医学院	5

② 建立存放公共内容的主文档。主文档是指对合并文档的每个版面都具有相同的固定不变的内容，类似于 Word 中大量建立好的模板，如简历、介绍信等。本例中为了保证录取通知的严肃性，增加了学校校徽的水印和学校公章，效果见图 5.6.4 所示。

提示：

① 水印通过"布局"|"页面背景"|"水印"下拉列表选择"自定义水印"命令来设置水印。

② 学校公章制作通过艺术字功能，设置艺术字的"文本效果"为"圆"，然后插入"五角星"形状，填充色和线条颜色均为红色；插入"椭圆"形状，填充设置为"无"，线条颜色为红色。

③ 通知书外框红色♥是通过"布局"|"页面边框"|"艺术型"列表选择对应的图

图 5.6.4 建立的主文档

形实现。当然为了使得通知书的纸张小一些，可单击"页面设置"|"纸张大小"按钮自定义纸张大小。

（2）邮件合并

① 打开建立的数据源文件。单击"邮件"|"开始邮件合并"|"选择收件人"下拉列表，选择"使用现有列表"命令，打开数据源文件。

② 主文档中插入合并域。光标定位到要插入数据源的位置，选择"编写和插入域"组的"插入合并域"下拉列表的所需字段名（如图 5.6.5 所示）插入到主文档，效果如图 5.6.6 所示。

图 5.6.5 "插入合并域"

③ 查看合并效果。单击"预览结果"按钮依次查看合并效果。

④ 单击"完成"|"完成并合并"下拉列表中的选项，形成合并文档，如图 5.6.7 所示。

图 5.6.6   主文档中加入各合并域

图 5.6.7   将数据合并到主文档产生结果文档

思考题

1. 简述 Word 文字处理软件的功能。

2. 如果编辑的新文档，不管执行"保存"命令还是"另存为"命令，都打开的是什么对话框？

3. 当新建文档时，默认的模板文档是什么？

4. 简述样式和模板的区别，各有什么优点？

5. 简述分节符的作用，如何查看分节符？又如何删除分节符？

6. 如何对文档加页码？又如何对文档加水印？

7. 简述浮动型图和嵌入型图的区别？如何相互转换？

8. 如何将多个图形对象组合成一个图形对象？

9. 在对长文档进行生成目录时，首先要做的工作是什么？

10. 邮件合并的优点是什么？

第 6 章
电子表格软件 Excel 2016

人们依赖计算机去解决日常生活、工作中遇到的对数据进行统计、分析和可视化等问题，利用电子表格软件可方便地解决。电子表格软件强大的数据处理能力能帮助你从烦琐、重复而又有些乏味的计算中解脱出来，将精力集中于后续的计算结果分析中，从而大幅提升工作的效率和效果。电子表格软件同文字处理软件一样，是微机上最常用的操作软件之一。

本章介绍电子表格 Excel 2016 的基本概念、基本操作、函数和公式、格式化工作表、数据的管理和分析等方面功能。

电子教案：
电子表格软件
Excel 2016

6.1　电子表格软件概述

6.1.1　电子表格软件的发展

1977 年，Apple Ⅱ 微机推出时，哈佛商学院的学生丹·布莱克林等用 BASIC 编写了一个软件。他们最初的构想并不复杂，只是把画着行列线的空表格搬上屏幕，在格子里填充数据，然后由计算机自动进行统计汇总，这也是电子表格的雏形。1979 年，VisiCalc（即"可视计算"）面世并迅速推广。1982 年，微软公司发布了功能更加强大的电子表格产品——Multiplan。随后，Lotus 公司的 Lotus1-2-3，凭借其汇集表格处理、数据库管理、图形处理三大功能于一体的优势，在市场上迅速得到推广使用。预见到了巨大的市场需求，从 1983 年起，微软公司就开始尝试新的突破，他们将产品命名为 Excel，中文含义为"超越"，显示出他们在电子表格市场上的理想和雄心。1987 年 10 月，微软公司推出了全新的 Windows 版 Excel，由于 Excel 具有十分友好的人机界面和强大的数据统计、分析和可视化等功能，得到了广泛的使用和推广，已成为国内外广大用户管理公司以及个人用户进行统计分析各类数据、绘制各种专业化表格和图表的得力助手。随着版本不断升级，Excel 的功能也在不断增强中，本书则以 2016 版为蓝本。

6.1.2　认识 Excel 2016 的工作界面

微视频 6-1：
认识 Excel

首先，通过一个简单的例子来认识电子表格，并且掌握其基本使用方法。

例 6.1　录入学生的基本信息和 3 门课程的成绩，计算总分并作出相应的评价，如图 6.1.1 所示。

在这张表中需要进行的基本操作包括输入原始数据，即属于文本型数据的学号、姓名以及属于数值型数据的各课程成绩；进行各种统计工作，通过算术运算计算每个学生的总分、每门课程的平均分，随后再通过逻辑运算对每个学生的总分进行评价；最后进行表格格式化的视觉处理，例如加边框线，对不及格的成绩加底纹等。

从例 6.1 可以看到 Excel 工作界面与 Word 相似，有菜单栏、快速访问工具栏、功能区选项卡、功能区等，对 Excel 电子表格来说，还有以下一些基本概念，在此做简要介绍。

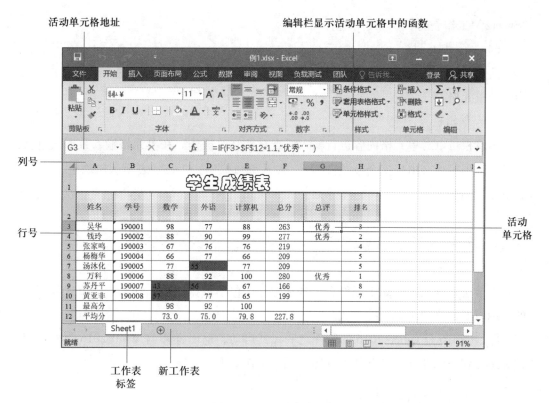

图 6.1.1 电子表格示例

（1）工作簿

工作簿是 Excel 用来处理和存储数据的文件，以 xlsx 为扩展名。新建一个空白工作簿后，系统会打开一个名为"工作簿 1"的工作簿。

工作簿可以由若干张工作表组成，最多可有 256 张工作表。默认情况下，Excel 2016 工作簿中仅包含一张工作表，以 Sheet1 命名；通过工作表标签右侧的"新工作表"按钮⊕，可添加新工作表。

（2）工作表

工作表是工作簿的基本组成单位，用于数据输入、存储、整理和分析的重要场所。一张工作表由若干行（行号为 1~1 048 576）、若干列（列号为 A，B，…，Y，Z，AA，AB，…，ZA，AAA，…，XFD，最多 16 384 列）组成。

（3）单元格

工作表中行和列的交叉处为单元格，是工作表中的最小单位，输入的数据保存在单元格中。每个单元格由唯一的"引用地址"来标识（也称单元格的名称），即"列号行号"，例如"G3"表示第 G 列第 3 行的单元格。为了区分不同工作表的单元格，可在"引用地址"前加工作表名称，中间用感叹号分隔，例如"Sheet2！G3"表示

"Sheet2" 工作表的 "G3" 单元格。

（4）活动单元格

活动单元格是指当前正在操作的单元格，是黑框高亮的区域，图 6.1.1 中 "G3"
为活动单元格。

（5）编辑栏

编辑栏可以对单元格内容进行输入、查看和修改操作。在单元格输入数据或进行
编辑时，编辑栏会出现三个按钮："✗" 表示编辑取消、"✔" 表示编辑确定、"f_x"
表示插入函数。

6.2　数据的输入和编辑

本节主要介绍工作簿中工作表的基本操作，包括数据的输入和编辑，公式和函数
的运用以及格式化工作表的方式。

Excel 2016 是 Office 2016 的组件之一，其启动、退出操作与 Word 2016 类似，因
此关于工作簿的建立、打开和保存等常规操作在此不再重复。

6.2.1　工作表中输入数据

1. 数据类型

Excel 2016 中所处理的数据分为 4 种类型，不同的数据类型对应不同的输入方式、
显示格式和运算规则。

（1）数值型

数值型数据除了数字（0~9）数字外，还可包括正负号（+、-）、指数符号（E、
e）、小数点（.）、分数（/）、千分位符号（,）等特殊字符。数值型数据可进行算术
运算。

（2）日期型

Excel 内置了一些日期时间的格式，常见的日期时间格式为 "mm/dd/yy" "dd-
mm-yy" "hh:mm（AM/PM）" 等。

（3）逻辑型

逻辑型数据用于表示条件成立与否，只有两个值：TRUE 和 FALSE。

（4）文本型

键盘上能够输入的任意符号，凡是不能被归类为前面 3 种数据类型的都被默认为
文本型。

注意：区别这 4 种类型的最简单、直观的判断办法是，在没有作任何格式设置的

情况下，在单元格输入数据，默认数值数据右对齐、逻辑数据居中对齐、文本数据左对齐、日期数据以日期格式显示并右对齐，如图 6.2.1 所示。

2. 数据输入

数据的输入方法和输入数据的准确性都会直接影响工作效率，因此有效的数据输入是第一步。Excel 提供了多种数据输入方法，如直接输入数据，利用"自动填充"有规律地输入数据，外部数据导入等。

图 6.2.1　数据类型的
默认对齐方式

微视频 6-2：
数据输入和填充
柄使用

（1）直接输入数据

光标定位在待输入的单元格后直接键盘输入，同时在编辑栏可以观察到正在输入的数据。对于不同的数据类型，Excel 有以下不同的处理规则。

① 数值型数据要求在输入分数前需要加 0 和空格，以此区分系统默认的日期型数据。例如当要输入 3/4 的时候，在单元格里应输入"0 3/4"，否则按"Enter"键后会显示 3 月 4 日。

此外，当输入的数值型数据长度超过 11 位或单元格的列宽时，数据会自动以科学记数法的形式显示。例如在 C1 单元格输入 123451234512，则会以 `1.235E+11`（小数位数由单元格宽度决定）显示，但是在编辑栏仍可以看到原始输入的数据。

② 对于数字形式的文本型数据，如学号、身份证号等，需要在数字前加英文单引号，否则文本开头的所有数字 0 会自动省略，同时会被默认为以数值型数据存储。例如在单元格输入"'190001"，最终会以 `190001` 的文本型数据显示和存储。

此外，当输入的文字长度超出单元格的列宽时，如其右边单元格里没有内容，那么该文字会顺延显示在右边单元格；反之，若右边单元格已有内容，则该文字会被截断，无法完整显示。

（2）"自动填充"有规律的数据

有规律的数据是指符合等差、等比或系统预定义的数据填充序列以及用户自定义的新序列。自动填充是指系统根据已输入的初始值自动决定以后的填充项。例如，在图 6.2.2（a）中，选中两个单元格，按住右下方的填充柄往下拖曳，系统会根据两个单元格默认的等差关系（差值为 4），在所拖曳到的空白单元格内依次填充符合规律

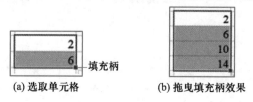

(a) 选取单元格　　　(b) 拖曳填充柄效果

图 6.2.2　等差数列填充示例

的数据，拖曳后的效果见图 6.2.2（b）。

自动填充有如下 3 种实现方式。

① 填充相同的数据。相当于快速复制数据，只需要选中一个目标单元格，直接拖曳填充柄向水平或竖直方向拖动，便会产生与活动单元格相同的数据。

② 填充序列数据。通过"开始"|"填充"下拉按钮，打开"序列"对话框，设置合适的步长值，如图 6.2.3 所示。

③ 填充用户自定义序列数据。在实际应用中，经常需要输入一些文本，例如专业名称、课程名称、商品名称等，为了提高输入效率，可以预先设置自定义序列类型，然后利用"填充柄"拖曳产生序列数据。

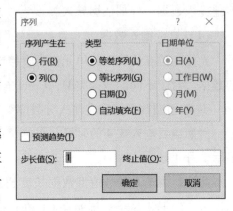

图 6.2.3 "序列"对话框

自定义序列的方法是，单击"文件"|"选项"命令，弹出"Excel 选项"窗口，选择左侧"高级"选项卡，在"常规"栏中单击"编辑自定义列表"按钮，弹出"自定义序列"对话框，如图 6.2.4 所示。可以在"输入序列"列表框输入需要创造的新序列，单击"添加"按钮，可将输入的序列数据添加到左边的"自定义序列"列表中；也可以单击"自定义序列"的序列进行编辑。

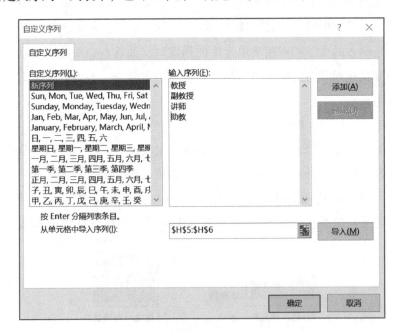

图 6.2.4 "自定义序列"选项卡

使用时，同填充相同数据的方式一样进行操作，也就是输入"自定义序列"中的一项数据，利用填充柄进行复制就会自动复制该序列中的数据。

（3）导入外部数据

可以选择"数据"｜"获取外部数据"功能区组的各个按钮导入其他格式的数据，包括 Access、SQL Server 等数据库文件，XML 文件，txt 文本文件等，如图 6.2.5 所示。

图 6.2.5 "获取外部数据"功能区组

3. 输入有效数据

在进行大量数据输入的时候，为了防止非法数据的错误录入，Excel 提供了"数据验证"设置和检验功能。建议可以在输入数据前，通过"数据"｜"数据工具"｜"数据验证"按钮设置有效数据的条件，排除非法数据被误输入的可能性。

例 6.2 对输入学生成绩时进行有效性检验，规定成绩在 0~100 之间，当输入成绩超出该范围时，弹出显示错误信息的对话框。

【实现方法】首先选定待检验的单元格区域，单击"数据"｜"数据工具"｜"数据验证"按钮，在"数据验证"对话框的"设置"选项卡中设置输入数值的范围，如图 6.2.6（a）所示。同时，在"出错警告"选项卡中进行信息提示的设置，如图 6.2.6（b）所示。当数据输入超出数值设置的有效范围时，系统会弹出提示错误的对话框。

(a) "设置"选项卡　　　　　　　　(b) "出错警告"选项卡

图 6.2.6 "数据验证"对话框

6.2.2 工作表的编辑

工作表的编辑是指对单元格或区域的常规编辑和对工作表的管理等工作。

1. 单元格的编辑

单元格的编辑主要包括对单元格内容的修改、清除、删除、插入、复制、移动、粘贴与选择性粘贴等，同时也涉及对单元格中的数据、公式和格式的编辑。

（1）选定单元格或区域

要对单元格或区域进行编辑，那么必须先选定这些单元格，通过鼠标可以很便利地完成这个操作，表 6.2.1 列出了常用的选定操作。

选定范围	操作
单元格	鼠标单击所要选定的单元格
连续区域	鼠标拖曳所需区域；或者先选定首个单元格，然后按住 Shift 键再选定最后一个单元格
不连续区域	按住 Ctrl 键，鼠标拖曳不同区域
整行或整列	鼠标单击行号或列号处
整个工作表	鼠标单击工作表左上方行、列号交叉处的全选按钮

▶ 表 6.2.1
常用选定操作

（2）单元格或区域的编辑

对选定的单元格或区域的编辑，常用的是删除、插入等操作，这可以通过"开始"选项卡的"单元格"功能区组的相应命令按钮来实现，也可通过快捷菜单实现，如图 6.2.7 所示。

① 插入。选择"插入"命令，打开"插入"对话框，进行相应的插入选择，如图 6.2.8 所示。

② 删除。选择"删除"命令，打开"删除"对话框，进行相应的删除选择，如图 6.2.9 所示。

（3）单元格或区域内容的编辑

单元格或区域内容的编辑操作是复制、剪切和粘贴，这与其他软件中的编辑操作相似，但要注意的是当粘贴时与复制或剪切时所选择的区域大小要一致。

这里还要详细介绍 Excel 特有的选择性粘贴和清除功能。

① 选择性粘贴。可利用快选菜单的"选择性粘贴"命令或利用"开始"|"剪贴板"|"粘贴"下拉列表的"选择性粘贴"选项，如图 6.2.10

微视频 6-3:
选择性粘贴

右侧菜单：

- ✂ 剪切(T)
- 复制(C)
- 粘贴选项：
- 选择性粘贴(S)...
- 🔍 智能查找(L)
- 刷新(R)
- 插入(I)   ▸
- 删除(D)   ▸
- 选择(L)   ▸
- 清除内容(N)
- 快速分析(Q)
- 排序(O)   ▸
- 筛选(E)   ▸
- 表格(B)   ▸
- 插入批注(M)
- 设置单元格格式(F)...
- 从下拉列表中选择(K)
- 超链接(I)...

图 6.2.7 快捷菜单

所示，打开如图6.2.11所示的对话框。单元格内容特性较多，因此，相应的粘贴方式也比较多样，表6.2.2列出常用的选项以及相关说明。

图 6.2.8 "插入"对话框　　　　图 6.2.9 "删除"对话框

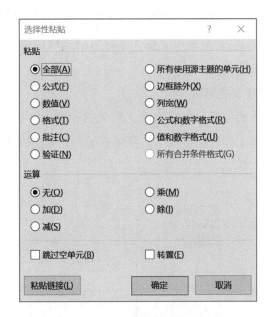

图 6.2.10 "粘贴"下拉列表　　　　图 6.2.11 "选择性粘贴"对话框

目的	选　项	含　义
粘贴	全部	默认设置，粘贴源单元格所有内容和格式
	公式	只粘贴单元格公式而不粘贴格式、批注等
	数值	只粘贴单元格中显示的内容，而不粘贴其他属性
	格式	只粘贴单元格的格式，而不粘贴单元格内的实际内容
	批注	只粘贴单元格的批注而不粘贴单元格内的实际内容
	验证	只粘贴源区域中的有效数据规则

◀表 6.2.2
"选择性粘贴"
常用选项说明表

续表

目的	选　项	含　义
运算	无	默认设置，不进行运算，用源单元格数据完全取代目标区域中数据
	加、减、乘、除	源单元格中数据与目标单元格数据进行算术运算（加、减、乘、除）后再存入目标单元格
其他	跳过空单元	避免源区域的空白单元格取代目标区域的数值，即源区域中空白单元格不被粘贴
	转置	将源区域的数据行列交换后粘贴到目标区域

② 清除内容。"清除内容"命令清除的是单元格中的内容，与选择性粘贴类似，涉及清除全部、格式、内容等选择，如图 6.2.12 所示。

当然也要注意的是"清除"操作针对的对象是单元格内容，单元格本身还在；"删除"针对的对象是单元格，删除后所选取的单元格以及连同单元格里面的数据都从工作表中消失。

2. 工作表的编辑

工作表的编辑是指对整个工作表进行删除、插入、重命名、复制和移动等操作。可通过指向工作表标签处单击鼠标右键，利用快捷菜单进行相应的操作，如图 6.2.13 所示。

图 6.2.12　"清除"下拉列表　　　图 6.2.13　编辑工作表快捷菜单

注意：移动操作若是作用于当前工作簿的工作表，直接通过鼠标拖曳工作表到目的位置就能实现；按住 Ctrl 键加鼠标拖曳则为复制功能。

若是操作作用于另一工作簿的工作表，则操作要复杂一些。

例 6.3　将学生 . xlsx 文件中的"成绩"工作表复制到学生备份 . xlsx 文件中。

【实现方法】

（1）分别打开学生 . xlsx、学生备份 . xlsx 文件。

（2）选中学生工作簿的"成绩"工作表，在图 6.2.13 所示的快捷菜单中选择"移动或复制"命令。弹出如图 6.2.14 所示的对话中，在"工作簿"下拉列表中选择"学生备份.xlsx"，在"下列选定工作表之前"列表中选择插入位置，若为复制，则选中"建立副本"复选框。单击"确定"按钮。

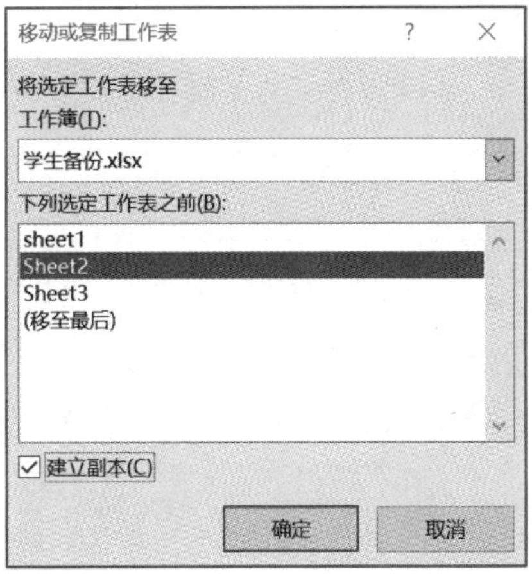

图 6.2.14 "移动或复制工作表"对话框

6.2.3 工作表的格式化

在工作表完成数据输入后，需要对工作表进行一定修饰，其中包括对表格设置边框线、底纹、数据显示方式、对齐等。格式化后的工作表将拥有更清晰、美观的视觉效果，这也有利于突出观点、强调结论。

工作表的格式化一般可使用 3 种方式来实现：设置单元格格式、设置条件格式和套用表格格式。

微视频 6-4：
工作表的格式化

1. 设置单元格格式

工作表格式化的实质是对单元格格式的设置。设置单元格格式，首先选定待格式化的区域，然后可通过"开始"|"字体""对齐方式""数字""样式"等功能区组进行直接设置，如图 6.2.15 所示；也可通过右键快捷菜单中的"设置单元格格式"命令，打开其对话框，（如图 6.2.16 所示），选择相应的选项卡进行格式设置。

图 6.2.15 格式化功能区组

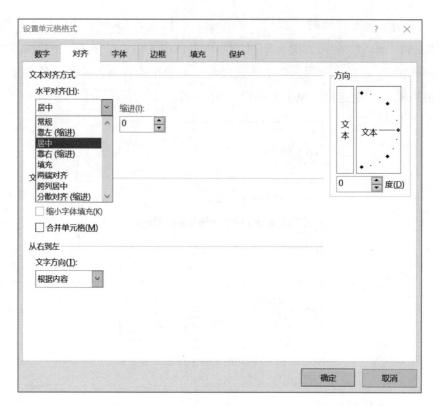

图 6.2.16　"设置单元格格式"对话框

（1）设置对齐方式

一般默认情况下，Excel 会根据人们输入的数据类型自动调节数据的对齐格式，比如文字内容向左对齐、数值内容向右对齐等。利用"设置单元格格式"对话框中的"对齐"选项卡可对所选中的单元格内容设置所需的对齐格式。各选项说明如下。

① 水平对齐。设置数据在单元格水平方向的对齐方式，包括常规、靠左（缩进）、居中、靠右（缩进）、填充、两端对齐、跨列居中、分散对齐（缩进）。

② 垂直对齐。设置数据在单元格垂直方向的对齐方式，包括靠上、居中、靠下、两端对齐、分散对齐。

③"文本控制"下的复选框可用来解决单元格中文字较长导致被"截断"的情况。

●"自动换行"。对输入的文本根据单元格的列宽进行自动换行。

●"缩小字体填充"。减小单元格中的字符大小，使文本数据的宽度与单元格的列宽相同。

●"合并单元格"。将多个单元格合并为一个单元格，和"水平对齐"列表框中的"居中"选项结合，一般用于标题的对齐显示。在"对齐方式"功能区组的"合并后居中"按钮直接提供了该组合功能。

④"方向"。用来改变单元格中的文本旋转角度,角度范围为-90°~90°。

对齐示例如图6.2.17所示。

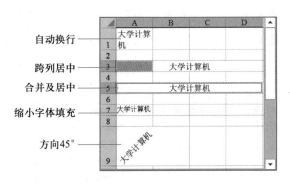

图6.2.17　格式设置效果示例

注意:"合并单元格"与"跨列居中"的区别,前者将多个单元格合并为一个单元格,后者将多个单元格看作一个整体后居中显示。虽然显示的效果相似,但考虑到操作和调整的便利程度,一般采用"跨列居中"方式。

(2)设置数字格式

Excel提供了大量的数字格式,常用的分类有常规、数值、货币、日期等。数值类常用的有设置有小数位数、百分号等。

注意:使用了设置数字格式后,单元格有可能会显示"#####",这主要是由于数字格式的设置更改后,数据所显示的宽度有所增加,在原来的单元格列宽下无法完整显示。当然,完整的数据仍存在单元格中,具体数值仍可通过编辑栏观察到。调整列宽后,数据就能重新完整显示出来。

(3)设置列宽、行高

列宽、行高的粗略调整用鼠标来完成最为便捷。鼠标指向待调整列宽的列标的分隔线上(调整行高至行标分割线上),当鼠标指针变成一个双向箭头的形状时,可拖曳分隔线至目标位置。

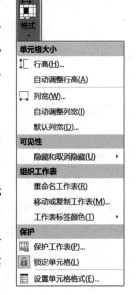

列宽、行高的精确调整可单击"开始"|"单元格"|"格式"下拉按钮,在下拉列表(如图6.2.18所示)中选择行高和列宽的设置。

图6.2.18　"格式"列表框

对"格式"列中的几个选项说明如下。

① 列宽或行高。在"列宽"或"行高"对话框中输入所需的宽度或高度值。

②自动调整列宽。可以将整列的列宽设置成该列最宽数据的宽度。该命令的效果等同于鼠标选中该列的列标，待双向箭头出现后双击左键。最重要的是，两种操作都不局限于单列列宽的调整，选中多列重复以上操作可以同时完成所有列的列宽自动调整。同样地，"自动调整行高"则是选取行中最高的数据作为高度自动调整。

③隐藏和取消隐藏。可以将选定的列或行隐藏或者取消隐藏，该子菜单如图 6.2.19 所示。

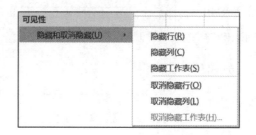

图 6.2.19　"隐藏和取消隐藏"子菜单

例 6.4　要求将表中的 C、D 两列的内容隐藏，随后取消隐藏。

【实现方法】选定 C、D 两列，选择"隐藏和取消隐藏"|"隐藏列"命令即可。若要恢复被隐藏的列，只要同时选中被隐藏列的左右相邻两列，即 B、E 两列，在快捷菜单中选择"隐藏和取消隐藏"|"取消隐藏列"命令，就可以让中间隐藏的列重新显示出来。

2. 设置条件格式

设置条件格式是指根据某些特定的条件，动态地显示出设定的格式，这在实际操作中是一个非常实用的功能。

例 6.5　在打印大量学生成绩单时，一般无法批量地将不及格成绩用传统的红色字体区分显示出来。利用"设置条件格式"的功能实现这一操作。

【实现方法】单击"开始"|"样式"|"条件格式"下拉按钮，显示下拉列表，如图 6.2.20 所示；选择"突出显示单元格规则"子菜单中的"小于"命令，弹出"小于"对话框，设置数值即可，如图 6.2.21 所示。

图 6.2.20　"条件格式"下拉列表

对不及格的成绩用底纹醒目地显示，效果如图 6.1.1 所示。

小于			?	×
为小于以下值的单元格设置格式：				
60		设置为	浅红填充色深红色文本	▼
	确定	取消		

图 6.2.21　条件设置对话框

3. 套用表格格式

Excel 提供许多预定义的表格格式，可以快速地格式化整个表格。这可通过"开始"|"样式"|"套用表格格式"按钮来实现。

6.3　数据的计算

如果电子表格中只是输入一些数值和文本，文字处理软件完全可以处理。但是在大量数据表格中，计算工作是不可避免的，Excel 强大的功能也正体现在其计算能力上。通过在单元格中输入公式和函数，可以对表中数据进行求和、平均、汇总以及其他更为复杂的运算。同时，数据修改后相关公式的计算结果会自动更新，可以有效避免因为需要用户手工操作而导致的烦琐工作甚至遗漏。

在 Excel 的工作表中，涉及的计算都是用公式和函数来实现的。本章的例 6.1 中，已经展示了对学生成绩的统计，分别调用了 SUM 函数求每人总分、IF 函数对每人总分进行评价，另外还调用了 MAX、AVERAGE 函数去获得每门课程的最高分和平均分。

6.3.1　使用公式

公式是对有关数据进行计算的算式。在 Excel 中，公式以"="开头，由操作数（如常量、单元格引用地址、函数等）与运算符组成。例如，例 6.1 中求学生各课程的总分调用函数为"=SUM(C5:F5)"，也可以用公式来实现，即"=C5+D5+E5+F5"。

公式一般在编辑栏输入，在单元格看到的是公式运算的结果。

1. 运算符

公式中常用的运算符可以分为 4 种类型，即算术运算符、文本运算符、关系运算符、文本运算符。表 6.3.1 列出了常用的运算符。

微视频 6-5：
Excel 公式

运算符名称	符号表示形式及意义	优　先　级
引用运算符	:（区域运算符）、,（联合运算符）	1
算术运算符	%（百分号）、^（乘方）、*（乘）、/（除）、+（加）、-（减）	2
文本运算符	&（字符串连接）	3
关系运算符	=（等于）、>（大于）、<（小于）、>=（大于等于）、<=（小于等于）、<>（不等于）	4

▶ 表 6.3.1
运算符

说明：引用运算符是指对单元格的引用，一般出现在公式和函数中，常用":"和","运算符。

①":"（冒号，区域运算符），引用两个单元格之间的所有单元格。例如：（B5：C15），是以 B5 为左上单元格，C15 为右下单元格的一个区域。

②","（逗号，联合运算符），将多个引用合并为一个引用。例如：（SUM（B5：B15,D5：D15）），对两个区域的所有单元格求和。

当同类多个运算符同时出现在公式中时，Excel 对运算符的优先级如表 6.3.1 所示。即引用运算符最高，依次为算术运算符、文本运算符、关系运算符。

对算术运算符从高到低分 3 个级别：百分号和乘方、乘和除、加和减；各关系运算符优先级相同。当然，也可通过增加圆括号改变运算的优先次序。

注意：Excel 中对数值取整、取余数是通过函数来实现的；同样对逻辑运算也是通过逻辑函数来实现的。

例 6.6　根据图 6.3.1 的部分职工数据计算奖金情况，已知奖金是由两部分组成：每一年工龄加 30 元和工资的 45%。

图 6.3.1　公式输入示例

【实现方法】在编辑栏对第一个职工的奖金单元格输入计算奖金的公式，如"黄亚非"职工的奖金计算公式为"=E2*30+F2*45%"，如图 6.3.1 的编辑栏，其余职工的奖金情况只要利用自动填充的方式就能快速完成。

2. 单元格引用

在 Excel 中，公式或函数的使用十分灵活方便，在很大程度上是得益于单元格的引用和对单元格公式的复制以及填充柄的使用上。所谓单元格引用，是指在公式中将单元格的地址作为变量来使用，而变量的值就是相应单元格中的数据。

在公式复制时，根据其中所引用的单元格的地址是否会自动调整，可将单元格的引用分为 3 种方式，即相对引用、绝对引用和混合引用。

（1）相对引用（或称相对地址）

相对引用是当公式在复制、移动时会根据移动的位置自动调节公式中所引用单元格的地址。相对引用是单元格引用的默认方式，也是最常使用的。

相对引用形式：列号行号，如 A1、C2、B2:F4 等。

例 6.7 在例 6.6 中，求每个职工奖金的操作过程是在第一职工的奖金单元格输入计算公式，然后利用"填充柄"拖曳获得每个职工的奖金情况。由于公式中使用的是相对引用，因此，在拖曳过程中第 2 个职工奖金的计算公式中所引用单元格的地址自动作了调整，如图 6.3.2 所示。

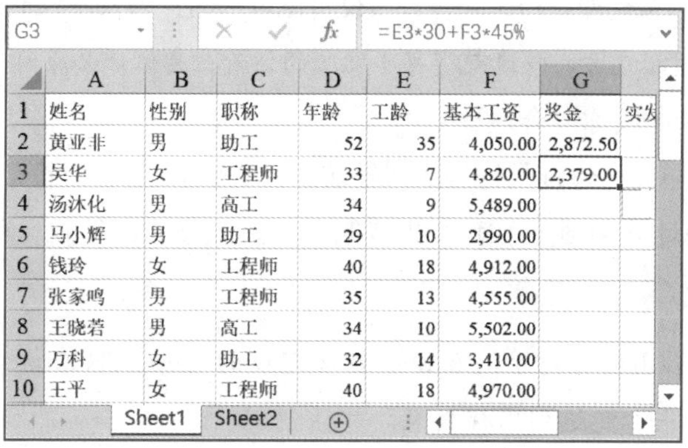

G3			✕ ✓ fx	=E3*30+F3*45%			
	A	B	C	D	E	F	G	实发
1	姓名	性别	职称	年龄	工龄	基本工资	奖金
2	黄亚非	男	助工	52	35	4,050.00	2,872.50
3	吴华	女	工程师	33	7	4,820.00	2,379.00
4	汤沐化	男	高工	34	9	5,489.00	
5	马小辉	男	助工	29	10	2,990.00	
6	钱玲	女	工程师	40	18	4,912.00	
7	张家鸣	男	工程师	35	13	4,555.00	
8	王晓若	男	高工	34	10	5,502.00	
9	万科	女	助工	32	14	3,410.00	
10	王平	女	工程师	40	18	4,970.00	

图 6.3.2 相对引用示例

（2）绝对引用（或称绝对地址）

所谓绝对引用就是当公式或函数在复制、移动时，绝对引用单元格将不会随着公式位置的变化而改变。

绝对引用形式：$列号$行号，也就是在行号和列号前均加上"$"符号，如$A$1、$C$2 代表绝对引用。

例 6.8　绝对引用和相对引用举例。对例 6.7 中每个职工的工资进行评价，评价条件是工资高于平均工资 10% 的视为高工资，并注释出来，不符合条件的则不注释。

【实现方法】首先计算职工的平均工资，然后在"评价"栏利用 IF 条件函数对每个职工的工资进行判断并注释，判断所调用的函数为"=IF(F2>=\$F\$17*1.1,"高工资","")"，最后利用填充方式即可完成所有员工的工资评价，如图 6.3.3 所示。

H2			f_x	=IF(F2>=\$F\$17*1.1,"高工资","")			
	A	B	C	D	E	F	G	H
1	姓名	性别	职称	年龄	工龄	基本工资	奖金	评价
2	黄亚非	男	助工	52	35	4,050.00	2,872.50	
3	吴华	女	工程师	33	7	4,820.00	2,379.00	
4	汤沐化	男	高工	34	9	5,489.00	2,740.05	高工资
5	马小辉	男	助工	29	10	2,990.00	1,645.50	
6	钱玲	女	工程师	40	18	4,912.00	2,750.40	
7	张家鸣	男	工程师	35	13	4,555.00	2,439.75	
8	王晓菁	男	高工	34	10	5,502.00	2,775.90	高工资
9	万科	女	助工	32	14	3,410.00	1,954.50	
10	王平	女	工程师	40	18	4,970.00	2,776.50	高工资
11	钟家明	男	高工	30	5	5,450.00	2,602.50	高工资
12	王小帧	女	助工	42	22	3,480.00	2,226.00	
13	杨梅华	女	助工	40	20	3,534.00	2,190.30	
14	苏丹平	女	高工	46	24	5,607.00	3,243.15	高工资
15	路遥	男	工程师	25	4	4,151.00	1,987.95	
16	陆舣卒	女	工程师	36	14	4,780.00	2,5□0	

Sheet1　Sheet2　⊕

图 6.3.3　绝对引用、相对引用示例

注意：对评价的条件即平均工资，必须使用绝对引用，而每个人的工资必须使用相对引用，否则难以通过填充方式快速获得每个职工的评价，具体什么原因？请读者思考。

（3）混合引用（或称混合地址）

混合引用是指单元格地址的行号或列号前有一个加上了"\$"符号，如 \$A1 或 A\$1，即在拖曳中引用地址分别锁定了第 A 列或第 1 行。当公式在复制、移动时，混合引用是上述两者的结合。

例 6.9　混合引用例。对于例 6.8 中要求完成的对每个职工的工资评价，使用混合引用替换绝对引用也能达到同样效果。

分析：因为在复制过程中列号没有改变，因此列号可以用相对引用也可以用绝对引用，不影响计算；行号不能变，必须用绝对引用。H2 单元格的公式为：f_x　=IF(F2>F\$17*1.1,"高工资"," ")。通过填充方式完成所有员工的工资评价，效果同图 6.3.3。

注意：在输入和编辑公式时，对单元格引用方式的改变可通过先选中单元格引用地址，然后通过不断按 F4 键进行 3 种引用方式间的转换，次序依次为：相对引用、绝对引用、列相对行绝对、列绝对行相对。例如对于 E2 单元格，其引用方式的转换次序依次为：E2、\$E\$2、E\$2、\$E2。

6.3.2　使用函数

微视频 6-6：
使用函数

在 Excel 中，函数实际是系统预定义的公式，供用户调用，为用户处理数据带来很大的便利。一些复杂的运算如果由用户自己来设计公式计算将会很麻烦，比如例 6.9 中如果不使用 IF 语句的情况下对每个职工的工资进行评价等。Excel 提供了许多内置函数，这些函数涵盖了财务、日期与时间、数学与三角函数、统计、查找与引用、文本、数据库和逻辑等。

1.　函数调用

函数调用的语法形式为：

　　函数名称（参数列表）

（1）参数列表可以是单个参数，也可以是逗号分隔的多个参数。参数形式可以是用常量、单元格或单元格区域引用、区域名、公式或其他函数。

（2）函数的返回值类型。根据函数类别和功能不同，函数返回值类型也不同，有数值类型、文本类型、逻辑类型和日期类型等。

2.　函数输入

函数输入有两种方法。

（1）插入函数向导，在向导的提示下，依次完成选择函数类型、函数名和参数。

① 选择函数类型。单击编辑栏的插入函数按钮"f_x"，弹出"插入函数"对话框，如图 6.3.4 所示，在"或选择类别"下拉列表中选择函数类型（默认为"常用函数"）。

图 6.3.4　"插入函数"对话框

② 选择函数名。在"选择函数"列表中选择所需插入的函数（本例为 SUM），单击"确定"按钮后打开"函数参数"对话框，如图 6.3.5 所示。

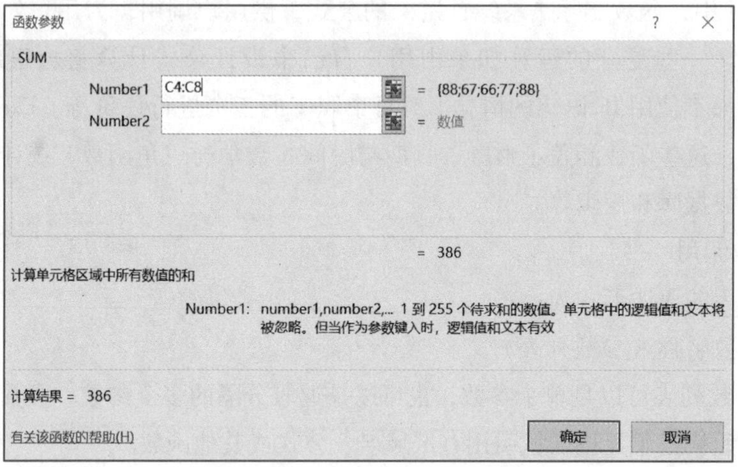

图 6.3.5　"函数参数"对话框

③ 确定函数参数。在"函数参数"对话框的"Number1"参数编辑框中输入参数，一般为单元格区域引用。单元格区域引用形式为"区域左上角单元格：区域右下角单元格"本例为"C4:C8"。

用户也可单击折叠按钮"📑"将对话框折叠起来，直接在工作表用鼠标拖曳单元格区域去选定参数，然后再单击展开按钮"📖"，继续完成对话框。

（2）直接在编辑栏输入函数。对函数调用规则能够熟练掌握的用户，此方法最为便捷。

3. 常用函数的使用

表 6.3.2 列出了常用函数的使用和举例，函数返回值均为数值型。

▶表 6.3.2
常用统计类函数例

函 数 形 式	函 数 功 能	举 例
AVERAGE（参数列表）	求参数列表的平均值	= AVERAGE(B2:B9)
COUNT（参数列表）	统计参数列表中数值的个数	= COUNT(B2:B9)
COUNTIF（参数列表，条件）	统计参数列表中满足条件的数值个数	= COUNTIF(B2:B9," >" &B12)
MAX（参数列表）	求参数列表中最大的数值	= MAX(B2:B9)
MIN（参数列表）	求参数列表中最小的数值	= MIN(B2:B9)
RANK（数值，参数列表）	数值在参数列表中的排序名次	= RANK(B2,$B$2:$B$9)
SUM（参数列表）	求参数列表数值和	= SUM(B2:B9)
SUMIF（参数列表，条件）	求参数列表中满足条件的数值和	= SUMIF(B2:B9," >80")

说明：COUNTIF 和 SUMIF 中的条件是一对英文双引号引起的常数值；若要表示某单元格的值，则要在单元格引用前加字符串连接符号 "&"。

例 6.10 对学生的成绩排名，并统计高于平均分的人数。

分析：成绩排名要考虑成绩存在相同分数的情况，这可利用 RANK 函数来实现。

【实现方法】单击存放第一个学生名次的 C2 单元格，然后单击编辑栏的插入函数按钮 "f_x"，在搜索函数处输入 "RANK"。进入 RANK 函数参数对话框后，在 "Number" 处引用输入第一个学生成绩的地址，这里必须是相对引用；在 "Ref" 处引用输入全部成绩区域，这里必须是绝对引用，如图 6.3.6 所示，单击 "确定" 按钮后获得第一个学生在成绩区域的名次。最后利用填充方式获得全部学生的排名，效果如图 6.3.7 所示。

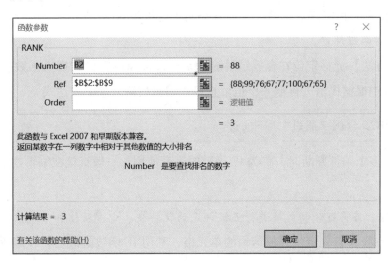

图 6.3.6 "函数参数" 对话框

要统计高于平均分的人数，首先要求出平均分，利用 AVERAGE 函数很容易实现，见表 6.3.2。然后要统计高于平均分的人数，要用到 COUNTIF 函数，可利用对话框实现，也可在编辑栏直接输入，如图 6.3.8 所示。

注意：在 COUNTIF 函数中，"">"&B12" 的 & 表示字符串连接符，本例的结果实际为："">80""，但如果在函数中直接写出具体的平均分值，一旦某些人的成绩出现变动，那么这个函数统计出的人数就不再准确。

	A	B	C
1	姓名	计算机	排名
2	吴华	88	3
3	钱玲	99	2
4	张家鸣	76	5
5	杨梅华	67	6
6	汤沐化	77	4
7	万科	100	1
8	苏丹平	67	6
9	黄亚非	65	8
10	最高分	100	
11	最低分	65	
12	平均分	80	
13	人数	11	
14	高于平均分人数	3	

图 6.3.7 表 6.3.2 函数效果

| B14 | ▼ | f_x | =COUNTIF(B2:B9,">"&B12) |

图 6.3.8　在编辑栏输入示例

常用函数不难掌握，在此仅介绍一些有特殊作用或相对复杂的函数。

（1）逻辑函数

Excel 中逻辑函数有很多，最常用的是 IF、NOT、AND 和 OR。

① IF 函数形式为：

　　　　IF(logical_test,value_if_true,value_if_false)

作用是根据 logical_test 逻辑计算的真与假，返回不同的结果。IF 最多可以嵌套七层逻辑判断，用 value_if_false 及 value_if_true 参数可以构造复杂的检测条件。

例 6.11　利用 IF 函数，将学生的百分制成绩根据 60 分为分界，进行"通过"与"不通过"的两级评定。

【实现方法】光标定位在存放结果的单元格，选择编辑栏的插入函数按钮"f_x"，在其对话框中根据提示进行输入，也可直接在编辑栏输入如下表达式：

```
=IF(B2>=60,"通过","不通过")
```

当要对多个条件判断时，称为 IF 函数的嵌套使用，一般直接在编辑栏输入函数表达式。

例 6.12　若将百分制成绩进行五级评定为优、良、中、及格和不及格。

【实现方法】首先定位存放结果的单元格，利用 IF 函数的嵌套，在编辑栏输入如下表达式：

```
=IF(B2>=90,"优",IF(B2>=80,"良",IF(B2>=70,"中",IF(B2>=60,"及格","不及格"))))
```

对其他学生的成绩评定，利用自动填充功能即可。

注意：IF 函数的嵌套关键要括号配对，否则系统会提出智能化的改进提示。

② AND 函数形式为：

　　　　AND(logical1,logical2,…)

作用是所有参数都为 TRUE 时，函数返回值才为 TRUE，否则函数返回值为 FALSE。

例 6.13　对职工进行在职状态的设置，假定规定年龄在 18~50 岁的为在职，否则为下岗。利用 AND 函数实现，函数调用如图 6.3.9 所示的编辑栏。

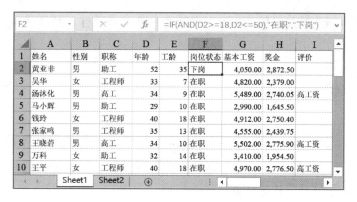

图 6.3.9　AND 函数示例

③ OR 函数形式为：

　　OR(logical1,logical2,…)

作用是当任何一个参数为 TRUE，函数返回值就为 TRUE，否则函数返回值为
FALSE。

对例 6.13 用 OR 函数实现如下，效果相同。

```
=IF(OR(D4<18,D4>50),"下岗","在职")
```

（2）财务函数

Excel 提供了丰富的财务分析函数，最常用的是 PMT 计算贷款本息偿还函数。

PMT 函数形式为：

　　PMT(rate,nper,pv[,fv,type])

函数作用是，基于固定期间利率 rate、贷款偿还的周期 nper，贷款本金 pv，按等
额分期付款方式，计算贷款的每期付款额；fv，type 一般省略为数字 0，fv 为未来值，
或在最后一次付款后的现金余额；type 为数字 0 或 1，用以指定各期的付款时间是在
期初还是期末。

例 6.14　利用商业贷款来买房，已知贷款利率和贷款年份，计算每月的还款额。
假定贷款 100 万元，年利息 6.80%，贷款 20 年，按月等额还款。

函数调用函数和效果如图 6.3.10 所示的编辑栏和单元格。

	A	B	C	D
	B4	=PMT(B3/12,B2*12,B1*10000,0,0)		
1	贷款总额（万元）	100		
2	贷款期（年）	20		
3	年利率	6.80%		
4	每月还贷款额（元）	￥-7,633.40		

图 6.3.10　函数 PMT 示例

注意：使用该函数时单位要统一，如果是计算每月还款，则贷款期、年利率都要换算至月度数据。

6.4　数据的统计和分析

在 Excel 中，通过公式和函数可以灵活、方便地对数据进行各种计算。此外，Excel 如同数据库的数据表一样，对数据清单进行排序、筛选、分类汇总、透视表交互建立等一系列统计和分析等功能。

数据清单又称数据列表，是由工作表中单元格构成的矩形区域，即一张二维表。它与前面介绍的工作表数据有所不同，主要特点如下。

（1）与数据库相对应，数据清单两维表中一列为一个"字段"，一行为一条"记录"，第一行为表头，由若干个字段名组成。

（2）表中不允许有空行或空列（会影响 Excel 检测和选定数据列表）；每一列必须是性质相同、类型相同的数据，如字段名是"姓名"，则该列存放的必须全部是姓名，不能有完全相同的两行内容。

在 Excel 中，可以在工作表中直接建立和编辑数据清单，也可以通过"数据"选项卡的"获取外部数据"功能区组的相关按钮获取各类数据库文件等外部数据。

6.4.1　数据排序

排序是指对数据清单中按指定字段值的升序或降序进行排序。其中，英文字母按字母次序（默认不区分大小写）、汉字可按笔画或拼音排序。

1. 单个字段排序

简单排序是指对单一字段按升序或降序排列，可直接利用"数据"|"排序和筛选"功能区组中的"▲↓"升序、"▼↓"降序按钮快速实现。

2. 多个字段排序

当排序的字段值出现相同时，需要使用多个字段进行排序，方法是单击"数据"|"排序和筛选"|"排序"按钮，打开其对话框，进行所需排序字段的设置。

例 6.15　对职工档案按"职称"为第一关键字排序升序排列，对职称相同的按"年龄"降序排列；若仍相同再按"基本工资"降序排列。

【实现方法】单击清单中任意单元格，表示选定数据清单（系统自动将符合条件的单元格区域作为数据清单，所有排序操作会作用于该清单）。单击"数据"|"排序和筛选"|"排序"按钮，弹出"排序"对话框，按要求进行排序的设置，如图 6.4.1

微视频 6-7：
数据排序

所示。排序结果如图6.4.2所示。

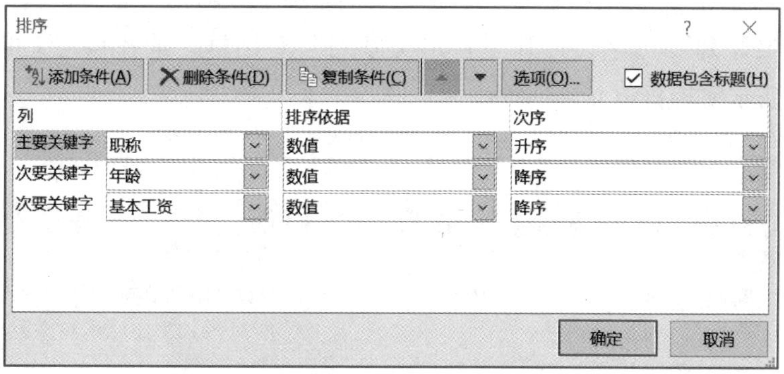

图 6.4.1　"排序"对话框

姓名	性别	职称	年龄	工龄	基本工资	评价
苏丹平	女	高工	46	24	5,607	高工资
王晓若	男	高工	34	10	5,502	高工资
汤沐化	男	高工	34	9	5,489	高工资
钟家明	男	高工	30	5	5,450	高工资
王平	女	工程师	40	18	4,970	高工资
钱玲	女	工程师	40	18	4,912	
陆舣卒	女	工程师	36	14	4,780	
张家鸣	男	工程师	35	13	4,555	
吴华	女	工程师	33	7	4,820	
路遥	男	工程师	25	4	4,151	
黄亚非	男	助工	52	35	4,050	
王小帧	女	助工	42	22	3,480	
杨梅华	女	助工	40	20	3,534	
万科	女	助工	32	14	3,410	
马小辉	男	助工	29	10	2,990	

图 6.4.2　排序结果

注意：对于文字型的字段，默认是按拼音字母次序排列，也可通过"排序"对话框的"选项"按钮设置按笔画排序。

3. 自定义序列排序

为解决文字型字段按特定的要求排序，例如按职称、学历、部门等有序排序，Excel 提供了按自定义序列排序的功能。

例 6.16　对职工的职称按从高到低降序排序。

【实现方法】

（1）自定义序列。单击"文件"｜"选项"｜"高级"命令，在右侧的列表选择"常规"选项，单击"编辑自定义序列"按钮，打开其对话框。在"输入序列"文本框从高到低依次输入职称序列以回车键分隔，输入完成单击"添加"按钮将自定义的职称序列添加到左侧的"自定义序列"列表框。

（2）应用职称"自定义序列"排序。打开"排序"对话框，单击次序下拉列表，选择"自定义序列"选项，打开"自定义序列"对话框，选择自定义的职称序列，如图 6.4.3 所示实现自定义序列排序。

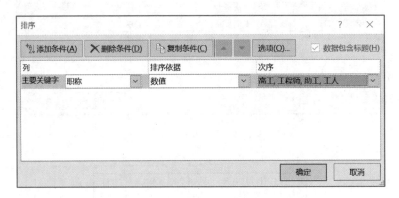

图 6.4.3　"排序"对话框

微视频 6-8：
数据分类汇总

6.4.2　数据分类汇总

分类汇总是对数据列表的数据进行分类统计。分类汇总要分两步实现，首先对数据按分类的字段进行排序，将字段值相同的连续记录归为同一类；然后执行分类汇总命令，进行求和、平均、计数等汇总运算。针对同一个分类字段，可进行多种汇总。

在进行分类汇总时，关键要区分清楚以下 3 点。

① 对哪个字段分类，则该字段先要进行排序。

② 对哪些字段汇总，汇总结果存放在该字段同列位置。

③ 汇总的方式，通常对非数值型数据进行计数汇总，数值型数据进行求和、平均值等汇总。

分类汇总时，对分类的字段只进行一种汇总方式的称为简单汇总；若要先后进行多种汇总的方式则称为嵌套汇总。

1. 简单汇总

例 6.17　针对职工档案，统计员工中各类职称的平均年龄和工资。

分析：这实际是先对职称进行分类，然后对年龄、工资字段进行汇总，汇总的方式是求平均值。

【实现方法】先对职称字段进行排序，然后单击"数据"|"分级显示"|"分类汇

总"按钮，弹出"分类汇总"对话框，进行相应的选择，如图 6.4.4 所示。分类汇总后的结果如图 6.4.5 所示。

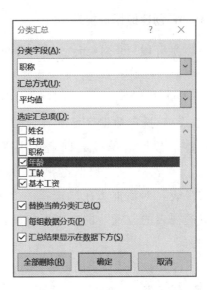

图 6.4.4　"分类汇总"对话框

进行分类汇总后，工作表的左侧将出现分级显示区。选择上方的分级显示按钮可整体控制分类汇总的情况。通过单击"⊞"按钮，即可展开某分类的明细，单击"⊟"按钮则可折叠明细。

若要取消分类汇总，可在图 6.4.4 的"分类汇总"对话框中选择"全部删除"按钮。

2. 嵌套汇总

嵌套汇总是对同一分类字段进行多次汇总操作，关键是第二次及以上的操作在图 6.4.4 的对话框中要将"替换当前分类汇总"复选框默认选中方式取消。

分级显示按钮

			A	B	C	D	E	F	G
		1	姓名	性别	职称	年龄	工龄	基本工资	
可展开明细 →	+	6			高工　平	36		5,512	
	+	13			工程师	34.8		4,698	
		14	黄亚非	男	助工	52	35	4,050	
		15	王小帧	女	助工	42	22	3,480	
		16	杨梅华	女	助工	40	20	3,534	
		17	万科	女	助工	32	14	3,410	
		18	马小辉	男	助工	29	10	2,990	
		19			助工　平	39		3,493	
可折叠明细 →	-	20			总计平1	36.5		4,513	

图 6.4.5　分类汇总的结果和分级显示明细例

例 6.18　在例 6.17 的基础上，进一步统计各类职称的员工人数。两者的汇总方式并不相同，前者是求平均值，后者是计数，因此要分两次进行分类汇总。

【实现方法】先完成平均数的分类汇总。然后进行第二步的人数统计，只要在"分类汇总"对话框内（如图 6.4.4 所示）不选中"替换当前分类汇总"复选框即可。

6.4.3　数据透视表

前面介绍的分类汇总只适合于根据一个字段进行分类，然后对一个或多个字段进行汇总。如果用户需要按多个字段进行分类，如图 6.4.6 所示，那么用分类汇总的命令就难以实现。Excel 为此提供了一个更强大的工具——数据透视表来解决此类问题。

微视频 6-9：
数据透视表

1. 创建数据透视表

例 6.19　分别统计各类职称中男、女职工的人数，此时既要按"职称"分类，又要按"性别"分类，因此需要利用数据透视表来解决，效果如图 6.4.6 所示。

【实现方法】

（1）选定数据区域和存放数据透视表的位置。先选中整个数据清单或数据清单中任意单元格。单击"插入"│"表格"│"数据透视表"按钮，打开"创建数据透视表"对话框。在"选择一个表或区域"和"选择放置透视表的位置"的文本框中设置单元格区域，如图 6.4.7 所示。单击"确定"按钮。

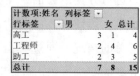

图 6.4.6　统计结果示例

（2）数据透视表的设计。点击生成的数据透视表区域，会弹出"数据透视表字段"任务窗格，如图 6.4.8 所示。对其中几项说明如下。

图 6.4.7　"创建数据透视表"对话框

图 6.4.8　"数据透视表字段"任务窗格

① "选择要添加到报表的字段"为数据清单的字段名。

② "行标签""列标签"为要分类的字段。

③ "数值"为要汇总的字段。

本例中将"职称"拖曳到"行标签"位置，"性别"拖曳到"列标签"位置，"姓名"拖曳到"数值"位置，汇总方式默认是计数（计数统计可以是任意字段）。

数据透视表建立的过程完成后，输出效果如图6.4.6所示。

2. 编辑数据透视表

已建立的数据透视表可根据需要进行编辑，一般包括对数据透视表布局的修改或汇总方式的改变等。

（1）数据透视表布局修改

选中数据透视表时就会显示"数据透视表字段列表"任务窗格，可用与建立时相同的方法进行设置和修改。若要增加显示的总计等信息，可通过快捷菜单的"数据透视表选项"命令打开其对话框（如图6.4.9所示），进行相应的设置。

图 6.4.9 "数据透视表选项"对话框

（2）汇总方式修改

根据拖曳到"数值"区域的汇总字段类型的不同，其默认的汇总方式也不同。对于非数值型字段默认为计数；对于数值型字段默认为求和。若要改变默认汇总方式，可在快捷菜单中选择"字段设置"命令，打开"字段设置"对话框如图6.4.10所示，可选择所需的汇总方式。

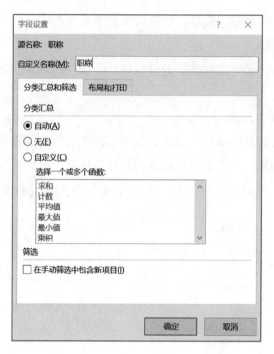

图 6.4.10　"字段设置"对话框

6.4.4　数据筛选

数据筛选就是从数据清单中显示满足条件的数据,不符合条件的数据暂时被隐藏起来,但并没有被删除。筛选数据后,可对显示的数据进行复制。在 Excel 中,具有两种不同的数据筛选方式功能,即自动筛选和高级筛选。

1. 自动筛选

自动筛选可以进行单个字段的筛选,或者,当多个字段的筛选间的实质是"逻辑与(AND)"的关系,即需要同时满足多个条件关系的时候,也可进行自动筛选。自动筛选操作简单,能满足大部分的应用要求。

当单击"数据"|"排序和筛选"|"筛选"按钮后,数据列表处于筛选状态,即每个字段旁有个下拉列表箭头"|▼",可在所需筛选的字段名下拉列表中选择所要筛选的确切值,或通过"数字筛选"|"自定义筛选"子菜单命令输入筛选条件。

若要取消筛选,再单击"筛选"按钮可取消筛选状态。

例 6.20　从职工档案表中筛选出年龄在 30~40 岁之间的女职工。

【实现方法】这里需通过对两个字段进行筛选。

(1)对于年龄在一定范围内,必须在年龄字段的下拉列表中选择"自定义筛选"

选项，如图 6.4.11 所示，打开"自定义自动筛选方式"对话框，进行条件设置，如图 6.4.12 所示。

图 6.4.11 筛选列表　　　图 6.4.12 "自定义自动筛选方式"设置
筛选条件示例

（2）女职工的筛选，单击"性别"右侧的下拉列表按钮，打开筛选列表，只选中"女"复选框即可。

思考：该例通过两个字段筛选出的数据是同时满足两个条件，即两个字段间为"逻辑与（AND）"关系的筛选。若要筛选出年龄在 30~40 岁的职工或者任意年龄的女职工，即两个字段间为"逻辑或（OR）"关系的筛选，则自动筛选能实现吗？

注意：在筛选结果数据清单中，区分哪个字段是筛选字段，可以通过检查数据列表的字段名旁是否有""标记，有该筛选标记的就是筛选字段。

2. 高级筛选

高级筛选不但可以像自动筛选那样实现多个字段间"逻辑与（AND）"关系的筛选，也能实现多个字段间"逻辑或（OR）"关系的筛选。高级筛选的适应面更宽，但实际操作稍复杂一些，需要在数据清单外建立以一个条件区域。

在使用高级筛选时，最重要的是需要事先定义好相应的条件区域，具体操作如下。

（1）第一行为所需要筛选的字段名，之后的各行为具体的筛选条件：其中同一行的各个条件之间为"逻辑与"关系，而不同行的条件之间为"逻辑或"关系，如图 6.4.13 所示。

（2）单击"数据"|"排序和筛选"|"高级筛选"按钮，弹出"高级筛选"对话框，选中对应的列表区域与条件区域，进行多条件的筛选。

(a) 例6.20用高级筛选实现

(b) 例6.20思考的实现

图 6.4.13　条件区域建立和逻辑关系对比

例 6.21　在职工表中筛选出低收入者给予一定补助，筛选的条件为工资低于 3500 元或者奖金低于 2500 元。

【实现方法】首先在数据清单外定义条件区域，如图 6.4.14 所示。然后单击"数据"|"排序和筛选"|"高级"按钮，弹出"高级筛选"对话框，指定"列表区域"和"条件区域"，如图 6.4.15 所示。

19	基本工资	奖金
20	<3500	
21		<2500

图 6.4.14　条件区域　　　　　图 6.4.15　"高级筛选"对话框

6.5　数据的可视化

电子表格除了强大的计算功能外，也提供了将原始数据或统计结果以各种图表形式展现出来的数据可视化功能。该功能有助于更加直观、形象地展现数据的变化规律和发展趋势，成为决策分析的基本依据。实际操作中，当工作表中原始数据源发生变化时，图表中对应项的数据也会自动更新，图与表保持着高度的联动性。图 6.5.1 就是由数据源创建的图表。

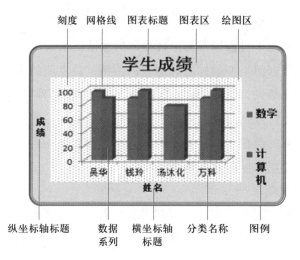

图 6.5.1　图表示例和各对象说明

6.5.1　认识图表

为了创建图表以及在此基础上的编辑和格式化，首先必须对图表的相关知识有所了解，尤其图表中的对象很多，不能区分这些图表对象就无法根据需要生成理想的图表。

1. 图表的数据源

用于生成图表的数据区域称为图表数据源，一般来自工作表中的行或列，并按行或列分组构成相应的数据源数据。图 6.5.2 就是绘制图 6.5.1 前已经获得的数据源。

2. 图表类型

图表按类型可分为十几类，每一类又有若干种子类型。比如，按展示形式可分为二维图和三维图，图 6.5.3 显示了 Excel 提供的图表类型和子类型。

	A	B	C	D	E
1	姓名	学号	数学	外语	计算机
2	吴华	120001	98	77	88
3	钱玲	120002	88	90	99
4	张家鸣	120003	67	76	76
5	杨梅华	120004	66	77	66
6	汤沐化	120005	77	55	77
7	万科	120006	88	92	100

图 6.5.2　图表化时选定的数据源　　　　图 6.5.3　"图表"功能区组

3. 图表对象

Excel 的图表实际上由一系列的图表对象构成。对于建立好的图表，选定图表后，在动态"图表工具"|"格式"选项卡的最左端下拉列表框中列出图表对象，如图 6.5.4 所示。图表对象按数据、显示的性质可分以下几个部分。

（1）数据系列、图例和分类名称

这些图表对象都是来自数据。其中数据源的数值区域为图表的数据系列，默认数据源上方的标题为图表的图例，最左侧的文本为分类名称，如果缺失，系统会给出默认的图例和分类名称。

数据系列由若干行或列组成，同一数据系列颜色相同。图例是用来标注数据系列的颜色、文字的示例，文字一般为每一列数据的标题。分类名称用来标注分类轴刻度名称。

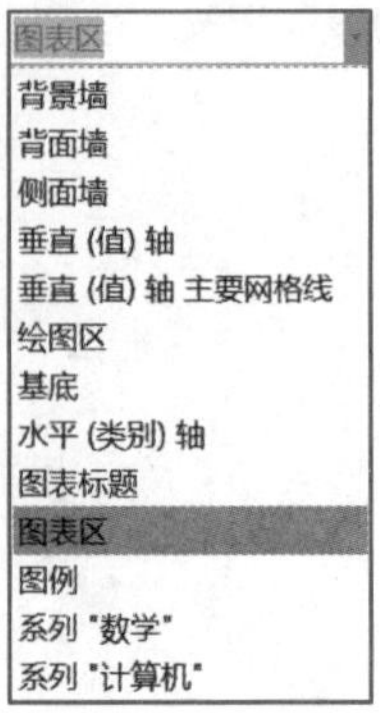

（2）图表区和绘图区

图表区表示了整个图表，包含了所有图表对象；绘图区表示绘图的区域，改变绘图区大小可改变图形大小。

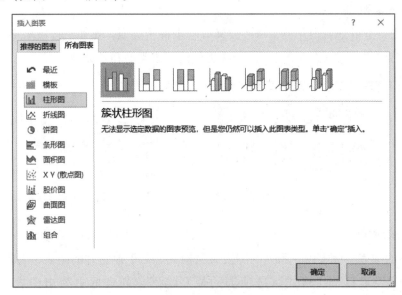

图 6.5.4   图表对象下拉列表

（3）轴、刻度和标题

二维图有横轴（分类轴或 x 轴）和纵轴（数值轴或 y 轴）。对于纵横轴都有刻度，纵轴为数值轴刻度用网格线区分，横轴为分类轴刻度用分类名称区分。

对于图表也可添加说明性的标题，包括表示整个图表的图表标题，以及对数据进行说明的横坐标轴标题和纵坐标轴标题。

6.5.2 创建图表

微视频 6-10：
创建图表

创建图表首先要选定数据源，然后通过"插入"|"图表"功能区组的按钮（如图 6.5.3 所示）建立图表：功能区组的某图表类型、"推荐的图表"或者打开插入图表对话框（如图 6.5.5 所示）。

图 6.5.5   "插入图表"对话框

例 6.22　根据学生成绩工作表中的各科目成绩，建立如图 6.5.6 所示的部分学生的数学和计算机两门课程成绩的柱形图。

【实现方法】

（1）选定所作柱形图的数据源。按住 Ctrl 键，利用鼠标拖曳依次选定 4 名学生的姓名、数学、计算机字段，如图 6.5.2 所示。

（2）单击"插入"｜"图表"功能区组右下角的"查看所有图表"对话框启动器按钮，弹出"插入图表"对话框。在对话框左侧选择"柱形图"，右侧选择"三维簇状柱形图"，如图 6.5.5 所示。

（3）确定后，所建立的图表作为嵌入图与数据源位于同一的工作表中，对图表进行适当的缩放、移动即可，如图 6.5.6 所示。

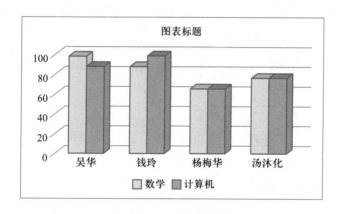

图 6.5.6　建立的图表例

注意：建立图表时，究竟是按行数据绘图还是按列数据绘图，需要用户能明确识图，清楚了解生成图表的数据源、图表类型、图表显示的形式等情况。即使在完成图表后，仍可以通过"图表工具"｜"设计"｜"数据"｜"切换行列"按钮来实现行、列绘图数据的切换进行调整，从而避免重新作图的尴尬。

6.5.3　编辑图表

在创建图表后，可根据用户的需要对图表进行修改，包括更改图表类型，编辑图表中各元素，例如数据的增加、删除等。

编辑图表需要在选定图表对象后，通过"图表工具"中的"设计""格式"选项卡的功能区组命令按钮来进行操作，或者也可通过快捷菜单中相关命令来实现。

1. 选定图表或图表对象

编辑图表首先需要选定图表或图表对象。选定图表很简单，单击图表即可。要选定图表对象则需先选定图表，然后通过下面两种方法中的任一种选定图表对象。

（1）选择"图表工具"│"格式"选项卡左边的图表对象下拉列表，如图 6.5.4 所示，选择待编辑的图表对象。

（2）鼠标指针指向图表对象，直接单击。

2. 改变图表类型

改变图表类型的方法是选定图表，在右键快捷菜单中选择"更改图表类型"命令，在其对话框中选择待改变为的图表类型和子类型。

3. 数据系列的编辑

在图表创建后，图表和创建图表的工作表数据源之间就建立了联系，当工作表中的数据源发生变化时，则图表中对应的数据系列也会自动更新，但是直接在图表上作的修改并不会反过来改变数据源。

数据系列的编辑包括删除、添加、调整次序、切换行列等。

（1）删除数据系列

选定所需删除的数据系列，按 Delete 键即可把整个数据系列从图表中删除，不影响工作表中的数据源。

（2）添加数据系列

最方便的方法是选中数据源某单元格区域，按 Ctrl+C 组合键复制，然后选定待添加的目标图表，再按 Ctrl+V 组合键粘贴即可。

（3）调整数据系列的次序

选定图表，单击"图表工具"│"设计"│"数据"│"选择数据"按钮，弹出"选择数据源"对话框，如图 6.5.7 所示，通过"图例项（系列）"中选定图例名称，利用"▲"上移或"▼"下移按钮叮进行图表中数据系列位置的调整。

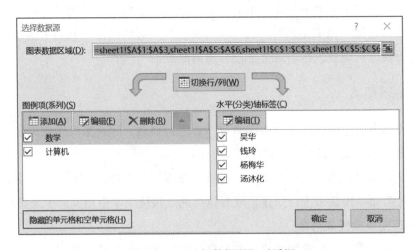

图 6.5.7　"选择数据源"对话框

（4）改变行列显示

改变行列是指调整图表中所显示的横坐标、纵坐标与数据源行、列的对应关系，这可通过"图表工具"|"设计"|"数据"|"切换行列"按钮来实现。

注意：添加数据时，选定的数据源单元格区域很重要，需要与原选定区域的行或列的单元格区域一致，否则添加数据后的图表中会出现大段空白或其他异常现象。

4. 图表中说明性文字的编辑

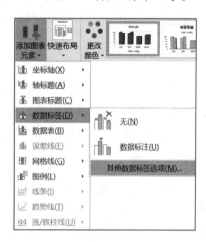

图表中说明文字包括标题、坐标轴、网格线、图例、数据标志、数据表等，详细的说明可以更好地解释图表中的内容，传达有说服力的结论。

相关操作可通过"图表工具"|"格式"|"图表布局"功能区组的"添加图表元素"下拉列表来实现，如图 6.5.8 所示。

例 6.23 针对图 6.5.6 中的"计算机"科目的数据系列增加数值标记；增加图表标题"学生成绩表"、横标题"姓名"和纵标题"成绩"，将成绩主要网格线刻度由 20 改为 25，效果如图 6.5.9 所示。

图 6.5.8 "添加图表元素"下拉列表

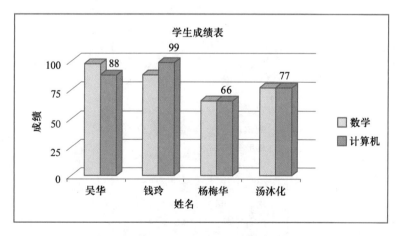

图 6.5.9 添加数据标记、标题示例

【实现方法】

（1）增加数值标记。首先在图表中选中待增加数值标记的部分数据系列，单击"图表工具"|"格式"|"添加图表元素"，在下拉列表中选择"其他数据标签选项"（如图 6.5.8 所示），打开"设置数据标签格式"对话框，将"标签选项"选项卡下

"值"的复选框选中即可。

另外，更便捷的操作方式是选中待增加数值标记的数据系列，通过选择右键快捷菜单中的"添加数据标签"命令即可。

（2）加标题。分别单击"添加图表元素"下拉列表的"图表标题""轴标题"选项，输入标题内容即可。要改变网格线刻度，通过指向网格处显示快捷菜单，选择"设置坐标轴格式"命令，在打开的窗格中进行设置。

6.5.4　格式化图表

图表格式化主要是指对图表各个对象的格式设置，包括边框、填充、文字和数值的格式、颜色、外观等的设置。由于图表的对象较多，相关的格式化命令也不少，因此，最快捷的操作方式就是掌握"指向对象，按右键"的基本原则。另外，也可以通过选择"图表工具"下的"格式"选项卡的功能区组来实现。

例 6.24　在图 6.5.9 的基础上改变部分图表设置：边框线 5 磅、复合线型由粗到细、边框线带圆角，图表底纹颜色橙色；设置绘图区的图案底纹为前景颜色黑色、背景白色、图案填充 10%，效果如图 6.5.1 所示。

【实现方法】

（1）图表区格式化。选中图表区对象，在快捷菜单中选择"设置图表区格式"命令，打开"设置图表区格式"窗格，如图 6.5.10 所示；在"填充"选项中设置填

图 6.5.10　"设置图表区格式"窗格

充颜色，在"边框"选项中设置"宽度""复合类型"；并选中复选框"圆角"。

（2）绘图区格式化。选中绘图区对象，在快捷菜单选择"设置绘图区格式"命令，打开"设置绘图区格式"窗格，如图 6.5.11 所示。在"填充"选项中设置"图案填充"中的"前景色""背景色"，选择"10%"的填充效果。

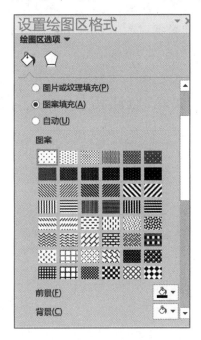

图 6.5.11　"设置绘图区格式"窗格

思考题

1. 简述 Excel 中文件、工作簿、工作表、单元格之间的关系。

2. Excel 2016 中，工作表由 _____ 行 _____ 列组成，其中行号用 _____ 表示，列号用 _____ 示。

3. Excel 2016 中输入的数据类型有多少种？请分别列出。在默认情况下，输入的数据如何区分不同的类型？

4. 简述在工作表中输入数据的几种方法。

5. 在单元格中输入公式时，应先输入什么符号？

6. 在 Excel 中对单元格的引用默认采用相对引用还是绝对引用？两者有何差别？

7. 在格式化表格时，要将某标题实施居中，可通过"合并单元格"与"跨列居中"实现，简述两者的差别。

8. 在对表格格式化后，某列由原来的数值显示为"######"，是什么原因？如何解决？

9. 要将数据规定的图表样张显示，关键的操作是什么？

10. 图表对象很多，要对某图表对象格式化时，最常用的操作方法是什么？

11. 具有哪些特征的表格才是数据列表？Excel 中哪些操作是针对数据列表的？

12. 简述 IF 函数、条件格式和条件筛选的特点。

13. 在做分类汇总前首先要做什么操作才能使分类汇总有效？

14. 简述数据透视表与分类汇总的不同用途。

第 7 章
演示文稿软件 PowerPoint 2016

在日常生活中，有需要进行产品展示、学术报告演讲、课堂教学等的工作，PowerPoint 是完成这些工作有力的工具。Office 2016 系列中的 PowerPoint 2016 是集文字、图形、动画、声音于一体的专业制作演示文稿的多媒体软件，同时它还可以生成在网络上展示的网页。

通过本章的学习，能够掌握利用 PowerPoint 2016 创建演示文稿、编辑演示文稿、美化演示文稿等的方法。

电子教案：
演示文稿软件
PowerPoint
2016

7.1　创建演示文稿和演示文稿视图

1. 创建演示文稿

微视频 7-1：
创建演示文稿

演示文稿是由若干张幻灯片组成的，每张幻灯片中可以插入文本、图片、声音和视频等，又可以超链接到不同的文档和幻灯片，故又称为多媒体演示文稿。

打开 PowerPoint 2016 后，单击"文件"按钮选择"新建"命令，如图 7.1.1 所示，常用新建演示文稿的方式主要有空白演示文稿、模板、主题等。PowerPoint 工作界面与 Word 类似，也有快速访问工具栏、选项卡、功能区等。

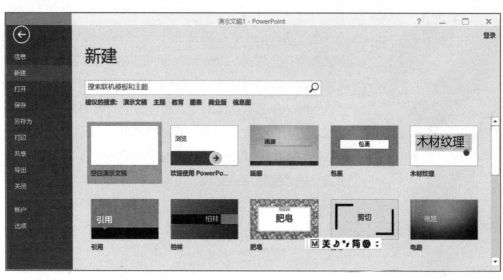

图 7.1.1　新建演示文稿窗口

（1）创建空白演示文稿

打开 PowerPoint 2016 应用程序，系统默认创建了名为"演示文稿 1"的空白演示文稿。此文稿为只有布局格式的空白幻灯片，此时可以设计个性化的演示文稿，但比较费时。

通常新建演示文稿时先选择"空白演示文稿"，待文稿内容完成后，再在美化阶段选用某一喜欢的模板或主题快速修饰演示文稿。

（2）利用模板或主题创建演示文稿

模板是系统提供的文档样式，包含图片、动画等背景元素，不同的模板具有不同的样式。用户在选择所需的模板后，直接输入内容就可以快速建立演示文稿。Power-Point 2016 提供了内置的模板，也可以联机搜索所需的主题或模板，便于用户快速地建立外观统一的演示文稿。

主题是为已设置好的演示文稿更换颜色、背景等统一的格式。

2. 演示文稿视图

PowerPoint 2016 提供了多种视图方式来满足不同用途的需要。通过选择"视图"|"演示文稿视图"功能区组的各命令按钮可进行视图切换，如图 7.1.2 所示。在 PowerPoint 2016 主窗口的右下角也有常用的视图切换按钮。

（1）普通视图

普通视图是系统默认的视图方式，用户可以在普通视图模式新建、编辑幻灯片。

图 7.1.2　演示文稿视图

普通视图将工作窗口分为两个窗格：左边窗格显示幻灯片的缩略图，可以方便快速定位、编辑幻灯片；右边窗格为幻灯片编辑视图，用于编辑每张幻灯片的内容和格式。

（2）大纲视图

在大纲视图中，用户可以在左侧的窗格中输入和查看演示文稿要介绍的主题，便于快速地查看和管理整个演示文稿的设计思路。

（3）幻灯片浏览视图

幻灯片浏览视图可同时浏览多张幻灯片，可以很容易地在大量幻灯片之间进行添加、复制、删除和移动等编辑操作。

（4）备注页视图

备注页视图只是为了给演示文稿中的幻灯片添加备注信息。

（5）阅读视图

阅读视图可用于查看适应窗口大小的幻灯片放映，同时也可看到动画、超链接等效果。

（6）幻灯片放映

幻灯片放映不属于视图模式之一，但很常用。全屏放映幻灯片，观看动画、超链接等效果。观看幻灯片的制作效果必须切换到此视图模式，按 Esc 键可退出幻灯片放映，切换到普通视图。

3. 保存演示文稿

对于已创建的演示文稿，PowerPoint 2016 默认保存为扩展名为 pptx 的文件；也可以另存为扩展名为 ppt 的文件，便于在 PowerPoint 2003 版环境下使用。

若保存为扩展名为 potx 的文件，则表示该文件为模板；也可以保存为扩展名为 ppsx 的幻灯片放映格式的文件。

7.2　编辑演示文稿

编辑演示文稿涉及两个内容：一是对演示文稿中的幻灯片进行插入、复制、删除、移动等编辑操作；二是对幻灯片中的对象进行插入等编辑操作。

7.2.1　幻灯片的编辑

幻灯片的编辑可在普通视图或幻灯片浏览视图中方便地实现。

1. 插入幻灯片

新建的演示文稿默认只有一张幻灯片，要增加更多张幻灯片，可以通过"开始"|"新建幻灯片"按钮在当前幻灯片后插入一张新幻灯片。

在插入幻灯片时还要关注幻灯片的版式。幻灯片版式是为插入的对象提供了占位符，可插入文本、图片、表格、SmartArt 图形、超链接、视频和音频文件等。根据插入幻灯片的版式不同，有两种不同的操作方式。

① 插入的幻灯片版式与当前幻灯片版式相同。单击"开始"|"幻灯片"|"新建幻灯片"按钮，在当前幻灯片下插入一张与当前幻灯片同一版式的幻灯片。

② 插入幻灯片时另外选择版式。单击"开始"|"幻灯片"|"新建幻灯片"下拉按钮，在展开的"版式"列表（如图 7.2.1 所示）中选择待插入的幻灯片版式。

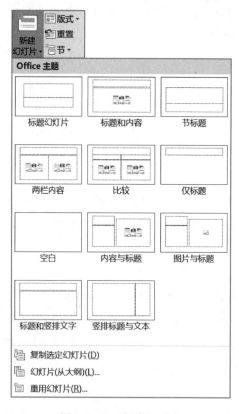

图 7.2.1　"版式"列表

例7.1 创建具有多张幻灯片的演示文稿，内容介绍演示文稿软件的使用，以"演示文稿教案.pptx"的文件名保存。

要求：第1张幻灯片为封面，版式为"标题幻灯片"，第2张及以后的幻灯片版式均为"标题和内容"。在每张幻灯片中插入文本、图片等介绍演示文稿软件使用的相关内容，制作效果如图7.2.2所示。

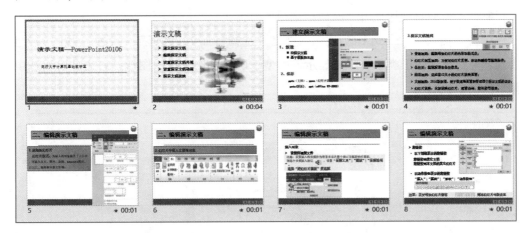

图 7.2.2　使用"幻灯片浏览"视图可方便地编辑幻灯片

2. 复制、删除、移动幻灯片

通常在"幻灯片浏览"视图（如图7.2.2所示）或"普通视图"的左侧"幻灯片"任务窗格中，可以便捷地进行相应操作。

在进行编辑操作时，首先选中待操作的幻灯片，最方便的方法是按住Ctrl键单击所需选定的幻灯片，选定的幻灯片有红色的边框显示。通过鼠标直接拖曳幻灯片到目标位置是移动，按住Ctrl键并拖曳为复制，按Delete键为删除。当然，也可以使用"开始"选项卡下的"剪切""复制""粘贴"按钮来实现相应操作。

7.2.2　在幻灯片中插入多媒体对象

在添加幻灯片时，通过选择幻灯片版式可以为插入的对象提供占位符。占位符除了可插入常见的文本、图片、表格等对象外，还可通过"插入"选项卡的相关功能区（如图7.2.3所示）插入SmartArt图形、超链接、音频和视频文件等对象，从而使得演示文稿更加丰富多彩，更具感染力。

图 7.2.3　"插入"选项卡功能区

本节重点介绍插入 SmartArt 图形、超链接、音频和视频文件等多媒体对象的方法，其他常用对象的操作与 Word 等其他 Office 组件中的操作相似。

1. 插入 SmartArt 图形

演示文稿的 SmartArt 图形功能使得用户可以很方便地插入具有设计师水准的插图，更重要的是，这些图形揭示了文本内容之间的时间关系、逻辑关系或者层次关系，有助于人们直观地理解、深刻记忆相关内容。

单击"插入"|"SmartArt"按钮，弹出"选择 SmartArt 图形"对话框，如图 7.2.4 所示，左边显示图形类型，中间显示该类型下所有可供选择的图形，右边是对所选中图形的简单说明。

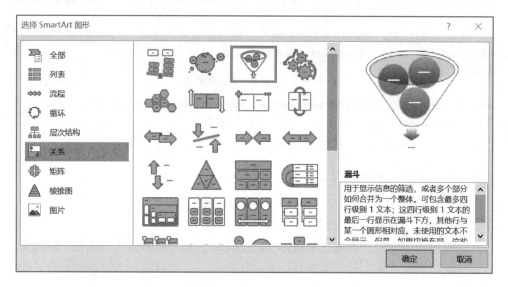

图 7.2.4　SmartArt 图形库

注意：SmartArt 图形库显示的颜色丰富多彩，默认情况下插入的 SmartArt 图形颜色相对单调。如要更改颜色，可先选中已插入的图形，单击"SmartArt 设计"|"更改颜色"下拉按钮，在各种颜色列表中选择所需的主题颜色，如图 7.2.5 所示。

2. 插入音频和视频文件

（1）插入音频文件

微视频 7-2：
插入音频

为了能在放映幻灯片的同时播放背景音乐，可通过"插入"|"媒体"|"音频"下拉列表选择所需的音频文件。成功插入音频文件后，在幻灯片中央位置会显示一个音频插入标记图标"🔊"；同时，在"幻灯片放映"视图下就可听到音乐效果。

注意：默认情况下，所插入的音频只会在该音频文件所在的那张幻灯片播放，切换到下一张幻灯片就停止播放。若要将音频作为背景音乐在整个演示文稿放映时播放，则需进行播放设置，方法是首先选中音频插入标记图标"🔊"，打开"音频工

具"|"播放"|"音频选项"功能区组,如图 7.2.6 所示,选中"跨幻灯片播放"复选框,则可实现在整个演示文稿中播放插入的音频。

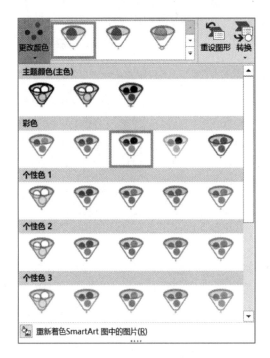

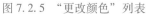

图 7.2.5　"更改颜色"列表

图 7.2.6　"音频选项"功能区组

（2）插入视频文件

插入视频文件的方法与插入音频的方法相同,通过"视频"下拉列表选择所需的视频文件即可。

3. 插入超链接

用户可以在幻灯片中添加超链接,从而实现不连续幻灯片之间的快速跳转,或者不同类型文档之间的跳转,比如跳转到另一演示文稿、Word 文档、网站和邮件地址等。

在"插入"|"链接"功能区组中提供了"超链接"和"动作"两种形式的链接。

（1）以下画线表示的超链接

单击"插入"|"链接"|"超链接"按钮,弹出"插入超链接"对话框,如图 7.2.7 所示。

例 7.2　将例 7.1 中第 2 张幻灯片改为 SmartArt 图形中"基本循环",然后将每项内容超链接到对应的幻灯片上,使得在幻灯片放映过程中单击文本就可快速切换到对应的幻灯片。

微视频 7-3：
插入超链接

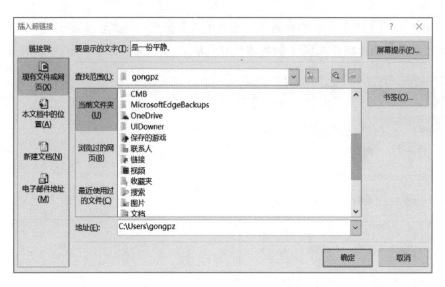

图 7.2.7   "插入超链接"对话框

【实现方法】

① 插入图形。在"普通视图"视图下，定位在第 2 张幻灯片，单击"插入"|"SmartArt"，打开其对话框，选择"循环"类型中的"基本循环"图形；在每一个功能图形中输入对应幻灯片中的原有内容。

② 插入超链接。选中图形中的文本，在快捷菜单中选择"超链接"命令，打开其对话框，如图 7.2.7 所示。单击左侧"本文档中的位置"按钮，在中间"请选择文档中的位置"列表中选择待跳转的目标幻灯片即可。

"基本循环"有 5 个功能图形，因此需要逐一选中每个功能图形，依次完成每个超链接设置动作，效果如图 7.2.8 所示。

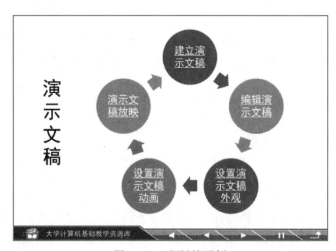

图 7.2.8   超链接示例

（2）以动作按钮表示的超链接

动作按钮是预先设置好的一组带有特定动作的图形按钮，这些特定动作预先设置为指向上一张、下一张、第一张、最后一张幻灯片等超链接动作，在放映幻灯片时，可通过单击动作按钮实现跳转。

【实现方法】

① 在"插入"｜"插图"功能区组中，打开"形状"下拉列表中最后的"动作按钮"选项区：，选择所需的按钮。

② 在幻灯片上绘制按钮的大小后，系统自动打开"操作设置"对话框，如图7.2.9所示。其中最主要的设置是"超链接到"列表框，可选择链接到本文档的另一张幻灯片、网站地址或其他文档等。

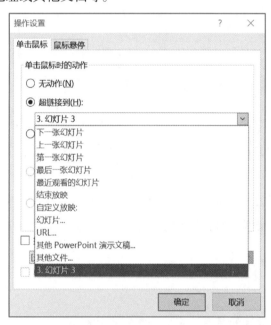

图7.2.9 "操作设置"对话框

注意：

① 超链接效果必须切换到"幻灯片放映"视图下才能看到。

② 若要使整个演示文稿中每张幻灯片均可通过 、 、 、 等按钮切换到第一张、上一张、下一张、最后一张幻灯片，那么不必对每张幻灯片逐一进行设置，只需要在"视图"｜"母版视图"｜"幻灯片母版"中进行统一设置即可。

4. 插入页眉和页脚

若希望每张幻灯片都有日期、作者、幻灯片编号等信息，可通过"插入"｜"文本"｜"页眉和页脚"按钮，打开其对话框后进行设置，如图7.2.10所示。

图 7.2.10　"页眉和页脚"对话框

7.3　美化演示文稿

　　演示文稿的优点之一就是可以快速地设计格局统一、特色鲜明的外观，而这依赖于演示软件提供的设置幻灯片外观功能。设置幻灯片外观的常用方法是母版和主题。

7.3.1　母版

　　母版是用户自行设计的具有一定风格、特点的模板。一份演示文稿由若干张幻灯片组成，为了保持风格和布局一致，同时也为了提高编辑效率，可以通过"母版"功能设计一张通用的"幻灯片母版"。此外，演示文稿还提供了讲义母版、备注母版等功能，由于并不常用，在此不作介绍。

　　单击"视图"｜"母版视图"｜"幻灯片母版"按钮，进入幻灯片母版的设计界面，如图 7.3.1 所示。

　　通常需要对幻灯片母版进行以下操作。

　　① 设置标题、每一级文本的字体格式、项目符号等。

　　② 插入要重复显示在多张幻灯片上的文字、图标。

　　③ 更改占位符的位置、大小和格式。

图 7.3.1　幻灯片母版

④ 设置幻灯片的日期、页脚、编号等。

例7.3　应用"母版"功能对例 7.2 中的每张幻灯片进行设置，包括标题、文本格式、插入学校图标，设置页脚编者信息，添加动作超链接等。编辑后的母版如图 7.3.2 所示。

【实现方法】

进入"幻灯片母版"视图，选择"标题和内容"版式，进入如图 7.3.1 所示的界面进行设置。

图 7.3.2　"母版"编辑示例

① 按要求对标题、文本进行字体、字号、颜色等格式设置。

② 在右上角插入学校图标。

③ 单击"插入"｜"文本"｜"页眉和页脚"按钮，在其对话框（如图 7.2.10 所示）中设置日期、编号、页脚内容等。

（4）在右下角单击"插入"｜"插图"｜"形状"下拉列表，通过最后的"动作按钮"选择所需的 ▮◀、◀、▶、▶▮ 按钮，并在幻灯片上绘制按钮的大小，系统自动弹出"操作设置"对话框，如图 7.2.9 所示。除了"▮◀"动作按钮需要在"超链接到"列表中选择链接到本文档的第 2 张幻灯片（第 1 张为封面）外，其余的动作按钮均为默认值。

设置完成后，进入"普通视图"可以观察到母版上插入的图片、页眉和页脚内容以及设置的格式都作用于整个演示文档。此外，切换到"幻灯片放映"视图下，可以单击不同的动作按钮观察超链接的效果。

注意：母版上的标题和文本只是限定格式和固定的文字，每张幻灯片不同的内容应该在普通视图的幻灯片上输入；对于幻灯片上要显示的作者名、单位名、单位图标、日期和幻灯片编号等应在"页眉和页脚"对话框中输入。

修改幻灯片母版上的内容须进入"幻灯片母版"视图方式。如果要将此母版保存为模板并应用于其他演示文稿，可通过"另存为"命令，在"保存类型"下拉列表中选择"PowerPoint 模板（∗.potx）"选项保存即可。

7.3.2　主题

主题是一套包含插入各种对象、颜色和背景、字体样式和占位符等的设计方案。利用预先设计的主题，可以快速更改演示文稿的整体外观。

PowerPoint 2016 内置了许多主题，在"设计"|"主题"功能区组下可以查看或选用主题，如图 7.3.3 所示。

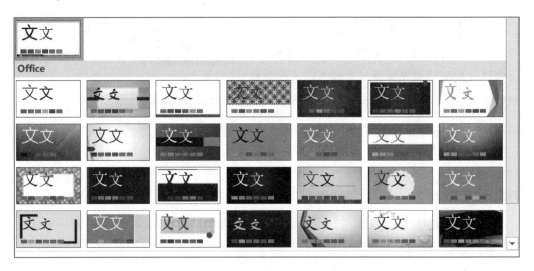

图 7.3.3　内置主题样式

1. 选用主题

打开演示文稿，通过"设计"|"主题"功能区组打开如图 7.3.3 所示的主题样式，选择任一主题样式即可，这时选中的主题样式会作用于整个演示文档。

若希望在一个演示文档中使用不同的主题，则先选中要设置新主题的幻灯片组（多于 1 张幻灯片），再单击某主题样式，选中的幻灯片就会更改为该主题。

如果某个主题还有许多变体，即不同的配色方案和字体系列，可以从"变体"功能区组中选择一种不同的效果。

2. 自定义主题

对于已存在的主题，可根据用户需要更改主题的颜色、字体和效果等，然后保存为自定义主题。

修改主题的方法是，通过"设计"│"主题"功能区组的"颜色""字体"和"效果"等按钮来实现。

保存主题的方法是，在"设计"│"主题"功能区组中打开主题列表，选择"保存当前主题"命令，在"文件名"中输入适当的主题名称并单击"保存"按钮。

注意：修改后的主题在本地驱动器上的 Document Themes 文件夹中保存为 thmx 文件，并将自动添加到"设计"│"主题"功能区组中的自定义主题列表中。

7.4　演示文稿的动画效果

微视频 7-5：
演示文稿的动画
效果

具有动感效果的幻灯片能更好地吸引观众的注意力，展示幻灯片内容。PowerPoint 2016 动画效果主要分为幻灯片中对象的动画效果和幻灯片间切换的动画效果两个方面。

7.4.1　幻灯片中对象的动画效果

用户可以为幻灯片插入的文本、图片、表格、图表等各种对象设置动画效果，这样有利于突出重点内容、控制信息的流程、提高演示的观赏性。

PowerPoint 2016 提供了进入、强调、退出、动作路径 4 种预设的动画方案。其中"进入""退出"表示设置动画对象进入、退出的动画效果；"强调"是为了突出某对象的特殊效果；"动作路径"则是让指定对象按预定的路径运行，从而达到类似 Flash 中运动轨迹的动画效果。

1. 添加动画

选中幻灯片中待添加动画的对象，比如文本、图片等，单击"动画"│"高级动画"│"添加动画"下拉按钮，从下拉列表中选择 4 种动画方案中的某个动画选项，如图 7.4.1 所示，就可以为选中的对象添加动画效果。

对于某一对象，既可以使用一种动画效果，如"进入"或"退出"，也可以将多种动画方案组合使用。例如，对某幅图片设置"进入"加"强调"动画效果，使得进入的图片更吸引观众的注意力。

例 7.4　对建立的"人物.pptx"中的一张幻灯片设置动画效果，其显示的人物介绍依次为图灵、冯·诺依曼和乔布斯。

【实现方法】选中第 1 个人物的全部信息（包括图片、文本框内容），在"添加动画"列表中（如图 7.4.1 所示）选择某种"进入"动画效果；照此方法对其他两位人物设置"进入"效果。

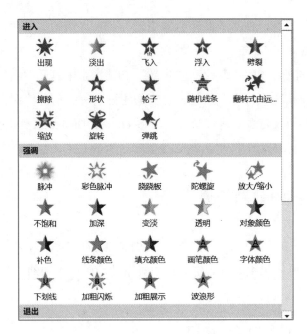

图 7.4.1 "添加动画"列表

一旦对幻灯片中的对象添加了动画，那么在幻灯片上就可以看到每个对象左上角会显示动画效果的顺序标记，如图 7.4.2 所示。最后在"幻灯片放映"视图下可看到动画效果。

图 7.4.2 动画设置示例

2. 编辑动画

预设动画是系统预先设置好的动画效果，通过编辑动画可以使动画效果更具个性。编辑动画是指动画设置后对动画的播放方式、动画顺序、动画声音、运动路径等进行调整。

编辑动画一般通过"动画窗格"进行，在打开的动画窗格中可看到已经设置的动画效果列表，单击任一项目的下拉列表会显示编辑动画选项，如图 7.4.3 所示。其中几个选项说明如下。

图 7.4.3 "动画窗格"列表

（1）播放方式

动画播放方式默认为鼠标"单击开始"。如果想让系统自动连贯播放，则可选择"从上一项开始"，指该项目跟前一项同时开始；若选择"从上一项之后开始"，则指该项目的播放在前一项执行完毕之后开始。

（2）"重新排序"按钮

"重新排序"按钮用于调整动画播放的顺序。可以在"动画窗格"列表框中选中项目直接上下拖动以改变顺序，也可以通过下方的重新排序按钮"▲""▼"进行调整。

（3）效果选项

打开其对话框，以"出现"动画效果为例，如图 7.4.4 所示。通过"效果"选项卡可以设置动画声音、动画文本出现的形式等；通过"计时"选项卡，可设置计时选项。

例 7.5 应用动画设置模拟神七发射过程。当单击"开始发射"椭圆图形时，火箭图片按直线轨迹向上发射，同时椭圆图形消失；火箭冲出屏幕，显示"恭喜发射成功！"，动画设计界面如图 7.4.5 所示。

（1）界面设计

在空白幻灯片中插入以下 5 个对象。

① 椭圆图形，显示"开始发射"文字，启动火箭发射。

② 火箭图片。

③ 圆角矩形，显示"恭喜发射成功！"文字。

图 7.4.4　"效果"选项卡

④ 发射场图片置于底层。

⑤ 添加文本框，内容为"神七发射过程"。

（2）动画设计

① 将椭圆图形的自定义动画设置为"消失"，运动方式为"单击开始"。

② 将火箭图片的自定义动画设置为"动作路径"，选择直线运动，运动方式为"从上一项开始"。

③ 将圆角矩形的自定义动画设置为"进入"，运动方式为"从上一项之后开始"。

微视频 7-6：
模拟神七发射

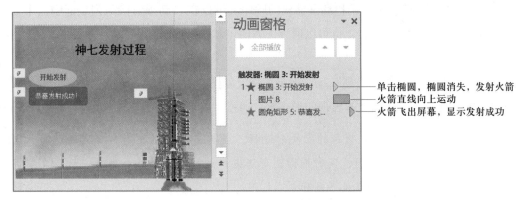

图 7.4.5　模拟神七发射动画设计界面

7.4.2　幻灯片间切换的效果

幻灯片间的切换效果是指幻灯片放映时相邻两张幻灯片之间切换时的动画效果。例如，新幻灯片以水平百叶窗、溶解、盒状展开、随机等方法展现。

设置幻灯片间切换效果的方法是，首先选定演示文稿中的幻灯片，然后单击"切换"｜"切换到此幻灯片"功能区组，选择所需的切换方式，如图 7.4.6 所示；也可单击右边的"▼"按钮，在切换方式列表中进行选择。

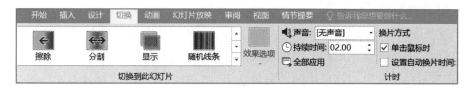

图 7.4.6 "切换"选项卡

7.5 放映演示文稿

PowerPoint 2016 的演示文稿有多种放映方式和控制方法，以满足不同用途和用户的需要。这些都通过"幻灯片放映"选项卡的相关功能组来实现。

7.5.1 设置放映方式

设置放映方式可单击"幻灯片放映"｜"设置"｜"设置幻灯片放映"按钮，打开"设置放映方式"对话框，如图 7.5.1 所示。幻灯片放映类型有如下 3 种。

1. 演讲者放映（全屏幕）

该放映类型以全屏幕形式显示。演讲者可以控制放映的进程，提供了绘图笔进行

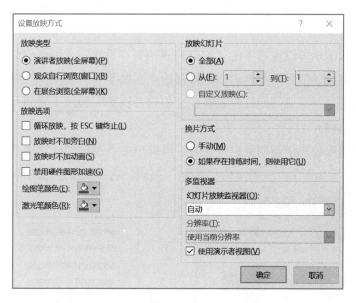

图 7.5.1 "设置放映方式"对话框

勾画。适用于大屏幕投影的会议或教学。

2. 观众自行浏览（窗口）

该放映类型以窗口形式显示，可浏览、编辑幻灯片。只适用于人数少的场合。

3. 在展台浏览（全屏幕）

该放映类型以全屏形式在展台上进行演示。按事先预定的或通过"幻灯片放映"|"排练计时"命令设置的时间、次序放映，不允许现场控制放映的进程。

"设置放映方式"对话框中的"放映选项""放映幻灯片""换片方式"等选项设置都比较直观，用户可根据需要自行设置。

7.5.2　排练计时和录制幻灯片演示

1. 排练计时

排练计时就是将每张幻灯片播放的时间记录下来，方法是单击"幻灯片放映"|"设置"|"排练计时"按钮，进入幻灯片放映阶段。然后打开"录制"工具栏，如图 7.5.2 所示，文本框中显示了本幻灯片排练的时间，按 Esc 键可退出排练计时。

在"幻灯片浏览"视图下可以看到每张幻灯片左下角显示的排练时间。

本幻灯片　本演示文档
播放时间　播放时间

图 7.5.2　"录制"工具栏

2. 录制幻灯片演示

"排练计时"和"录制幻灯片演示"都可用于控制幻灯片播放的时间，区别在于前者无声音，而后者增加了旁白，由演讲者边演示边讲解，可以实现图片、文字、声音并茂的最佳效果。

录制幻灯片演示可以通过单击"幻灯片放映"|"设置"|"录制幻灯片演示"下拉列表，显示录制起始位置选择列表，选择起始点，如图 7.5.3 所示。

同样，已经录制完成的幻灯片能够在"幻灯片浏览"视图下看到每张幻灯片左下角显示的录制时间。

如果需要清除原先录制的旁白或计时，可以单击"录制幻灯片演示"下拉列表中的"清除"，显示如图 7.5.4 所示的"清除"列表，选择所要进行的清除动作。

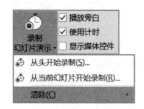

图 7.5.3　录制起始位置选择列表　　　　图 7.5.4　"清除"列表

思考题

1. 新建演示文稿有几种方式？

2. 新建的空白演示文稿有几张幻灯片？如何增加幻灯片？

3. 要在幻灯片中输入文字，应该通过插入什么对象来实现？

4. 在 PowerPoint 2016 中添加超链接有哪两种方式？区别是什么？

5. 简述母版、模板与主题三者的特点与功能。若要在每张幻灯片中添加相同的图片，
   应通过什么方式实现？

6. 在幻灯片中添加了动画，但看不到动画效果，原因是什么？同样，在幻灯片中进行
   了超链接设置，但又不起作用，原因是什么？

7. 在 PowerPoint 2016 中如何实现像 Flash 运动轨迹效果的动画？

8. 如何控制每张幻灯片中动画出现的次序？

9. 如何取消幻灯片中已经录制的旁白？

10. 如何实现插入的背景音乐在幻灯片中循环播放？

第 8 章
计算机网络基础与应用

当今人类社会是一个以计算机网络为核心的信息社会，其特征是数字化、网络化和信息化。计算机网络是信息社会的重要基础和命脉，对人类社会的各个方面具有不可估量的影响。

电子教案：
计算机网络基础与应用

8.1   计算机网络概述

计算机网络是计算机技术和现代通信技术相结合的产物，是一门涉及多种学科和技术领域的综合性技术。

8.1.1   计算机网络的定义

1. 什么是计算机网络

计算机网络是指"一群具有独立功能的计算机，通过通信线路和通信设备互连起来，在功能完善的网络软件（网络协议、网络操作系统等）的支持下，实现计算机之间数据通信和资源共享的系统"。图8.1.1所示是一个典型的计算机网络示意。

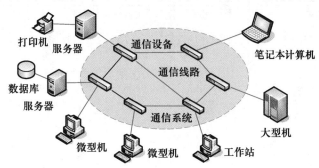

图 8.1.1   计算机网络示意图

在计算机网络中，各计算机都安装有操作系统，能够独立运行。也就是说，在没有网络或网络崩溃的情况下，各计算机仍然能够运行。早期由主机和终端组成的计算机系统不能称为网络，因为那些终端仅仅是由显示器和键盘组成的。

2. 计算机网络的组成

从逻辑功能上看，计算机网络由通信子网和资源子网组成。

（1）通信子网

通信子网是由通信设备和通信线路组成的传输网络，位于网络内层，负责全网的数据传输、加工和变换等通信处理工作。

（2）资源子网

资源子网代表网络的数据处理资源和数据存储资源，位于网络的外围，负责全网的数据处理和向网络用户提供资源及网络服务。

3. 计算机网络的基本功能

计算机网络的基本功能有两个：数据通信和资源共享。

① 数据通信是计算机网络最基本的功能。其他功能都是建立在数据通信基础上的，没有数据通信功能，也就没有其他功能。

② 资源共享是计算机网络最主要的功能。可以共享的网络资源包括硬件、软件和数据。在这三类资源中，最重要的是数据资源，因为硬件和软件损坏了可以购买或开发，而数据丢失了往往不容易恢复。

4. 计算机网络的性能指标

衡量计算机网络的性能指标有许多，最重要的有两个：速率、带宽。

（1）速率

速率是指计算机在数字信道上传输数据的速率，单位是 bps、Kbps、Mbps 和 Gbps。为了方便起见，通常忽略单位中的 bps，如 100 M 以太网的速率为 100 Mbps，1 000 M 以太网的速率为 1 000 Mbps。

（2）带宽

带宽是指通信线路所能传输数据的能力，因此表示在单位时间内从计算机网络中的某一点到另一点所能通过的最大数据量，其单位与速率相同。

速率和带宽是不一样的。速率是指计算机在网络上传输数据的速度，而带宽是网络能够允许的传输数据的最高速度。

8.1.2 计算机网络的发展

从现代计算机网络的形态出发，追溯历史，有助于人们对计算机网络的理解。计算机网络的发展可以划分为 4 个阶段。

1. 面向终端的第一代计算机网络

1954 年，美国军方的半自动地面防空系统（SAGE）将远距离的雷达和测控仪器所探测到的信息通过线路汇集到某个基地的一台 IBM 计算机上进行集中信息处理，再将处理好的数据通过通信线路送回到各自的终端设备（terminal）。这种由主机（host）和终端设备组成的网络结构称为第一代计算机网络，如图 8.1.2 所示。在第一代计算机网络系统中，除主机具有独立的数据处理功能外，系统中所连接的终端设备均无独立处理数据的功能。由于终端设备不能为中心计算机提供服务，因此终端设备与中心计算机之间不提供相互的资源共享，网络功能以数据通信为主。

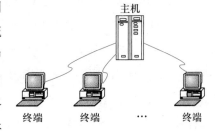

图 8.1.2　面向终端的第一代计算机网络

第一代计算机网络与后来发展起来的计算机网络相比，有着很大的区别。从严格意义上来说，该阶段的计算机网络还不是真正的计算机网络。

2. 以分组交换网为中心的第二代计算机网络

随着计算机应用的发展，到了 20 世纪 60 年代中期，美国出现了将若干台主机互连起来的系统。这些主机之间不但可以彼此通信，还可以实现与其他主机之间的资源共享。

这一阶段的典型代表就是美国国防部高级研究计划署（Advanced Research Project Agency，ARPA）的 ARPANET，它也是 Internet 的最早发源地。它的目的就是将多个大学、公司和研究所的多台主机互连起来，最初只连接了 4 台计算机。ARPANET 在网络的概念、结构、实现和设计方面为计算机网络奠定了基础。在该计算机网络中，以 CCP（communication control processor，通信控制处理器）和通信线路构成网络的通信子网，以网络外围的主机和终端构成网络的资源子网。各主机之间通过 CCP 相连，各终端与本地的主机相连，CCP 以分组为单位，采用存储-转发的方式（分组交换）实现网络中信息的传递，其简化方式如图 8.1.3 所示。

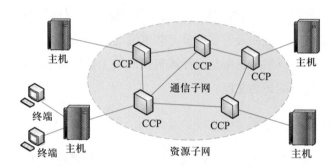

图 8.1.3　以分组交换网为中心的第二代计算机网络

该阶段的计算机网络是真正的、严格意义上的计算机网络。计算机网络由通信子网和资源子网组成，通信子网采用分组交换技术进行数据通信，而资源子网提供网络中的共享资源。

3. 体系结构标准化的第三代计算机网络

建立 ARPANET 以后，各种不同的网络体系结构相继出现。同一体系结构的网络设备互连是非常容易的，但不同体系结构的网络设备要想互连十分困难。然而社会的发展迫使不同体系结构的网络都要能互连。因此，国际标准化组织（International Standard Organization，ISO）在 1977 年设立了一个分委员会，专门研究网络通信的体系结构。该委员会经过多年艰苦的工作，于 1985 年提出了著名的开放系统互连参考模型（open system interconnection reference model，OSI 参考模型），使各种计算机能够在世界范围内互连成网。从此，计算机网络走上了标准化的轨道。人们把体系结构标准化的计算机网络称为第三代计算机网络。

4. 以网络互连为核心的第四代计算机网络

网络需求的不断增长，使计算机网络尤其是局域网的数量迅速增加。同一个公司或单位有可能先后组建若干个网络，供分散在不同地域的部门使用。如果把这些分散的网络连接起来，就可使它们的用户在更大范围内实现资源共享。通常将这种网络之间的连接称为网络互连。最常见的网络互连方式就是通过"路由器"等互连设备将不同的网络连接到一起，形成可以互相访问的"互联网"（如图 8.1.4 所示）。著名的 Internet 就是目前世界上最大的一个国际互联网。

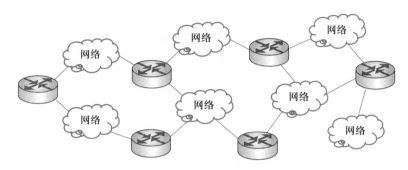

图 8.1.4　互联网

8.1.3　计算机网络的分类

计算机网络有多种分类标准，最常用的是按地理范围进行分类。按地理范围进行分类是科学的，因为不同规模的网络往往采用不同的技术。

按地理范围可以把计算机网络分为局域网、城域网和广域网。

1. 局域网

局域网（local area network，LAN）是专用网络，通常位于一个建筑物内或者一个校园内，也可以远到几千米的范围。在局域网发展的初期，一个学校或企业往往只拥有一个局域网，但现在局域网已非常广泛地使用，一个学校或企业大多拥有许多个互连的局域网，这样的网络常称为校园网或企业网。

局域网是最常见、应用最广泛的一种计算机网络。从技术上来说，常见的局域网主要有两种：以太网（Ethernet）和无线局域网（WLAN）。

2. 城域网

城域网（metropolitan area network，MAN）覆盖了一个城市。典型的城域网例子有两个：一个是有线电视网，许多城市都有这样的网络；另一个是宽带无线接入系统（IEEE 802.16）。

常见的城域网作为一个公用设施，由一个或几个单位共同拥有，将多个局域网互连起来，由于采用了以太网技术，因此常并入局域网的范围进行讨论，被称为大型 LAN。

3. 广域网

广域网（wide area network，WAN）跨越了一个很大的地理区域，通常是一个国家或者一个洲。广域网也称为远程网络，其主要任务是传输主机所发送的数据。

8.1.4　计算机网络体系结构

什么是计算机网络体系结构？简单地说，计算机网络体系结构就是计算机网络中所采用的网络协议的设计，即网络协议是如何分层以及每层完成哪些功能。由此可见，要想理解计算机网络体系结构，就必须先了解网络协议。网络协议和计算机网络体系结构是计算机网络技术中两个最基本的概念，也是初学者比较难以理解的两个概念。

1. 网络协议

在计算机网络中，协议就是指通信双方为了实现通信而设计的规则。只要双方遵守规则，就能够保证正确进行通信。

人类社会中到处都有这样的协议，人类的语言本身就可以看成一种协议，只有说相同语言的两个人才能交流。海洋航行中的旗语也是协议的例子，不同颜色的旗子组合代表了不同的含义，只有双方都遵守相同的规则，才能读懂对方旗语的含义，并且给出正确的应答。

可以说没有网络协议就不可能有计算机网络，只有配置相同网络协议的计算机才可以进行通信，而且网络协议的优劣直接影响计算机网络的性能。

2. 计算机网络体系结构

网络通信是一个非常复杂的问题，这就决定了网络协议也是非常复杂的。为了降低网络协议设计和实现的复杂性，大多数网络按分层方式来组织，就是将网络协议这个庞大而复杂的问题划分成若干较小的、简单的问题，通过"分而治之"的思想，先解决这些较小的、简单的问题，进而解决网络协议这个大问题。

在网络协议的分层结构中，相似的功能出现在同一层内；每层都建立在它前一层的基础上，相邻层之间通过接口进行信息交流；对等层间有相应的网络协议来实现本层的功能。网络协议被分解成若干相互联系的简单协议，这些简单协议的集合称为协议栈。计算机网络的各个层次和在各层上使用的全部协议统称为计算机网络体系结构。

类似的思想在人类社会比比皆是。例如邮政服务，甲在上海，乙在北京，甲要寄一封信给乙。因为甲、乙相距很远，所以将通信服务划分成三层实现（如图 8.1.5 所示）：用户、邮局、铁路部门，用户负责信的内容，邮局负责信件的处理，铁路部门负责邮件的运输。

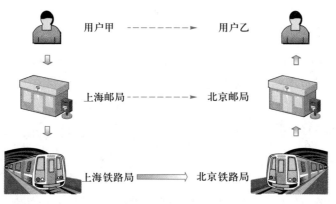

图 8.1.5 信件的寄送过程

人们把计算机网络的各层及其协议的集合称为计算机网络体系结构。目前，计算机网络存在两种占主导地位的体系结构：OSI 参考模型和 TCP/IP 体系结构。OSI 参考模型有 7 层，TCP/IP 体系结构有 4 层。

3. 常用的计算机网络体系结构

世界上著名的网络体系结构有 OSI 参考模型和 TCP/IP 体系结构。

（1）OSI 参考模型

OSI（open system interconnection）参考模型是由国际标准化组织（ISO）于 1985 年制定的，这是一种计算机互连的国际标准。OSI 模型分为 7 层，其结构如图 8.1.6 所示。图中水平双向箭头虚线表示概念上的通信（虚通信），空心箭头表示实际通信（实通信）。

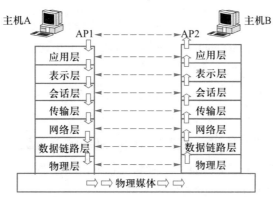

图 8.1.6 OSI 参考模型

如果主机 A 上的应用程序 AP1 要向主机 B 的应用程序 AP2 传送数据，数据不能直接由发送端到达接收端，AP1 必须先将数据交给应用层，应用层交给表示层，以此类推，最后到达物理层，通过通信线路传送到目的站点后，自下而上提交，最后提交给应用程序 AP2。

（2）TCP/IP 体系结构

OSI 参考模型由于体系比较复杂，而且设计先于实现，有许多设计过于理想，因而完全实现的系统并不多，应用的范围有限。1973 年，为了能够以无缝的方式将多个网络连接起来，实现资源共享，Vinton G. Cerf 和 Robert E. Kahn 开始设计并实现了 TCP/IP，在互联网领域中这一工作被认为是具有开创性的工作，他们因此获得了 2004 年的图灵奖。今天，所有的计算机之所以能轻松地上网，原因是都安装了 TCP/IP，TCP/IP 已成为目前互联网中事实上的国际标准和工业标准。

TCP/IP 与 OSI 的 7 层体系结构不同的是，TCP/IP 采用 4 层体系结构，从上到下依次是应用层、传输层、网际层和网络接口层。TCP/IP 体系结构与 OSI 参考模型对照关系如图 8.1.7 所示。

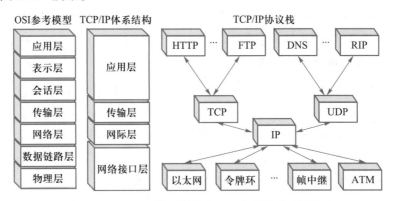

图 8.1.7   TCP/IP 体系结构与 OSI 参考模型对照关系

TCP/IP 并不是一个协议，而是由 100 多个网络协议组成的协议簇，因为其中的传输控制协议（transmission control protocol，TCP）和互联网协议（internet protocol，IP）最重要，所以被称为 TCP/IP。

IP 是为数据在互联网中发送、传输和接收制定的详细规则，凡使用 IP 的网络都称为 IP 网络。

IP 不能确保数据可靠地从一台计算机发送到另一台计算机，因为数据经过某一台繁忙的路由器时可能会丢失。确保可靠交付的任务由 TCP 完成。

TCP/IP 体系结构的目的是实现网络与网络的互连。由于 TCP/IP 来自于互联网的研究和应用实践中，现已成为网络互连的工业标准。目前流行的网络操作系统都已包含上述协议，TCP/IP 成了标准配置。

8.2　局域网技术

在计算机网络中，局域网技术发展速度最快，应用最广泛。目前几乎所有的企业、机关、学校等单位都建有自己的局域网。

本节首先介绍一个简单局域网的组建案例，然后再简要地介绍局域网的组成、局域网的技术要素，最后介绍常见的局域网技术。

8.2.1　简单局域网组建案例

例 8.1　将 3 台计算机按对等网模型组成一个简单的星形结构局域网，各台计算机之间可以实现资源共享，打印机可实现网络共享，如图 8.2.1 所示。

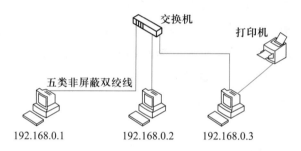

图 8.2.1　由 3 台计算机组成的星形结构局域网

本例中组建的局域网是对等网、星形结构。

（1）在计算机网络中，计算机可以分为两类：服务器和客户机。

① 服务器：为整个网络提供共享资源和服务的计算机。

② 客户机：使用网络上服务器提供的共享资源和服务的计算机。

（2）根据工作模式，网络可分为两类：客户机/服务器结构和对等网。

① 客户机/服务器结构：网络中至少有一台计算机充当服务器，为整个网络提供共享资源和服务；客户机从服务器获得所需要的网络资源和服务。

② 对等网：每一台计算机既是服务器又是客户机的局域网。在对等网中，所有计算机都具有同等地位，没有主次之分，任何一台计算机所拥有的资源都能作为网络资源，可被其他计算机上的网络用户共享。

（3）所谓星形结构是指各台计算机都连接到交换机上。详细内容请见 8.2.3 节。

1. 硬件及其安装

根据要求，本案例所需要的网络硬件有：一台交换机，可以选用常用的 100 Mbps

的 8 个端口交换机；每台计算机配置一块 100 Mbps 网卡和一根有 RJ-45 接头的 5 类非屏蔽双绞线（线缆上有 CAT5 标志）。

这些网络设备的作用如下。

① 网卡

目前，所有的计算机都配有网卡，网卡的驱动程序也已自动安装，不必特别购买和安装驱动程序。需要注意的是，网卡的速率应与所接交换机的速率相匹配。若网卡的速率为 100 Mbps，则交换机的速率也应为 100 Mbps 或自适应网卡。

② 交换机

交换机用于连接多个计算机，实现计算机之间的通信。可以选用常用的 100 Mbps 交换机。

③ 双绞线

双绞线用于连接计算机和交换机。所用的网线一般为 5 类非屏蔽双绞线，即由不同颜色的 4 对线组成，每一对中的两根线绞在一起。网线的两端安装 RJ-45 接头。

说明：连接计算机和交换机的网线与直接连接两台计算机的网线是不同的。连接计算机和交换机的网线的两端都遵循 EIA/TIA 568B 标准，称为正接线；直接连接两台计算机的网线的一端采用 EIA/TIA 568A 标准，另一端采用 EIA/TIA 568B 标准，称为交叉线。

2. 协议的安装与配置

计算机网络中每一台计算机都必须安装协议并进行相应的配置。

（1）安装协议

由于网卡是标配的，计算机会自动安装网卡驱动程序，然后自动安装 TCP/IP 协议，最后自动创建一个网络连接，通过"开始"|"设置"|"网络和 Internet"，在左侧窗体中选择"以太网"可看到如图 8.2.2 所示的连接图标。

本地连接
D-Link_DIR-612
Intel(R) 82579V Gigabit Netwo...

图 8.2.2　已创建的局域网连接

（2）设置 IP 地址

如同每个人都有一个唯一的身份证号码，网络中每一台计算机都有一个 IP 地址。为计算机设置 IP 地址的方法是：打开连接图标的属性窗口，如图 8.2.3（a）所示，在其中选定"Internet 协议版本 4（TCP/IPv4）"项目，单击"属性"按钮，进入如图 8.2.3（b）所示的对话框，在其中输入 IP 地址和子网掩码。

提示：局域网通常采用保留 IP 地址段来指定计算机的 IP 地址，这个保留 IP 地址范围为 192.168.0.0 ~ 192.168.255.255，子网掩码默认为 255.255.255.0。有关 IP 地址的更多知识参见 8.3.1 节。

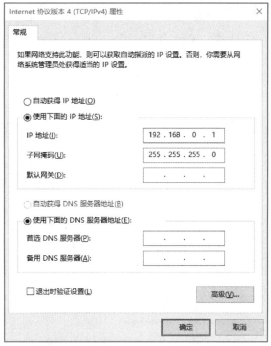

(a) "以太网属性"对话框　　　　(b) "Internet协议版本4（TCP/IPv4）属性"对话框

图 8.2.3　设置 IP 地址和子网掩码

3. 设置对等网模式

Windows 对等网是基于工作组方式的，为了使网络上的计算机能相互访问，必须将这些计算机设置为同一工作组，并使每台计算机都有一个唯一的名称进行标识。

设置计算机名称和工作组的方法是：在"此电脑"属性窗口内选择"高级系统设置"按钮，显示如图 8.2.4（a）所示的对话框，再在"计算机名"选项卡中单击"更改"按钮打开如图 8.2.4（b）所示的对话框，在其中设置计算机名和工作组的名称（默认名为 WORKGROUP）。

提示：工作组和域是局域网的两种管理方式，前者是针对对等网模式的，后者是针对客户机/服务器结构的。工作组可以随便进出，而域则是严格控制的。

4. 测试连通性

网络配置好后，测试它是否通畅是十分必要的。常用的方法有如下两种。

① 选择"控制面板"｜"网络和 Internet"｜"网络和共享中心"，在"网络和共享中心"窗口中选择计算机与 Internet 之间的网络图标，若可以看到局域网中其他计算机，则表示网络是通畅的。

② 使用 ping 命令检查网络是否连通以及测试与目的计算机之间的连接速度。其使用格式如下：

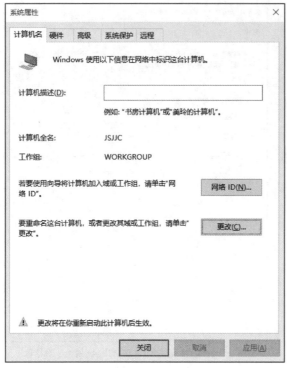

(a)"系统属性"对话框　　　　　　　　(b)"计算机名/域更改"对话框

图 8.2.4　设置计算机名及所属工作组

ping　目标计算机的 IP 地址或计算机名

ping 命令常用的测试方法有以下几种。

① 检查本机的网络设置是否正常,有以下 4 种方法。

　　　　ping　127.0.0.1　　　　说明:127.0.0.1 表示本机

　　　　ping　localhost　　　　说明:localhost 表示本机

　　　　ping　本机的 IP 地址

　　　　ping　本机计算机名

② 检查相邻计算机是否连通,命令格式如下。

　　　　ping　相邻计算机的 IP 地址或计算机名

③ 检查默认网关是否连通,命令格式如下。

　　　　ping　默认网关的 IP 地址

　　提示:默认网关的 IP 地址可以从两个途径获得:一是 ipconfig/all 命令;二是 TCP/IP 属性窗口,如图 8.2.3(b)所示。

④ 检查 Internet 是否连通,命令格式如下

ping Internet 上某台服务器的 IP 地址或域名

例如，计算机 192.168.0.13 要检查与计算机 192.168.0.3 的连接是否正常，可以在计算机 192.168.0.13 中的 DOS 命令提示符后输入命令"ping 192.168.0.3"。如果 TCP/IP 工作正常，则会显示如下的信息。

Ping 192.168.0.3 with 32 bytes of data：

Reply from 192.168.0.3：bytes = 32 time<1ms TTL = 128

Reply from 192.168.0.3：bytes = 32 time<1ms TTL = 128

Reply from 192.168.0.3：bytes = 32 time<1ms TTL = 128

Reply from 192.168.0.3：bytes = 32 time<1ms TTL = 128

Ping statistics for 192.168.0.3：

Packets：Sent = 4, Received = 4, Lost = 0 （0% loss）

Approximate round trip times in milli-seconds：

Minimum = 0ms, Maximum = 1ms, Average = 0ms

ping 命令自动向目的计算机发送一个 32 字节的测试数据包，并计算目的计算机响应的时间。该过程在默认情况下独立进行 4 次，并统计 4 次的发送情况。响应时间低于 400 ms 即为正常，超过 400 ms 则较慢。

如果 ping 返回"Request time out"信息，则意味着目的计算机在 1 s 内没有响应。如果返回 4 个"Request time out"信息，说明该计算机拒绝 ping 请求。在局域网内执行 ping 不成功，则故障可能出现在以下几个方面：网线是否连通、网卡配置是否正确、IP 地址是否可用等。如果执行 ping 成功而网络无法使用，那么问题可能出在网络系统的软件配置方面。

5. 设置网络共享资源

对等网中各计算机间可直接通信，每个用户可以将本计算机上的文档和资源指定为可被网络上其他用户访问的共享资源。

（1）共享文件夹

① 设置本地安全策略。在 Windows 10 中共享文件须设置本地安全策略，否则局域网中的其他用户不能访问本地计算机。选择"控制面板"|"管理工具"|"本地安全策略"，在如图 8.2.5 所示的"本地安全策略"对话框中，在左边的属性列表展开"本地策略"，选择"用户权限分配"选项，并在右边找到"拒绝从网络访问这台计算机"选项，在双击后弹出的对话框中删除列表中的 Guest 用户。

② 开启来宾账户。在"计算机管理"窗口中找到 Guest 用户，如图 8.2.6 所示，双击它打开"Guest 属性"窗口，确保"账户已禁用"选项没有被选中。

③ 共享文件夹。右击需要共享的文件夹，在弹出的快捷菜单中选择"共享"|"特定用户"，在弹出的"文件共享"对话框中下拉选择"Everyone"后单击"添加"按钮，

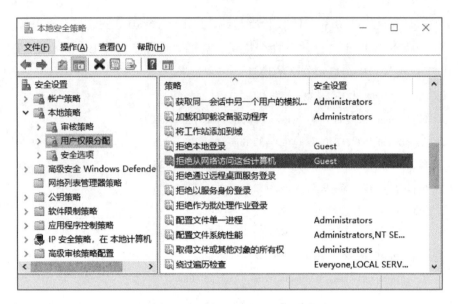

图 8.2.5　"本地安全策略"对话框

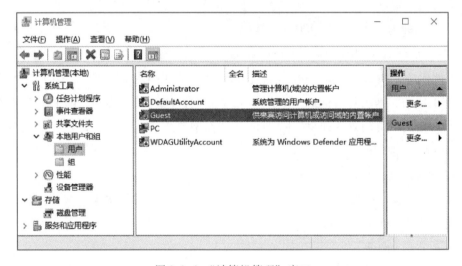

图 8.2.6　"计算机管理"窗口

使其出现在下面的列表框中。接下来在"权限级别"下为其设置权限,如"读/写"或"读取"。

(2)设置共享打印机

在连接打印机的计算机上,通过"设置"打开"打印机和扫描仪"对话框,如图 8.2.7 所示,在显示的打印机及设备中,右击要共享的打印机图标,选择"打印机属性",在弹出的对话框中选择"共享"选项卡,选择"共享这台打印机"选项,并设置共享名称。

图 8.2.7 "打印机和扫描仪"对话框

网络中的其他计算机要使用共享打印机，必须先通过"添加打印机"操作将网络打印机添加到该计算机的打印机列表中，以后就可以直接使用这台打印机进行打印了，就好像这台打印机安装在自己的计算机上一样。

整个组网过程到此就完成了，现在可以通过网上邻居实现文件和磁盘的远程共享。

8.2.2 局域网的组成

局域网由局域网硬件和局域网软件两部分组成。

1. 局域网硬件

局域网中的硬件主要包括计算机设备、网卡、连接设备、网络传输介质等。

（1）计算机设备

局域网中的计算机设备通常有服务器和客户机之分。

① 服务器。服务器是为整个网络提供共享资源和服务的计算机，是整个网络系统的核心。通常，服务器由速度快、容量大的高性能计算机担任（如图 8.2.8 所示），24 小时运行，需要专门的技术人员进行维护和管理，以保证整个网络的正常运行。

② 客户机。客户机是网络中使用共享资源的普通计算机，用户通过客

图 8.2.8 IBM System x3610（794262C）服务器

户端软件可以向服务器请求提供各种服务，例如邮件服务、打印服务等。

这种工作方式也称为客户机/服务器模式，简称 C/S 模式。该模式提高了网络的服务效率，因此在局域网中得到了广泛应用。为了进一步减轻客户机的负担，使之不需安装特制的客户端软件，只需要浏览器软件就可以完成大部分工作任务，人们又开发了基于"瘦客户机"的浏览器/服务器（browser/server）模式，简称 B/S 模式。

（2）网卡

网卡是网络适配器（或称网络接口卡）的简称，是计算机和网络之间的物理接口。计算机通过网卡接入计算机网络。

不同的网络使用不同类型的网卡。目前常用的网卡有以太网卡、无线局域网卡、4G/5G 网卡。表 8.2.1 为 3 种典型网卡的情况。

网 卡 类 型	计算机配置情况	网 络 类 型
以太网卡	台式计算机和笔记本计算机的标准配置	10 Mbps、100 Mbps、1 000Mbps、10 Gbps 等以及适应不同速率的自适应网卡
无线局域网卡	笔记本计算机的标准配置	
4G/5G 网卡	不是标准配置，需要购买	国内三大运营商（中国电信、中国移动和中国联通）的网卡各不相同

网卡通常做成插件的形式插入计算机的扩展槽中，而无线网卡不通过有线连接，采用无线信号进行连接。根据通信线路的不同，网卡需要采用不同类型的接口，常见的接口有：RJ-45 接口用于连接双绞线，光纤接口用于连接光纤，无线网卡用于无线网络，如图 8.2.9 所示。

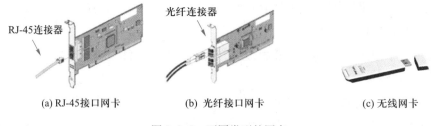

(a) RJ-45接口网卡　　　　(b) 光纤接口网卡　　　　(c) 无线网卡

图 8.2.9　不同类型的网卡

（3）连接设备

要将多台计算机连接成局域网，除了需要网卡、传输介质外，还需要交换机、路由器等连接设备。

① 交换机

交换机（switch）是一个将多台计算机连接起来组成局域网的设备。交换机的特点是各端口独享带宽。例如，若一台交换机的带宽为 100 Mbps，则连接的每一台计算机都享有 100 Mbps 的带宽，无须同其他计算机竞争使用。目前，局域网中主要采用交换机连接计算机。

交换机的带宽有 100 Mbps、1000 Mbps 和 10 Gbps 以及自适应带宽。

② 路由器

交换机是局域网内部的连接设备，其作用是将多台计算机连接起来组成一个局域网。如果需要将局域网与其他网络（例如局域网、Internet）相连，此时需要路由器（router）。相对于交换机来说，路由器是连接不同网络的设备，属网际互连设备。

路由器犹如网络间的纽带，可以把多个不同类型、不同规模的网络彼此连接起来组成一个更大范围的网络，使不同网络之间计算机的通信变得快捷、高效，让网络系统发挥更大的效益。例如，可以将学校机房内的局域网与路由器相连，再将路由器与互联网相连，最终机房中的计算机就可以接入互联网了，如图 8.2.10 所示。

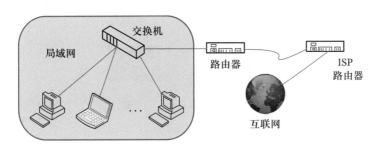

图 8.2.10　局域网通过路由器接入互联网

③ 无线 AP

无线 AP（access point）也叫无线接入点，用于无线网络的无线交换机，是无线网络的核心。无线 AP 是移动计算机进入有线网络的接入点，主要用于宽带家庭、大楼内部以及园区内部，典型覆盖距离为几十米至上百米，目前主要技术为 IEEE 802.11 系列。

大多数无线 AP 还带有接入点客户端模式（AP client），可以和其他 AP 进行无线连接，延展网络的覆盖范围。

④ 无线路由器

无线路由器（wireless router）是 AP 与宽带路由器的一种结合体。它借助于路由器功能，可实现家庭无线网络中的 Internet 连接共享，实现 ADSL 和小区宽带的无线共享接入。

（4）网络传输介质

传输介质是通信网络中发送方和接收方之间的物理通路，分为有线介质和无线介质。目前常用的介质有以下几种。

① 双绞线

双绞线（twisted pair）由两条相互绝缘的导线扭绞而成，如图8.2.11所示。双绞线价格比较便宜，也易于安装和使用，目前广泛应用在局域网中。

铜线   绝缘层

图 8.2.11   双绞线

② 光纤

光纤（optical fiber）是光导纤维的简称，是一种利用光在玻璃或塑料制成的纤维中的全反射原理而达成传输目的的光传导工具，其结构如图8.2.12所示。香港中文大学前校长高锟和 George A. Hockham 首先提出光纤可以用于通信传输的设想，高锟因此获得2009年诺贝尔物理学奖。

光纤具有传输速率高、可靠性高和损耗少等优点，其缺点是单向传输、成本高、连接技术比较复杂。光纤是目前和将来最具竞争力的传输介质。目前光纤主要用于长距离的数据传输和网络的主干线，在高速局域网中也有应用。

纤芯   涂层   外套

图 8.2.12   光纤结构

③ 无线传输介质

随着无线传输技术的日益发展，其应用越来越被各行各业接受。有人认为，将来只有两种通信：光纤通信和无线通信。所有固定设备（如台式计算机）将使用光纤通信，所有移动设备将使用无线通信。

目前，可用于通信的有无线电波、微波、红外线、可见光。无线局域网通常采用无线电波和红外线作为传输介质。采用无线电波的通信速率可达54 Mbps，传输范围可达数十千米。红外线主要用于室内短距离的通信，例如两台笔记本计算机之间的数据交换。

利用无线传输介质可以组成无线局域网（wireless WAN，WLAN）、无线城域网（wireless MAN，WMAN）和无线广域网（wireless wide area network，WWAN）。

2. 局域网软件

局域网中所用到的网络软件主要有以下几类。

（1）网络操作系统

网络操作系统是具有网络功能的操作系统，主要用于管理网络中的所有资源，并为用户提供各种网络服务。网络操作系统一般都内置了多种网络协议软件。目前常用的网络操作系统有 3 种：Windows Server、UNIX 和 Linux。

（2）网络协议软件

网络协议负责保证网络中的通信能够正常进行。目前在局域网上常用的网络协议是 TCP/IP。

（3）网络应用软件

网络应用软件非常丰富，目的是为网络用户提供各种服务。例如，浏览网页的工具 Internet Explorer，下载文件的工具迅雷、百度网盘等。

8.2.3 局域网的技术要素

决定局域网的主要技术要素为网络拓扑结构、传输介质与媒体访问控制方法。不同技术要素的类别可决定局域网的特点与类型。

1. 网络拓扑结构

网络中的计算机等设备要实现互连，就需要以一定的结构方式进行连接，这种连接方式即为"拓扑结构"。不像广域网，局域网的拓扑结构一般比较规则，通常有星形结构、总线型结构、环形结构、树形结构等。

（1）星形结构

简单地说，在星形结构中，每一台计算机（或设备）通过一根通信线路连接到一个中心设备（通常是交换机），如图 8.2.13 所示。计算机之间不能直接进行通信，必须由中心设备进行转发，因此，中心设备必须有较强的功能和较高的可靠性。

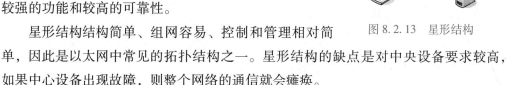

图 8.2.13　星形结构

星形结构结构简单、组网容易、控制和管理相对简单，因此是以太网中常见的拓扑结构之一。星形结构的缺点是对中央设备要求较高，如果中心设备出现故障，则整个网络的通信就会瘫痪。

（2）总线型结构

总线型结构就是将所有计算机都接入同一条通信线路（即传输总线）上，如图 8.2.14（a）所示。在计算机之间按广播方式进行通信，每个计算机都能收到在总线上传播的信息，但每次只允许一个计算机发送信息。

总线型结构的主要优点是成本较低、布线简单、计算机增删容易，因此在早期的以太网中得到了广泛的使用。其主要缺点是计算机发送信息时要竞用总线，容易引起冲突，造成传输失败，如图 8.2.14（b）所示。

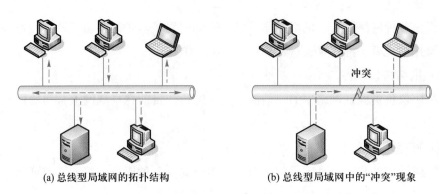

(a) 总线型局域网的拓扑结构　　　　　　(b) 总线型局域网中的"冲突"现象

图 8.2.14　总线型局域网

（3）环形结构

在环形结构中，每个计算机都与两台相邻计算机相连，计算机之间采用通信线路直接相连，网络中所有计算机构成一个闭合的环，环中数据沿着一个方向绕环逐站传输，如图 8.2.15 所示。

环形结构的主要优点是结构简单、实时性强，主要缺点是可靠性较差，环上任何一个计算机发生故障都会影响到整个网络，而且难以进行故障诊断。目前环形拓扑结构由于其独特的优势主要运用于光纤网中。

（4）树形结构

树形结构是星形结构的一种变形，它是一种分级结构，计算机按层次进行连接，如图 8.2.16 所示。树枝节点通常采用集线器或交换机，叶子节点就是计算机。叶子节点之间的通信需要通过不同层的树枝节点进行。

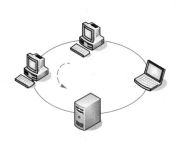　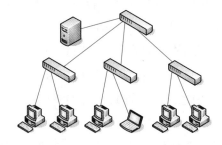

图 8.2.15　环形局域网的拓扑结构　　　图 8.2.16　树形局域网的拓扑结构

树形结构除具有星形结构的优缺点外，最大的优点就是可扩展性好，当计算机数量较多或者分布较分散时，比较适合采用树形结构。目前树形结构在以太网中应用较多。

2. 媒体访问控制方法

局域网大多是共享的，有的共享传输介质，有的共享交换机，它们都存在着使用冲突问题，可通过媒体访问控制方法得到解决。局域网的媒体访问控制方法有很多，最常用的是带冲突检测的载波监听多路访问（carrier sense multiple access with collision detection，CSMA/CD）控制方法。

CSMA/CD 的思想很简单，可以概括为先听后发、边听边发、冲突停止、延迟重发。该思想来源于人们的生活经验，例如，一个有多人参加的讨论会议，人们在发言前都会先听听有无其他人在发言，如没有则可以发言，否则必须等待其他人发言结束。这就是 CSMA 技术的思想。因为存在着"会有人不约而同地发言"的可能，一个人在开始发言时必须注意是否有其他人也在发言，如有则停止，等待一段时间再进行。这就是 CD 技术的思想。

8.2.4 常用局域网技术简介

20 世纪 80 年代以来，随着个人计算机的普及应用，局域网技术得到迅速发展和普及。为了统一局域网的标准，美国电气电子工程师学会（Institute of Electrical and Electronics Engineers，IEEE）于 1980 年 2 月成立了局域网标准委员会（简称 IEEE 802 委员会），专门从事局域网标准化工作。IEEE 制定的局域网标准统称为 IEEE 802 标准，目前最常用的局域网标准有 IEEE 802.3（以太网）和 IEEE 802.11（无线局域网）。

为实现局域网内任意两台计算机之间的通信，要求网中每台计算机有唯一的地址。IEEE 802 标准为局域网中每台设备规定了一个 48 位的全局地址，称为介质访问控制地址，简称 MAC 地址或物理地址，它固化在网卡的 ROM 中，通常用十六进制数来表示，如 00-19-21-2E-DA-EC。

当局域网中某计算机需要发送数据时，数据中必须包含自己的物理地址和接收计算机的物理地址。在传输过程中，其他计算机的网卡都要检测数据中的目的物理地址，以决定是否应该接收该数据。可以使用 Windows 中的 ipconfig/all 命令来检查网卡的物理地址。

ipconfig 命令可用来查看 IP 协议的具体配置信息，其使用格式为：ipconfig/all。

例如，某台计算机使用 ipconfig/all 命令后显示的主要信息如下。

```
Windows IP Configuration                        （IP 协议的配置信息）
    Host Name............:jsjjc1                 （计算机名）
    Node Type............:Unknown                （节点类型）
Ethernet adapter 本地连接                         （以太网卡的配置信息）
    Physical Address........:00-1A-92-78-44-52   （网卡的物理地址）
    IPv4 Address............:192.168.7.28        （IP 地址）
```

Subnet Mask..........:255. 255. 255. 0　　　　　　　　　　（子网掩码）

Default Gateway.........:192. 168. 7. 254　　　　　　　　（默认网关）

1. 以太网

在古希腊，以太指的是青天或上层大气。在宇宙学中，曾经有人用"以太"来命名他们假想的充满宇宙的那种像空气一样的介质，而正是由于这种介质，电磁波才得以传播。在现代的计算机网络中，人们用以太网命名当前广泛使用的采用共享总线型传输介质方式的局域网。

以太网是采用 IEEE 802.3 标准组建的局域网。以太网是有线局域网，在局域网中历史最为悠久、技术最为成熟、应用最为广泛，目前组建的局域网大部分都采用以太网技术。

以太网最初由美国 Xerox 公司研制成功，到目前为止已发展出四代产品。

① 标准以太网。1975 年推出，网络速率为 10 Mbps。

② 快速以太网（fast Ethernet, FE）。1995 年推出，网络速率为 100 Mbps。

③ 千兆以太网（gigabit Ethernet, GE）。1998 年推出，网络速率为 1 000 Mbps/1 Gbps。

④ 万兆以太网（10gigabit Ethernet, 10GE）。2002 年推出，网络速率为 10 000 Mbps/10 Gbps。

经过 40 多年的飞速发展，以太网的连网方式从最初使用同轴电缆连接成总线型结构，发展到现在使用双绞线、光纤和集线器、交换机连接成星形、树形和网状结构，连接和管理也越来越方便。

2. 无线局域网

采用 IEEE 802.11 标准组建的局域网就是无线局域网（wireless LAN, WLAN）。无线局域网是 20 世纪 90 年代局域网与无线通信技术相结合的产物，它采用红外线或者无线电波进行数据通信，能提供有线局域网的所有功能，同时还能按照用户的需要方便地移动或改变网络。目前无线局域网还不能完全脱离有线网络，它只是有线网络的扩展和补充。

架设无线局域网需要的网络设备主要有如下几种。

（1）无线网卡

无线网卡是计算机的无线网络接入设备，相当于以太网中的有线网卡。

（2）无线接入点

在无线 AP 覆盖范围内的计算机可以通过它相互通信。各计算机通过无线网卡连接到无线 AP，如图 8.2.17 所示。笔记本计算机的无线网卡是标配的，台式计算机需要另外配置无线网卡。

（3）无线路由器

无线路由器不仅具有无线 AP 的功能，还具有路由器的功能，能够接入 Internet。笔记本计算机通过无线网卡，台式计算机通过以太网卡和网线连接到无线路由器，无线路由器再连接到 Internet，实现所有计算机的上网，如图 8.2.18 所示。这是目前很多家庭都使用的模式。

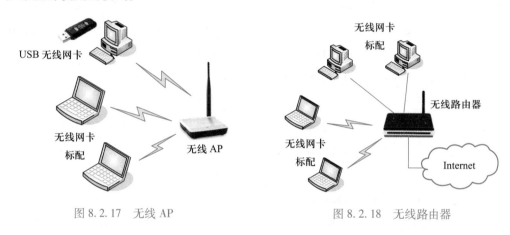

图 8.2.17　无线 AP　　　　　　图 8.2.18　无线路由器

8.3　Internet

Internet 是人类文明史上的一个重要里程碑。由于 Internet 的成功和发展，人类社会的生活理念正在发生变化，全世界已经连接成为一个地球村，成为一个智慧的地球。

8.3.1　Internet 基础与应用

1. IP 地址和域名

（1）IP 地址

在社会中，每一个人都有一个身份证号码。在 Internet 上，每一台计算机也有一个"身份证号码"，即 IP 地址。

Internet 采用 IPv4，其 IP 地址占用 4 个字节 32 位。由于几乎无法记住二进制形式的 IP 地址，所以 IP 地址通常以点分十进制形式表示；而点分十进制形式也难以让人记住，所以 Internet 上的服务器采用域名表示。用户上网时输入域名，由域名服务器将域名转换成为 IP 地址，如图 8.3.1 所示。例如，同济大学计算机基础教学网站服务器的 IP 地址和域名如下。

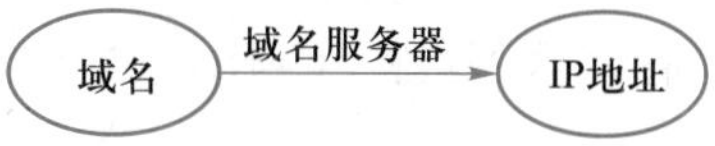

域名　—域名服务器→　IP地址

图 8.3.1　域名服务器

二进制形式 IP 地址：11001010 01111000 10111101 10010010

点分十进制形式：202. 120. 189. 146

域名：jsjjc. tongji. edu. cn

Internet2 采用 IPv6（IP 的 v6 版本），其 IP 地址占用 16 个字节 128 位。因此，粗略地估算，IPv6 中 IP 地址数量是 IPv4 的 2^{96} 倍，可以满足未来对 IP 地址的需要。有人曾形象地比喻说，若 IPv4 的地址数量相当于一把黄沙的话，则 IPv6 的地址数量就相当于一片沙漠。在 IPv6 中，IP 地址采用冒分十六进制表示法，格式如下。

XXXX:XXXX:XXXX:XXXX:XXXX:XXXX:XXXX:XXXX

说明：

① 16 个字节分成 8 段，即每段 2 个字节，用 16 进制数表示，中间加 "："。例如，
2001:0000:9d38:0b87:14ea:007d:4b65:b04a

② 每一段中的前导 0 可以省略。例如，上面的 IP 地址可以写成：
2001:0:9d38:b87:14ea:7d:4b65:b04a

③ 若连续的一段或几段全是 0，可以压缩为 "：："。为保证地址解析的唯一性，地址中 "：：" 只能出现一次，例如：
FF03:0:0:0:0:0:0:1001 → FF03::1001

0:0:0:0:0:0:0:1 → ::1

0:0:0:0:0:0:0:0 → ::

目前，在 Windows 7/8/10 中，IPv4 和 IPv6 协议都是自动安装的，无须另外安装。一般来说，若需要手动设置 IP 地址，通常是在 IPv4 上完成的，因此在以后的章节中，除非特别说明，IP 地址都是指 IPv4 地址。

（2）域名

由于数字形式的 IP 地址难以记忆和理解，为此，使用域名标识 Internet 上的服务器。

① 域名结构

域名采用层次结构，整个域名空间好似倒置的树，树上每个节点上都有一个名字。一台主机的域名就是从树叶到树根路径上各个节点名字的序列，中间用 "."分隔，如图 8.3.2 所示。

域名也用点号将各级子域名分隔开来，例如 jsjjc. tongji. edu. cn。域名从右到左（即由高到低或由大到小）分别称为顶级域名、二级域名、三级域名等。典型的域名结构如下。

主机名 . 单位名 . 机构名 . 国家名

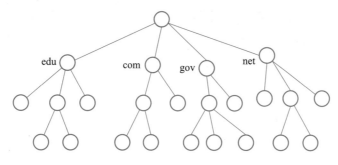

图 8.3.2 域名空间结构

例如，jsjjc. tongji. edu. cn 域名表示中国（cn），教育机构（edu），同济大学（tongji），校园网上的一台主机（jsjjc）。

② 顶级域名

顶级域名分为两类：一是国际顶级域名，共有 14 个，如表 8.3.1 所示；二是国家顶级域名，用两个字母表示世界各个国家和地区，例如，cn 表示中国，jp 表示日本，us 表示美国，de 表示德国，gb 表示英国。

◀表 8.3.1 国际顶级域名示例

域名	意　义	域名	意　义	域名	意　义
com	商业类	edu	教育类	gov	政府部门
int	国际机构	mil	军事类	net	网络机构
org	非营利组织	arts	文化娱乐	arc	康乐活动
firm	公司企业	info	信息服务	nom	个人
stor	销售单位	web	与 WWW 有关的单位		

③ 中国国家顶级域名

中国国家顶级域名是 cn，由中华人民共和国工业和信息化部管理，注册的管理机构为中国互联网络信息中心（CNNIC）。与 cn 对应的中文顶级域名"中国"于 2009 年生效，并自动把 cn 的域名免费升级为"中国"，同时支持简体和繁体。

二级域名分为类别域名和行政区域名两类。其中，行政区域名对应我国的各省、自治区和直辖市，采用两个字符的汉语拼音表示。例如，bj 代表北京市，sh 代表上海市等。

（3）IP 地址的获取

一台计算机获得了 IP 地址后才能上网。获取 IP 地址的方法有 3 种：PPPoE 拨号上网获得、自动获取、手动设置。手动设置时，除了需要设置本机的 IP 地址，还需要设置子网掩网、网关和 DNS 服务器，如图 8.3.3 所示，这些 IP 地址都是申请时从 ISP（the Internet service provider，因特网服务提供方）处获得。

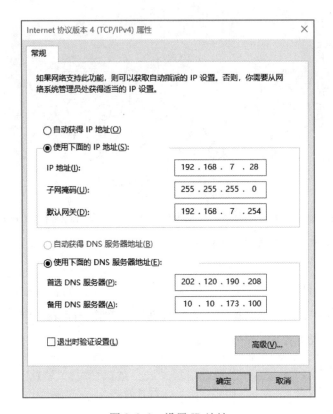

图 8.3.3　设置 IP 地址

2. Internet 接入

ISP 是接入 Internet 的桥梁。无论是个人还是单位的计算机都不是直接连到 Internet 上的，而是采用某种方式连接到 ISP 提供的某一台服务器上，通过它再连到 Internet 中。

接入网（access network，AN）为用户提供接入服务，它是骨干网络到用户终端之间的所有设备。其长度一般为几百米到几千米，因而被形象地称为"最后一千米"。接入技术就是接入网所采用的传输技术。

Internet 接入技术主要有 ADSL（asymmetrical digital subscriber line，非对称数字用户线）接入、有线电视接入、光纤接入和无线接入。

这些接入技术都可以使一台计算机接入 Internet 中。如果要使用同一个账号使一批计算机接入 Internet，那就需要采用共享方法。

（1）ADSL 接入

ADSL 接入是一种利用电话线和公用电话网接入 Internet 的技术。它通过专用的 ADSL Modem 连接到 Internet，其接入连接如图 8.3.4 所示。

ADSL 接入是一种宽带的接入方式，具有下载速率高、上网和打电话兼顾、安装

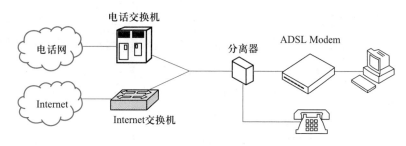

图 8.3.4 ADSL 接入

方便等优点，因而成为家庭上网的主要接入方式。

（2）有线电视接入

有线电视接入是一种利用有线电视网接入 Internet 的技术。它通过线缆调制解调器（cable modem）连接有线电视网，进而连接到 Internet 中，也是一种宽带的 Internet 接入方式。接入示意如图 8.3.5 所示。

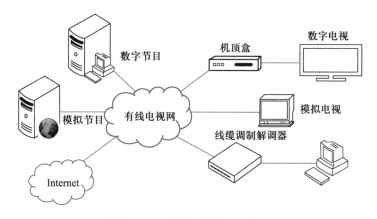

图 8.3.5 有线电视接入示意图

有线电视接入能够兼顾上网、模拟节目和数字点播，但是带宽是整个社区用户共享的，一旦用户数增多，每个用户所分配的平均带宽就会迅速下降，所以不是家庭上网的主要接入方式。

（3）光纤接入

光纤接入是一种以光纤为主要传输媒介的接入技术。用户通过光纤 Modem 连接到光网络，再通过 ISP 的骨干网出口连接到 Internet，是一种宽带的 Internet 接入方式。

光纤接入的主要特点是带宽高、端口带宽独享、抗干扰性能好、安装方便。由于光纤本身高带宽的特点，光纤接入的带宽很容易就达到 20 Mbps、100 Mbps，升级很方便而且还不需要更换任何设备。光纤信号不受强电、电磁和雷电的干扰。光纤体积小、质量轻、容易施工。

（4）无线接入方式

个人计算机或者移动设备可以通过无线局域网连接到 Internet。在一些校园、机场、饭店、展会、休闲场所等公共场所内，由电信公司或单位统一部署了无线接入点，建立起无线局域网 WLAN 并接入 Internet，如图 8.3.6 所示。如果用户的笔记本计算机配备了无线网卡，就可以在 WLAN 覆盖范围之内加入 WLAN，通过无线方式接入 Internet。具有 WiFi 功能的移动设备（如智能手机、iPad 等），也能利用 WLAN 接入 Internet。

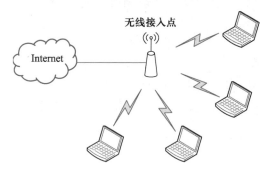

图 8.3.6   无线局域网接入

例如，有的学校在校园里部署了无线接入点（access point，AP），在无线接入点覆盖范围之内的笔记本计算机就能上网了。无线接入点同时能接入的计算机数量有限，一般为 30~100 台计算机。

（5）共享接入

前面的接入方式都可以使一台计算机使用一个账号接入 Internet。如果要使一批计算机接入 Internet，而只使用一个账号，这种方式称为共享接入。共享接入通过构建局域网，将能接入 Internet 的计算机与其他计算机连接起来，其他计算机通过共享方式接入 Internet。

常见的共享方式是利用路由器接入 Internet，而其他的计算机或设备只要连接到路由器就能上网了。

通过路由器使一批计算机接入 Internet，连接示意如图 8.3.7 所示。路由器上一般有两种连接口：WAN 端口和 LAN 端口。WAN 端口连接 Internet，而 LAN 端口连接内部局域网。WAN 端口的 IP 地址一般是 Internet 上的公有 IP 地址，而 LAN 端口的 IP 地址一般是局域网保留的 IP 地址。

随着技术发展，家庭无线路由器开始普及，这些路由器除了具备路由的基本功能外还具有无线 AP 的功能。这些路由器最主要的功能就是共享接入，既可以通过双绞线连接，也可以通过无线连接，非常方便。例如，通过无线路由器，家里的计算机和无线设备都能接入 Internet。

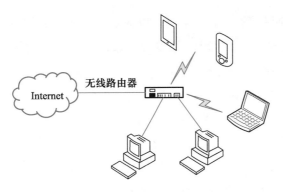

图 8.3.7 无线路由器接入 Internet

3. Internet 应用

（1）WWW 服务

WWW（world wide web，万维网）是 Internet 上应用最广泛的一种服务。通过万维网，任何一个人都可以在世界上某一个地方检索、浏览或发布信息。

① 网页和 Web 站点

浏览器访问服务器时所看到的画面称为网页（又称 Web 页）。多个相关的网页合在一起便组成一个 Web 站点，如图 8.3.8 所示。从硬件的角度上看，放置 Web 站点的计算机称为 Web 服务器；从软件的角度上看，它指提供 WWW 服务的服务程序。

图 8.3.8 WWW 服务

用户输入域名访问 Web 站点时看到的第一个网页称为主页（home page），主页文件名一般为 index. html 或者 default. html。

② URL

为了使客户程序能找到位于整个 Internet 中的某个信息资源，WWW 系统使用统一资源定位符（uniform resource locator，URL）。URL 由资源类型、存放资源的主机名、端口号、资源的文件路径或文件名 4 部分组成，如图 8.3.9 所示。

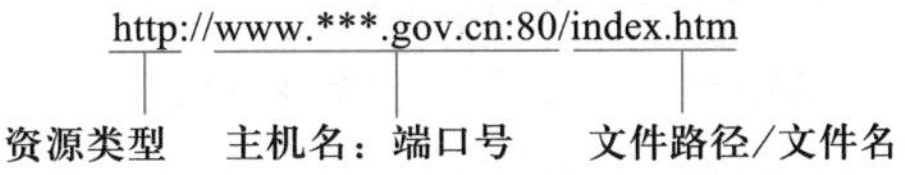

● http：表示客户端和服务器使用 HTTP，将远程 Web 服务器上的网页传输给用户的浏览器。

● 主机名：提供此服务的计算机名。

● 端口号：一种特定服务的软件标识，

http://www.***.gov.cn:80/index.htm

资源类型　　　主机名：端口号　　　文件路径/文件名

图 8.3.9 URL 组成

用数字表示。一台拥有 IP 地址的主机可以提供许多服务，如 Web 服务、FTP 服务、SMTP 服务等，主机通过"IP 地址+端口号"来区分不同的服务。端口号通常是默认的，如 WWW 服务器使用的是 80 端口，一般不需要给出。

● 文件路径/文件名：网页在 Web 服务器中的位置和文件名。URL 中如果没有给出文件名，则表示访问 Web 站点的主页。

③ 浏览器和服务器

WWW 采用客户机/服务器工作模式。用户在客户机上使用浏览器发出访问请求，服务器根据请求向浏览器返回信息，如图 8.3.8 所示。

浏览器和服务器之间交换数据使用超文本传送协议（hypertext transfer protocol，HTTP）。为了安全，可以使用 HTTPS。

常用的浏览器有 Microsoft Internet Explorer、360 安全浏览器、火狐浏览器等。

（2）文件传送服务

FTP 服务是一种在两台计算机之间传送文件的服务，因使用文件传送协议（file transfer protocol，FTP）而得名。

FTP 采用客户机/服务器工作方式，如图 8.3.10 所示。用户的本地计算机称为客户机，远程提供 FTP 服务的计算机称为 FTP 服务器。从 FTP 服务器上将文件复制到本地计算机称为下载（download），将本地计算机上的文件复制到 FTP 服务器上称为上传（upload）。

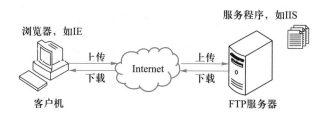

图 8.3.10 FTP 服务

构建服务器的常用软件是 IIS（包含 FTP 组件）和 Serv-U FTP Server。客户机上使用 FTP 服务的常用软件有 Internet Explorer 以及专用软件 CuteFTP。

（3）电子邮件

电子邮件（E-mail）是 Internet 上的一种现代化通信手段。在电子邮件系统中，负责电子邮件收发管理的计算机称为邮件服务器，分为发送邮件服务器和接收邮件服务器。电子邮箱地址形式为：

邮箱名@邮箱所在的主机域名

例如，yzq98k@163.com 是一个邮件地址，它表示邮箱名是 yzq98k，邮箱所在的主机是 163. com。

使用电子邮件的专用软件是 Outlook Express、Foxmail 等。发送邮件时使用 SMTP（simple mail transfer protocol，简单邮件传送协议）传输邮件，接收邮件时使用的协议是 POPv3（post office protocol version 3，邮局协议第 3 版）。

（4）其他应用

① 即时通信

即时通信（instant messaging，IM）是 Internet 提供的一种能够即时发送和接收信息的服务。现在即时通信不再是一个单纯的聊天工具，它已经发展成集交流、资讯、娱乐、搜索、电子商务、办公协作和企业客户服务等为一体的综合化信息平台。随着移动互联网的发展，即时通信也在向移动化发展，用户可以通过手机收发消息。

常用的即时通信服务有腾讯的 QQ 和微信。

② 博客和微博

博客（blog），又称为网络日志，是一种通常由个人管理、不定期发布新的文章的网站，是社会媒体网络的一部分。

微博（microblog）是一个基于用户关系的信息分享、传播及获取平台。用户可以通过微博组建个人社区，可以更新文字信息，并实现即时分享。最早也是最著名的微博是美国 Twitter，我国使用最广泛的是新浪微博。

③ VPN

VPN（virtual private network，虚拟专用网络）是一种远程访问技术。什么是远程访问？出差在外地的员工访问单位内网的服务器资源就是远程访问。实现远程访问的一种常用技术就是 VPN，即在 Internet 上专门架设了一个专用网络。

VPN 的实现方案是在单位内网中架设一台 VPN 服务器，它既连接内网，又连接公网。不在单位的员工通过 Internet 找到 VPN 服务器，然后通过它进入单位内网。从用户的角度来说，使用 VPN 后，外网用户的计算机如同单位内网上的计算机一样，这就是 VPN 应用广泛的原因。

为了保证数据安全，VPN 服务器和客户机之间的通信数据都进行了加密处理。

④ 远程桌面

远程桌面（remote desktop，RDP）是让用户在本地计算机上控制远程计算机的一种技术。有了远程桌面功能后，用户可以操作远程的计算机，如安装软件、运行程序等，所有的操作都好像是在本地计算机上进行一样。

使用远程桌面不需要安装专用的软件，只需进行简单的设置。

• 在远程计算机上的"系统属性"窗口中选择"远程"选项卡，选定"允许远程协助连接这台计算机"选项，如图 8.3.11 所示。

图 8.3.11　远程计算机开启远程桌面功能

● 在本地计算机上，运行"附件"|"远程桌面连接"程序，输入远程计算机的域名或 IP 地址，再输入远程计算机的密码，如图 8.3.12 所示。

图 8.3.12　本地计算机连接远程计算机

8.3.2　信息浏览和检索

在 WWW 上，浏览信息是 Internet 最基本的功能，而信息大都使用超文本标记语言（hypertext markup language，HTML）组织成网页形式。

超文本标记语言是用于描述网页文档的标记语言，由万维网协会（W3C）于 20 世纪 80 年代制定，最新版本是 HTML 5。

例8.2　用 HTML 编写一个简单网页，浏览效果如图 8.3.13 所示。

```
<Html>
    <Head>
        <Title>我的网站</Title>
    </Head>
    <Body>
        <h2 align = " center" ><font face = " 方正舒体">欢迎访问我的主页
</font></h2>
        <p align = " center" >
        <font color = " #FF0000"  size = " 5" >welcome to my homepage</font>
    </Body>
</Html>
```

图 8.3.13　网页设计工具

说明：HTML 文档由头部（head）和主体（body）两大部分组成。头部描述浏览器所需的信息，主体包含所要说明的具体内容。这种结构的基本格式如下。

```
<Html>
    <Head>
        <Title> 网页标题</Title>
        …
```

```
            </Head>
            <Body>
                ……
            </Body>
        </Html>
```

　　HTML 可以说是迄今为止最为成功的标记语言，由于其简单易学，因而在网页设计领域被广泛应用。但 HTML 也存在缺陷，主要包括太简单、太庞大、数据与表现混杂，难以满足日益复杂的网络应用需求。所以在 HTML 的基础上发展起来了 XHTML。

　　XHTML（extensible hypertext markup language，可扩展超文本标记语言）是一个基于可扩展标记语言（extensible markup language，XML）的标记语言，它结合了 XML 的强大功能及 HTML 的简单特性，因而可以看成是一种增强了的 HTML，它的可扩展性和灵活性将更好地适应未来网络应用的需求。

　　信息浏览可以分为 3 个层次：基本使用、搜索引擎、文献检索。

1. 基本使用

　　使用浏览器浏览信息时，只要在浏览器的地址栏中输入相应的 URL 或 IP 地址即可。例如，浏览教育部主页，只需在浏览器的地址栏中输入其 URL：http://www.moe.gov.cn，如图 8.3.14 所示，然后通过单击主页上的超链接，就可以浏览其他相关的内容了。

图 8.3.14　Internet Explorer 的窗口

浏览网页时，可以用不同方式保存整个网页，或保存其中的文本、图片等。保存当前网页时要指定保存类型。常用的保存类型有如下几种。

① 全部网页（＊.htm；＊.html）。保存整个网页，网页中的图片被保存在一个与网页同名的文件夹内。

② Web 档案，单一文件（＊.mht）。把整个网页的文字和图片一起保存在一个 mht 文件中。

2. 搜索引擎

搜索引擎是用来搜索网上资源的工具。自 1994 年，斯坦福大学的 David Filo 和美籍华人杨致远（Gerry Yang）共同创办了超级目录索引 Yahoo 以后，搜索引擎的概念便深入人心，并从此进入了高速发展时期。目前，Internet 上的搜索引擎已达数百家。国内常用搜索引擎见表 8.3.2。

搜索引擎名称	说　明
百度	全球最大的中文搜索引擎
谷歌	全球最大的搜索引擎
搜搜	腾讯公司的搜索引擎
搜狗	搜狐公司的搜索引擎
必应	微软公司的搜索引擎

◀表 8.3.2
常用搜索引擎

搜索引擎并不真正搜索 Internet，它搜索的是预先整理好的网页索引数据库。当用户以某个关键词查找时，所有在页面内容中包含了该关键词的网页都将作为搜索结果被展示出来。在经过复杂的算法进行排序后，这些结果将按照与搜索关键词的相关度高低依次排列，呈现给用户的是到达这些网页的链接。搜索结果中的网页快照是保存在数据库中的网页，访问速度快，但网页可能会凌乱。

除了搜索网页以外，各搜索引擎都提供了许多重要的分类搜索。如百度提供的重要分类搜索有如下两种。

● 百度百科：内容开放、自由的网络百科全书。

● 百度地图：网络地图搜索服务。

3. 文献检索

文献检索是指将文献按一定的方式组织和存储起来，并根据用户的需要找出有关文献的过程。在 Internet 上进行文献检索具有速度快、耗时少、查阅范围广等显著优点，已成为科研人员的一项必备技能。

（1）文献数据库

为方便利用计算机进行文献检索，在 Internet 上建立了许多文献数据库，存放了数字化的文献信息和动态性信息。用户可以从这些数据库中以文献的关键词、作者、发表年份等查找相关文献，相关文献最后以 PDF 或 CAJ 格式呈现给用户。目前各高校的图书馆都陆续引进了一些大型文献数据库，如中国知网 CNKI、万方数据、维普网、IEEE/IEE（IEL）等，这些电子资源以镜像站点的形式链接在校园网上供校内师生使用，各学校的网络管理部门通常采用 IP 地址控制访问权限，在校园网内进入时无须账号和密码。

文献数据库常用的网络资源有学术期刊、博士学位论文、优秀硕士论文、重要会议论文等。

为了满足高等院校广大师生文献检索的需要，我国还建立了中国高等教育文献保障系统（China Academic Library & Information System，CALIS），把国家的投资、现代图书馆理念、先进的技术手段、高校丰富的文献资源和人力资源结合起来，实现信息资源共建、共知、共享，以发挥最大的社会效益和经济效益。

（2）文献检索方法

文献数据库众多，检索方法不尽相同。一般来说，使用文献数据库检索文献，首先要选择合适的数据库，然后在该数据库的检索页面中指定关键词等信息。例如，图 8.3.15 是在维普网中文科技期刊数据库中检索关键词为"信息安全"的文献。

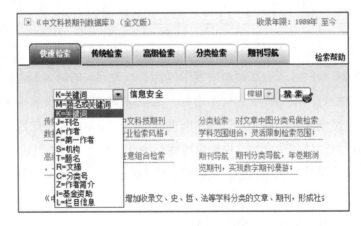

图 8.3.15　中文科技期刊数据库的检索页面

另外，各大搜索引擎也提供了文献搜索，如百度学术搜索、谷歌学术搜索。

在 Internet 上检索到的文献，很多是需要付费下载的，所以可将以上两种手段结合起来使用，首先通过百度或谷歌的学术搜索查找到文献的出处，然后再到学校图书馆的相应数据库中检索并下载文献的全文。

8.4 网络安全基础

网络的安全威胁主要来自于自然灾害、系统故障、操作失误和人为的蓄意破坏，对前3种威胁的防范可以通过加强管理和采取各种技术手段来解决，而对于病毒的破坏和黑客的攻击等人为的蓄意破坏则需要进行综合防范。

随着网络技术的发展，网络通信及其应用日益普及，网络安全问题则越来越严重，用户必须了解常见的网络安全威胁，掌握必要的防范措施，以防止泄露自己的重要信息。

8.4.1 网络病毒及其防范

1. 网络病毒概述

1988年11月，美国康奈尔大学（Cornell University）的研究生罗伯特·莫里斯利用UNIX操作系统的一个漏洞制造出一种蠕虫病毒，造成连接美国国防部、美军军事基地、美国宇航局和研究机构的6 000多台计算机瘫痪数日，这就是第一个在网络上传染的计算机病毒。

计算机病毒是指在计算机程序中编制或者插入的破坏计算机功能或者数据，影响计算机使用并且能够自我复制的一组计算机指令或者程序代码。传统单机病毒主要以破坏计算机的软硬件资源为目的，具有破坏性、传染性、隐蔽性和可触发性等特点。随着反病毒技术的日益成熟，这些传统单机病毒已经比较少见了。

网络病毒则主要通过计算机网络传播，病毒程序一般利用操作系统中存在的漏洞，通过电子邮件附件和恶意网页浏览等方式进行传播，其破坏性和危害性都非常大。网络病毒主要分为蠕虫病毒和木马病毒两大类。

（1）蠕虫病毒

蠕虫病毒通过网络连接不断传播自身的拷贝（或蠕虫的某些部分）到其他的计算机，这样不仅消耗了大量的本机资源，而且占用了大量的网络带宽，导致网络堵塞而使网络拒绝服务，最终造成整个网络系统的瘫痪。

蠕虫病毒主要通过系统漏洞、电子邮件、在线聊天和局域网中的文件夹共享等功能进行传播。

（2）木马病毒

特洛伊木马（trojan horse）原指古希腊士兵藏在木马内进入敌方城市从而攻占城市的故事。木马病毒是一段计算机程序，由客户端（一般由黑客控制）和服务端（隐藏在感染了木马的用户机器上）两部分组成。服务端的木马程序会在用户机器上打开一个或多个端口与客户端进行通信，这样黑客就可以窃取用户机器上的账号和密码等机密信息，甚至可以远程控制用户的计算机，如删除文件、修改注册表、更改系统配置等。

木马病毒一般通过电子邮件、在线聊天工具（如 QQ 等）和恶意网页等方式进行传播，多数都是利用了操作系统中存在的漏洞。

2. 网络病毒的防范

远离病毒的关键是做好预防工作，在思想上予以足够的重视，采取"预防为主，防治结合"的方针。

预防网络病毒首先必须了解网络病毒进入计算机的途径，然后想办法切断这些入侵的途径就可以提高网络系统的安全性。下面是常见的病毒入侵途径及相应的预防措施。

（1）通过安装插件程序

用户浏览网页的过程中经常会被提示需要安装某个插件程序，有些木马病毒就隐藏在这些插件程序中，如果用户不清楚插件程序的来源就应该禁止其安装。

（2）通过浏览恶意网页

由于恶意网页中嵌入了恶意代码或病毒，用户在不知情的情况下点击这样的恶意网页就会感染上病毒，所以不要随便点击那些具有诱惑性的恶意站点。另外可以安装 360 安全卫士、Windows 清理助手等工具软件来清除那些恶意软件，修复被更改的浏览器地址。

（3）通过在线聊天

如"MSN 病毒"就是利用 MSN 向所有在线好友发送病毒文件，一旦中毒就有可能导致用户数据泄露。所以通过聊天软件发送来的任何文件，都要经过确认后再运行，不要随意点击聊天软件发送来的超链接。

（4）通过邮件附件

邮件病毒通常以利用各种欺骗手段诱惑用户点击的方式进行传播，如"爱虫病毒"，邮件主题为"I LOVE YOU"，并包含一个附件，一旦打开这个邮件，系统就会自动向通讯录中的所有联系人发送这个病毒的拷贝，造成网络系统严重堵塞甚至瘫痪。防范此类病毒首先得提高自己的安全意识，不要轻易打开带有附件的电子邮件。其次要安装杀毒软件并启用"邮件发送监控"和"邮件接收监控"功能，提高对邮件类病毒的防护能力。

（5）通过局域网的文件夹共享

关闭局域网下不必要的文件夹共享功能，防止病毒通过局域网进行传播。

以上传播方式大都利用了操作系统或软件中存在的安全漏洞，所以应该定期更新操作系统，安装系统的补丁程序，也可以用一些杀毒软件进行系统的"漏洞扫描"，并进行相应的安全设置，提高计算机和网络系统的安全性。

8.4.2 网络攻击及其防范

1. 黑客攻防

黑客（hacker）一般指的是计算机网络的非法入侵者，他们大都是程序员，对计算机技术和网络技术非常精通，了解系统的漏洞及其原因所在，喜欢非法闯入并以此作为一种智力挑战而沉醉其中。还有一些黑客则是为了窃取用户的机密信息、盗用系统资源或出于报复心理而恶意毁坏某个信息系统等。为了尽可能地避免黑客的攻击，需要了解黑客常用的攻击手段和方法，然后才能有针对性地进行防范。

（1）黑客攻击方式

① 密码破解

如果不知道密码而随便输入一个，猜中的概率就像彩票中奖的概率一样。但是如果连续测试 1 万个或更多的密码，那么猜中的概率就会非常高，尤其是利用计算机进行自动测试。

现假设密码只有 8 位，每一位可以是 26 个字母和 10 个数字，那每一位的选择就有 36 种，密码的组合可达 36^8 种。如果逐个去验证所需时间太长，所以黑客一般会利用密码破解程序尝试破解那些用户常用的密码，如生日、手机号、门牌号、姓名加数字等。

应对的策略就是使用安全密码，首先在注册账户时设置强密码（8~15 位左右），采用数字与字母的组合，这样不容易被破解。其次在电子银行和电子商务交易平台尽量采用动态密码（每次交易时密码会随机改变），并且使用鼠标点击模拟数字键盘输入而不通过键盘输入，可以避免黑客通过记录键盘输入而获取自己的密码。

② 网络监听

黑客通过改变网卡的操作模式接收流经该计算机的所有信息包，截获其他计算机的数据报文或密码。例如，当用户 A 通过 Telnet 远程登录到用户 B 的机器上以后，黑客就可能会通过 Sniffit 等网络监听软件截获用户的 Telnet 数据包。

应对的措施就是对传输的数据进行加密，即使被黑客截获，也无法得到正确的信息。

③ 网络钓鱼（即网络诈骗）

网络钓鱼就是黑客利用具有欺骗性的电子邮件和伪造的 Web 站点来进行网络诈骗活动，受骗者往往会泄露自己的敏感信息，如信用卡账号与密码、银行账户信息、身份证号码等。

通常，诈骗者将自己伪装成网络银行、在线零售商和信用卡公司等，向用户发送类似紧急通知、身份确认等虚假信息，并诱导用户点击其邮件中的超链接，用户一旦点击超链接，将进入诈骗者精心设计的伪造网页，被骗取私人信息。例如，骗取 Smith Barney 银行用户账号和密码的"网络钓鱼"电子邮件，该邮件利用了 IE 浏览器的图片映射地址欺骗漏洞，用一个显示假地址的弹出窗口遮挡住了 IE 浏览器的地址栏，如图 8.4.1 所示，使用户无法看到此网站的真实地址。当用户点击超链接时，实际连接的是钓鱼网站 http:// ∗ ∗.41.155.60:87/s，该网站页面酷似 Smith Barney 银行网站的登录界面，如图 8.4.2 所示，用户一旦输入自己的账号与密码，这些信息就会被发送给黑客。

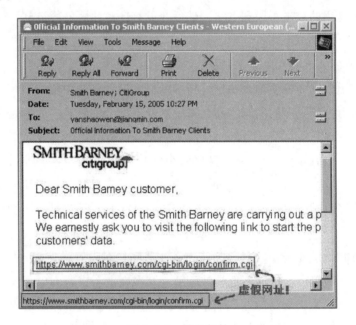

图 8.4.1　钓鱼邮件

防范此类网络诈骗最简单的方法就是不要轻易点击邮件里的超链接，除非是确实信任的网站，否则一般都应该在浏览器的地址栏中输入网站地址进行访问；其次是及时更新系统，安装必要的补丁程序，堵住软件的漏洞。

④ 端口扫描

利用一些端口扫描软件如 IP Hacker 等对被攻击的目标计算机进行端口扫描，查看该机器的哪些端口是开放的，然后通过这些开放的端口发送木马程序到目标计算机上，利用木马来控制被攻击的目标。例如，"冰河 V8.0"木马就利用了系统的 2001 号端口。

应对的措施是只有真正需要的时候才打开端口，不为未识别的程序打开端口，端

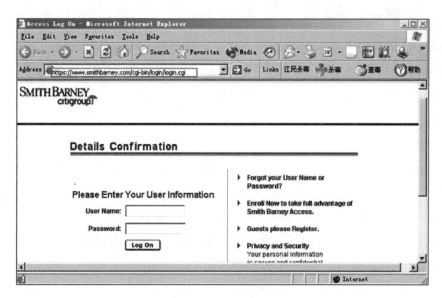

图 8.4.2　伪造的登录界面

口不需要时立即将其关闭，不需要上网时断开网络连接。

（2）防止黑客攻击的策略

① 身份认证

通过密码、指纹、面部特征（照片）或视网膜图案等特征信息来确认用户身份的真实性，只对确认了的用户给予相应的访问权限。

② 访问控制

系统应当设置入网访问权限、网络共享资源的访问权限、目录安全等级控制、防火墙的安全控制等，通过各种安全控制机制的相互配合，才能最大限度地保护系统免遭黑客的攻击。

③ 审计

记录网络上用户的注册信息，如注册来源、注册失败的次数等，记录用户访问的网络资源等，当遭到黑客攻击时，这些数据可以用来帮助调查黑客的来源，并作为证据来追踪黑客，也可以通过对这些数据的分析来了解黑客攻击的手段以找出应对的策略。

④ 保护 IP 地址

通过路由器可以监视局域网内数据包的 IP 地址，只将带有外部 IP 地址的数据包才路由到 Internet 中，其余数据包被限制在局域网内，这样可以保护局域网内部数据的安全。路由器还可以对外屏蔽局域网内部计算机的 IP 地址，保护内部网络的计算机免遭黑客的攻击。

2. 防火墙

防火墙是位于计算机与外部网络之间、内部网络与外部网络之间的一道安全屏障，其实质就是一个软件或者是软件与硬件设备的组合。用户通过设置防火墙提供的应用程序和服务以及端口访问规则，过滤进出内部网络或计算机的不安全访问，从而提高网络和计算机系统的安全性和可靠性。

（1）防火墙的功能

防火墙的主要功能包括监控进出内部网络或计算机的信息，保护内部网络或计算机的信息不被非授权访问、非法窃取或破坏，过滤不安全的服务，提高内部网的安全，并记录内部网络或计算机与外部网络进行通信的安全日志，如通信发生的时间、允许通过的数据包和被过滤掉的数据包信息等，还可以限制内部网络用户访问某些特殊站点，防止内部网络的重要数据外泄等。

例如，用 Internet Explorer 浏览网页、Outlook Express 收发电子邮件，如果没有启用防火墙，那么所有通信数据就能畅通无阻地进出内部网络或用户的计算机。启用防火墙以后，通信数据就会受到防火墙设置的访问规则的限制，只有被允许的网络连接和信息才能与内部网络或用户计算机进行通信。

（2）Windows 防火墙

Windows 操作系统自带了一个 Windows 防火墙，用于阻止未授权用户通过 Internet 或网络访问用户计算机，从而帮助保护用户的计算机。

Windows 防火墙能阻止从 Internet 或网络传入的"未经允许"的尝试连接。当用户运行的程序（如即时消息程序或多人网络游戏）需要从 Internet 或网络接收信息时，那么防火墙会询问用户是否取消"阻止连接"。

Windows 防火墙默认处于启用状态，时刻监控计算机的通信信息。虽然防火墙可以保护用户计算机不被非授权访问，但是防火墙的功能还是有限的。表 8.4.1 列出了 Windows 防火墙能做到的防范和不能做到的防范。为了更全面地保护用户的计算机，用户除了启用防火墙，还应该采取其他一些相应的防范措施，如安装防病毒软件，定期更新操作系统，安装系统补丁以堵住系统漏洞等。

▶表 8.4.1
Windows 防火墙的功能

能做到的防范	不能做到的防范
阻止计算机病毒和蠕虫到达用户的计算机	检测计算机是否感染了病毒或清除已有病毒
请求用户的允许，以阻止或取消阻止某些连接请求	阻止用户打开带有危险附件的电子邮件
创建安全日志，记录对计算机成功的连接尝试和不成功的连接尝试	阻止垃圾邮件或未经请求的电子邮件

思考题

1. 简述计算机网络的组成与功能。

2. 按地理范围可将计算机网络分为哪几类？简述每一类的特点。

3. 计算机网络的拓扑结构有哪几种？简述其特点。

4. 常用的网络互连设备有哪些？简述其作用。

5. 简述局域网的组建方法。

6. 什么是网络协议？什么是计算机网络体系结构？

7. 如何使用 ping 命令？

8. 计算机网络常用的传输介质有哪些？在什么场合使用？

9. 决定局域网特性的关键技术有哪些？

10. IPv4 和 IPv6 中 IP 地址分别占多少位？

11. 点分十进制形式的 IP 地址的格式是什么？

12. 顶级域名有几种类型？

13. 手动设置计算机 IP 地址时为什么要指定默认网关？DNS 服务器的作用是什么？

14. 分别说明您的计算机在家庭和学校接入 Internet 的方式。

15. 什么是万维网？什么是 URL？

16. 分别说明什么是 FTP、VPN 和远程桌面，它们各有什么作用？

17. 请列举您学校图书馆引进的 3 个文献数据库。

18. 什么是网络病毒？网络病毒如何防治？

第 9 章
问题求解和算法基础

通过前几章的学习，大家都知道计算机之所以能够处理各种问题全依靠程序的运行，而程序的"灵魂"来自算法。算法是解决问题的方法和策略，策略优劣关系到解决问题的效率。程序是用计算机语言对算法的实现，不管采用何种计算机语言来进行程序设计，也不管计算机语言如何发展，用它来编写程序、实现问题求解都依赖于某一特定算法。

本章主要介绍程序和算法的相关知识、算法设计的基本方法和程序设计的一般过程，使读者对计算机求解问题有所了解。

电子教案：
问题求解和
算法基础

9.1   程序与算法

计算机能解决实际问题是依靠程序的运行，而程序的核心是算法。本节主要介绍程序和算法的相关概念，以解决问题为核心，用较易理解的伪代码或流程图形式描述典型的算法，让大家体会算法的作用，并逐步建立算法思维的意识。

9.1.1   程序

计算机系统能完成各种工作的核心是程序，那么程序是如何设计的呢？下面通过程序引出"程序 = 数据结构 + 算法"的经典公式，让读者理解计算机程序的组成和特性。

1. 什么是程序

在日常生活中，大家都知道做任何事情都有先后次序，这些按一定的顺序安排的工作即操作序列，称为程序。

例 9.1　下面是某学校颁奖大会的程序。

① 主持人宣布颁奖大会开始，介绍出席颁奖大会的领导。

② 校长讲话。

③ 领导宣布获奖名单。

④ 领导颁奖。

⑤ 获奖代表发言。

⑥ 主持人宣布大会结束。

简单地说，程序主要用于描述完成某项功能所涉及的对象和动作规则。如上述的主持人、领导、校长、话、名单、奖、代表等都是对象；而宣布、介绍、讲、颁等都是动作。这些动作的先后顺序以及它们所作用的对象，都要遵守一定的规则。如"颁"的作用对象是"奖"而不是"话"；不能先颁奖，后宣布获奖名单。

可见，程序的概念是很普遍的。但是，随着计算机的出现和普及，程序成了计算机的专用名词，程序描述了计算机处理数据、解决问题的过程。

例 9.2　教师节到了，要给教龄满 35 年的教职工颁发荣誉证书，要求从存放教职工档案的"D:\zg.dat"文件中（如图 9.1.1 所示），显示出教龄满 35 年的教职工的姓名和部门（如图 9.1.2 所示）。

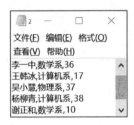

图 9.1.1 zg.dat 数据文件

```
姓名    部门  教龄
李一中 数学系 36
吴小慧 物理系 37
杨柳青 计算机系 38
满足教龄满35年的人数为：3
>>>
```

图 9.1.2 程序运行结果

用 Python 语言实现的代码如下。

```
s = open(r"D:zg.dat","r")              # 打开文件读数据
print("姓名    部门  教龄")              # 显示标题
n = 0                                  # 变量 n 用于统计人数
while True：                            # 循环读数据
    szg = s.readline()                 # 读一行，即读一个教职工的数据
    if   not szg：                      # 判断数据是不是读完
        break                          # 若数据读完则退出循环
    T_szg = szg.split("，")            # 用","分隔符切分数据成列表
    姓名 = T_szg[0]                     # 从列表中取出姓名
    部门 = T_szg[1]                     # 从列表中取出部门
    教龄 = int(T_szg[2])               # 从列表中取出教龄
    if 教龄 >= 35：                     # 若教龄 35 年及以上
        n = n+1                        # 人数加 1
        print(姓名,部门,教龄)           # 显示该教职工信息
print("满足教龄满 35 年的人数为：",n)     # 显示统计满足的人数
s.close()                              # 关闭文件
```

2. 计算机程序的组成和特性

从例 9.2 可以看到，一个程序包括以下两个方面的内容。

① 对数据的描述。要指定欲处理的数据类型和数据的组织形式，也就是数据结构。例如教职工的姓名、部门、教龄等都具有相应的数据类型，数据文件 zg.dat 指定了它们之间的组织形式。

② 对操作的描述，即操作步骤。如"open"为打开文件、"readline"为按行读入数据、"print"为输出数据、"if"为判断是否满足条件等都是对操作的描述，这些动作的先后顺序以及它们所作用的数据要遵守一定的规则，即求解问题的算法。

著名计算机科学家沃思提出一个经典公式：

$$程序 = 数据结构 + 算法$$

实际上，一个程序除了以上两个主要的要素外，还应当采用程序设计方法进行设计，并且用一种计算机语言来表示。因此，算法、数据结构、程序设计方法和语言工具 4 个方面是程序设计人员应具备的知识。

9.1.2　算法的概念

1. 什么是算法

计算机是一种按照程序高速、自动地进行计算的机器。用计算机解题时，任何答案的获得都是按指定顺序执行一系列指令的结果。因此，用计算机解题前，需要将解题方法转换成一系列具体的、在计算机上可执行的步骤，这些步骤能清楚地反映解题方法，一步步"怎样做"的过程，这个过程就是通常所说的算法。

通俗地说，算法（algorithm）就是解决问题的方法和步骤，解决问题的过程就是算法实现的过程。

同程序一样，算法一词也不仅仅是计算机的专用术语。早在公元前 300 年，欧几里得就在其著作《几何原本》中阐述了著名的欧几里得算法，即辗转相除法，用于求两个正整数的最大公约数。当然随着计算机的诞生和发展，对算法的研究、应用和发展也增添了其魅力。

求圆周率的值是数学中一个非常重要也是非常困难的研究课题。中国古代许多数学家致力于圆周率的计算研究。公元 3 世纪，刘徽利用"割圆术"，也就是从圆内接正六边形算起，依次将边数加倍，一直算到内接正 3 072 边形的面积，从而得到圆周率的近似值为 $\frac{3\,927}{1\,250} = 3.141\,6$。图 9.1.3 显示了圆内接正十二边形时的圆周率为 $12 \times \frac{1}{4} = 3$。

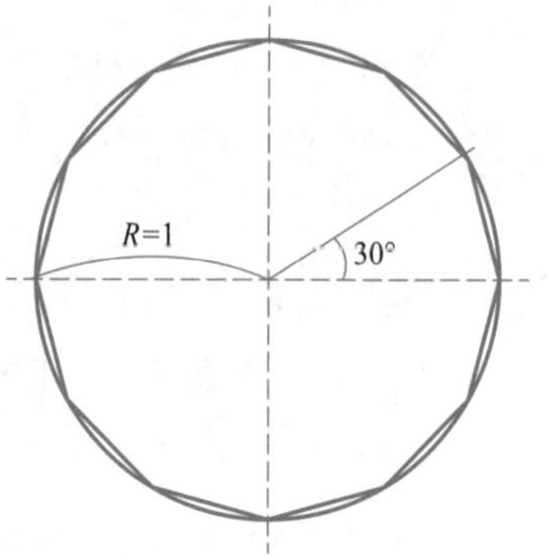

图 9.1.3　圆周切割

公元 5 世纪，祖冲之用了 15 年时间算到小数点后 7 位，即 3.141 592 6，这个记录保持了一千多年。之后数学家们利用级数展开式研究出很多计算圆周率的公式，最多计算到小数点后 707 位，典型的公式如下。

公式 1：$\dfrac{\pi}{2} = \dfrac{2^2}{1 \times 3} \times \dfrac{4^2}{3 \times 5} \times \dfrac{6^2}{5 \times 7} \times \dfrac{8^2}{7 \times 9} \times \cdots$

公式 2：$\dfrac{\pi}{4} = 1 - \dfrac{1}{3} + \dfrac{1}{5} - \dfrac{1}{7} + \dfrac{1}{9} - \dfrac{1}{11} + \cdots$

公式3：$\dfrac{\pi}{6} = \dfrac{1}{\sqrt{3}} \times \left(1 - \dfrac{1}{3 \times 3} + \dfrac{1}{3^2 \times 5} - \dfrac{1}{3^3 \times 7} + \cdots \right)$

世界上第一台计算机 ENIAC 的诞生一下子将 π 的计算值提高到 2 037 个小数位。2010 年 8 月 30 日，日本计算机奇才近藤茂将个人计算机和云计算相结合，计算出圆周率到小数点后 5 万亿位。

2. 算法的两个要素

例9.3 利用求圆周率公式2：$\dfrac{\pi}{4} = 1 - \dfrac{1}{3} + \dfrac{1}{5} - \dfrac{1}{7} + \dfrac{1}{9} - \dfrac{1}{11} + \cdots$，验证祖冲之花了 15 年时间计算出的圆周率。

分析：该公式的算法主要是对通项式 $t_i = (-1)^{i-1} \dfrac{1}{2i-1}$ $(i = 1, 2, \cdots)$ 进行累加，直到某项 t_i 绝对值小于精度即 $|t_i| < 10^{-8}$ 为止。

实现的算法步骤如下。

① 置初态。累加器 pi←0，计数器 i←1，第 1 项 t←1，正负符号变化 s←1。

② 重复执行下面的语句，直到某项绝对值小于精度，转到步骤③。

● 累加和：pi←pi+t。

● 为下一项做准备：i←i+1、s←-s、t←s/(2 * i-1)。

③ 输出。显示结果 pi * 4。

④ 结束。

由该例可以看到，一个算法由一系列操作组成，而这些操作又是按一定的控制结构所规定的次序执行的。说明算法是由操作与控制结构两个要素组成的。

（1）操作

计算机最基本的操作功能如下。

① 算术运算：加、减、乘、除等。

② 关系运算：大于、大于或等于、小于、小于或等于、等于、不等于等。

③ 逻辑运算：与、或、非等。

④ 数据传送：输入、输出、赋值等。

（2）控制结构

各操作之间的执行顺序为算法的控制结构，有顺序结构、选择结构、循环结构，称为算法的 3 种基本结构，用流程图可以形象地描述算法的控制结构，如图 9.1.4 所示。

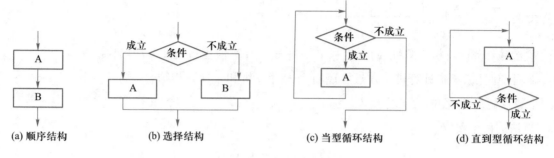

(a) 顺序结构   (b) 选择结构   (c) 当型循环结构   (d) 直到型循环结构

图 9.1.4   控制结构

① 顺序结构：最简单、最常用的一种结构，计算机按照语句 A 和 B 出现的先后次序依次执行。

② 选择结构：在处理问题时根据可能出现的情况进行分析和处理。

③ 循环结构：计算机与人处理问题最大的不同点是计算机可以永不疲劳地重复按照算法所设计的步骤操作，即通过循环结构来实现。循环结构有两种形式：当型和直到型。区别是前者先判断后循环，有可能循环体语句 A 一次也不执行；后者先执行循环体语句 A，然后判断条件，至少执行一次语句 A。

图 9.1.5 所示的是例 9.3 计算圆周率近似值的过程，使用当型循环结构实现的流程图。

如果把每种基本结构看成一个算法单位，则整个算法便可以看作是由各算法单位顺序串接而成的，好像穿起来的珠子一样，结构清晰，来龙去脉一目了然，这样的算法称为结构化算法。

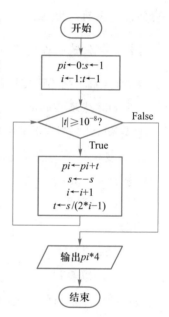

图 9.1.5   计算圆周率近似值

3. 算法的特性

著名计算机科学家 Donald E. Kunth 曾把算法的性质归纳为以下 5 点，现以例 9.3 做解释。

① 有穷性：任意一个算法在执行有穷个计算步骤后必须终止。例如在进行累加的过程中，当某项绝对值小于精度（即 $|t| < 10^{-8}$）时终止循环。

② 确定性：每一个计算步骤必须是精确定义的、无二义性。例如求通项、累加都是确定的。

③ 可行性：有限个步骤应该在一个合理的范围内进行。例如每次求得通项的绝对值都在精度要求的范围内进行，并且通项绝对值在向循环终止的方向发展。

④ 输入：一般有 0 个或多个输入，它们取自某一特定的集合。本例有 0 个输入，因算法本身有确定的初值。

⑤ 输出：一般有若干个输出信息，是反映对输入数据加工后的结果。由于算法需要给出解决特定问题的结果，没有输出结果的算法是毫无意义的。本例只有一个输出，即圆周率的近似值。

4. 算法的分类

算法的种类很多，分类标准也很多。根据待处理的数据，算法可以分为如下两类。

（1）数值计算算法

数值计算算法是用于科学计算的，其特点是少量的输入、输出，复杂的运算。例如，求高次方程的近似根、求函数的定积分等。计算机刚出现时主要是为了进行数值计算的，仅是一种计算工具。

（2）非数值计算算法

非数值计算算法是对数据进行管理的，其特点是大量的输入、输出，简单的算术运算和大量的逻辑运算。例如，对数据的排序、查找等算法。随着计算机技术的发展和应用的普及，非数值计算算法涉及面更广，研究的任务更重。

例 9.2 属于非数值计算算法，例 9.3 属于数值计算算法。

9.1.3 算法的表示

为了描述算法，可以使用多种方法。常用的有自然语言、传统流程图、伪代码和计算机语言等。

1. 自然语言

自然语言即用人们使用的语言描述算法，例 9.3 就是用自然语言描述的。用自然语言描述算法通俗易懂，但存在以下缺陷。

① 易产生歧义，往往需要根据上下文才能判别其含义，不太严谨。

② 语句比较烦琐、冗长，并且很难清楚地表达算法的逻辑流程，尤其是对描述中含有选择、循环结构的算法，不太方便和直观。

2. 传统流程图

流程图是描述算法的常用工具，采用一些图框、线条以及文字说明来形象、直观地描述算法处理过程。美国国家标准协会（American National Standards Institute，ANSI）规定了一些常用的流程图符号，如表 9.1.1 所示。

符 号 名 称	图　形	功　能
起止框	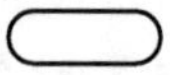 ⬭	表示算法的开始和结束
输入输出框	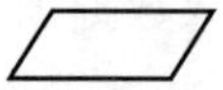 ▱	表示算法的输入输出操作
处理框	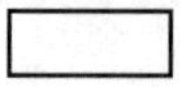 ▭	表示算法中的各种处理操作
判断框	 ◇	表示算法中的条件判断操作
流程线	 ⟶	表示算法的执行方向
连接点	○	表示流程图的延续

▶表 9. 1. 1
流程图的常用
符号

由这些流程符号组成的 3 种基本结构如图 9.1.4 所示。图 9.1.5 就是例 9.3 的算法流程图。

3. 伪代码

由于绘制流程图较费时，自然语言易产生歧义且难以清楚地表达算法的逻辑流程等缺陷，因而采用伪代码。伪代码产生于 20 世纪 70 年代，也是一种描述程序设计逻辑的工具。

伪代码用介于自然语言和计算机语言之间的文字和符号来描述算法，有如下简单约定。

① 每个算法用 Begin 开始，以 End 结束。若仅表示部分实现代码可省略。

② 每一条指令占一行，指令后不跟任何符号。

③ "//"标志表示注释的开始，一直到行尾。

④ 算法的输入输出以 Input/Print 后加参数表的形式表示。

⑤ 用 "←" 表示赋值。

⑥ 用缩进表示代码块结构，包括 If 分支判断语句、While 和 For 循环语句等；块中多条语句用一对 {} 括起来。

⑦ 数组形式：数组名[下界……上界]；数组元素：数组名[序号]。

⑧ 一些函数调用或者简单处理任务可以用一句自然语言代替。

例 9.4 按例 9.3 的公式 2 计算圆周率 π，当某一项的绝对值小于 10^{-8} 时结束。计算圆周率 π 的伪代码如图 9.1.6 所示。

```
Begin
  pi ← 0          // 变量赋初值
  s ← 1
  i ← 1
  t ← 1
  While (|t| ≥ 10-8)
    {
    pi ← pi+ t     // 计算累加和
    s ←-1*s
    i ← i+1
    t ← s*1/(2*i-1)  // 计算通项
    }
  Print  pi*4     // 输出圆周率值
End
```

图 9.1.6　计算圆周率的伪代码示例

4. 计算机语言

计算机无法识别自然语言、流程图、伪代码，这些方法仅为了帮助人们描述、理解算法。要用计算机解题，就要用计算机语言描述算法。只有用计算机语言编写的程序才能被计算机执行（当然还要被编译成目标程序）。因此，最终还是要将它转换成计算机语言程序。

用计算机语言描述算法必须严格遵循所选择的编程语言的语法规则。第 10 章将介绍 Python 语言程序设计的基本语法规则和控制结构。

例 9.5 同样，按例 9.3 的公式 2：$\dfrac{\pi}{4}=1-\dfrac{1}{3}+\dfrac{1}{5}-\dfrac{1}{7}+\dfrac{1}{9}-\dfrac{1}{11}+\cdots$，直到绝对值小于 10^{-8}。计算圆周率 π 的 Python 程序代码如下。

```
s=1; i=1; t=1              #s 控制正负号变化,i 为第 i 项计数,t 为当前项
pi=0                       #pi 存放累加和项
while abs(t)>=0.00000001:  #当前项还没有达到精度,继续求和
    pi=pi+t                #求和
    s=-s                   #为下一项符号变化做准备
    i+=1
    t=s/(2*i-1)            #下一项值
print("pi=%10.8f"%(pi*4))  #求得的圆周率结果,保留 8 位小数
```

9.2 算法设计的基本方法

应用计算机解决实际问题，首先要进行算法设计。初学者可能感觉无从下手，的确很多算法都是前人花费了很多时间的经验总结。人们通过长期的研究开发工作，已经总结了一些基本的算法设计方法，例如枚举法、迭代法、递归法、排序、查找等。这里列出几种相对简单而典型的算法，读者也可结合第 10 章程序设计的内容，用程序设计语言编程并通过上机来调试验证。

9.2.1 枚举法

枚举法，亦称穷举法或试凑法。它的基本思想是采用搜索的方法，根据题目的部分条件确定答案的大致搜索范围，然后在此范围内对所有可能的情况逐一验证，直到所有情况验证完。若某个情况符合题目的条件，则为本题的一个答案；若全部情况验证完后均不符合题目的条件，则问题无解。

枚举法是一种比较费时的算法，但是利用了计算机快速运算的特点，枚举的思想可以解决许多问题。

例 9.6   利用计算机求解方程的解。某天晚上，张三在家中遇害，侦查过程中发现 A、B、C、D 四人到过现场。在讯问他们时有如下对话。

A 说："我没有杀人。"

B 说："C 是凶手。"

C 说："杀人者是 D。"

D 说："C 在冤枉好人。"

侦查员经过判断，四人中有三人说的是真话，一人说的是假话，四人中有且只有一人是凶手，凶手到底是谁？

（1）分析

用 0 表示不是凶手，1 表示是凶手，则每个人的取值范围就是 $\{0,1\}$；四人说的话和表达式表示如表 9.2.1 所示，侦查员的判断和逻辑表达式表示如表 9.2.2 所示。

▶ 表 9.2.1
4 人说的话和表达式表示

四 人	说 的 话	关系表达式表示
A	我没有杀人	$A=0$
B	C 是凶手	$C=1$
C	杀人者是 D	$D=1$
D	C 在冤枉好人	$D=0$

▶ 表 9.2.2
侦查员的判断和逻辑表达式表示

侦查员的判断	逻辑表达式表示
4 人中 3 人说的是真话，真话为 1，假话为 0	$(A=0)+(C=1)+(D=1)+(D=0)=3$
4 人中有且只有一人是凶手，凶手为 1	$A+B+C+D=1$

（2）算法分析

在每个人的取值范围 $\{0,1\}$ 的所有可能中进行搜索，如果表 9.2.2 中的组合条件同时满足，即为凶手。

（3）相应的伪代码

```
For A=0 To 1
    For B=0 To 1
        For C=0 To 1
            For D=0 To 1
                If ((A=0) + (C=1) + (D=1) + (D=0))=3 And (A+B+C+D=1)
                    // 要同时满足
                    Print A,B,C,D    // 输出的值是 1 的为凶手,结果显示 C 为 1,即
                                     // C 是凶手
```

例9.7 期末安排计算机考试，某专业考试 3 门课程为 A、B、C，考试安排在周一到周六，安排考试的顺序规则如下：先考 A，后考 B，最后考 C；为减轻学生负担，一天只能安排一门课程考试；为防止学生过早离校，最后一门课程的考试必须安排在周五或周六。请列出安排考试的所有方案。

分析：解决该问题的关键是要符合安排日期的规定，每门课程搜索的日期范围不同，设置好搜索的范围后，逻辑判断较为简单。相应的伪代码如下。

```
For A = 1 To 4
    For B = A+1 To 5      //B 课程总比 A 晚考
        For C = 5 To 6      //C 最早周五考
            If（B<C）        // 排除 B = C 的情况，不能在同一天考
                Print A,C   // 输出的值是 A、B、C 分别安排的考试周的星期几
```

从以上两例可以看出，枚举法能有效解决问题的关键在于如下 3 点。

① 确定搜索的范围，尽量不遗漏但又避免出现问题求解以外的范围。

② 确定满足的条件，把所有可能的条件一一罗列。

③ 枚举法解决问题的效率不高，因此，为提高效率，根据解决问题的情况，尽量减少内循环层数或每层循环次数。

思考：古代百元买百鸡问题是典型的可用枚举法求解的问题。假定小鸡每只 0.5元，公鸡每只 2 元，母鸡每只 3 元。现在有 100 元钱，要求买 100 只鸡，编程列出所有可能的购鸡方案。

问题分析：设母鸡、公鸡、小鸡各为 x、y、z 只，根据题目约束条件，列出方程为：

$$x+y+z=100$$

$$3x+2y+0.5z=100$$

3 个未知数，2 个方程，此题有若干个解，属不定方程，无法直接求解。利用枚举法将各种可能的组合一一测试，将符合条件的组合输出。分别写出用三重循环、两重循环实现的伪代码。

9.2.2 迭代法

迭代法又称递推法，是利用问题本身所具有的某种递推关系求解问题的方法。其基本思想是从初值出发，归纳出新值与旧值间的关系，直到最后值为止，从而把一个复杂的计算过程转化为简单过程的多次重复，每次重复都是在旧值的基础上递推出新值，并由新值代替旧值。

例 9.8 猴子吃桃子问题。小猴在一天内摘了若干个桃子，当天吃掉一半多一个；第二天接着吃了剩下的桃子的一半多一个；以后每天都吃尚存桃子的一半多一个，到第 7 天早上要吃时只剩下一个了，问小猴共摘下了多少个桃子？

分析：这是一个"递推"问题，先从最后一天推出倒数第二天的桃子，再从倒数第二天的桃子推出倒数第三天的桃子……设第 n 天的桃子为 x_n，它是前一天的桃子数的一半少一个，即

$$x_n = \frac{1}{2}x_{n-1} - 1$$

那么它前一天的桃子数为：

$$x_{n-1} = (x_n + 1) \times 2 \quad （递推公式）$$

已知第 7 天的桃子数 x_7 为 1，根据递推公式可得第 6 天的桃子数 x_6 为 4……如图 9.2.1 所示。

算法流程图如图 9.2.2 所示，伪代码请读者自行完成。

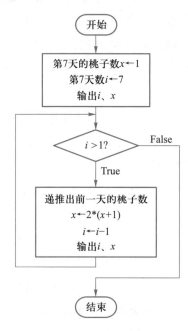

第7天的桃子数为：1
第6天的桃子数为：4
第5天的桃子数为：10
第4天的桃子数为：22
第3天的桃子数为：46
第2天的桃子数为：94
第1天的桃子数为：190

图 9.2.1　每天的桃子数　　　　图 9.2.2　使用递推法求解例 9.8

利用迭代法可解决许多科学计算领域中无法直接求解的数值问题，例如求高次方程 $f(x) = 0$ 的近似解。

例 9.9 利用迭代法求方程根 $x = \sqrt[3]{a}$ 的近似解，精度 ε 为 10^{-5}，迭代公式为 $x_{i+1} = \frac{2}{3}x_i + \frac{a}{3x_i^2}$。

算法步骤如下。

① 选择方程的近似根作为初值赋值给 x_1。

② 将 x_1 的值保存于 x_0，通过迭代公式求得新近似根 x_1。

③ 若 x_1 与 x_0 的差的绝对值大于指定的精度 ε 时，继续执行步骤②进行迭代；否则 x_1 就是方程的近似解。

算法流程图如图 9.2.3 所示。伪代码请读者自行完成。

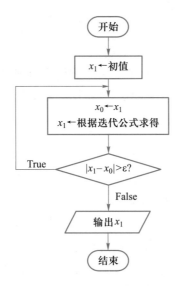

图 9.2.3　使用递推法求解例 9.9

9.2.3　递归法

从前面的介绍中可知，递推法是利用问题本身所具有的某种递推关系求解问题的，而本小节介绍的递归法是将求解的问题分解成规模缩小的同类子问题，例如求 $n!$、x^n 等。

递归法是程序设计中一种重要的方法，当一个问题可以转化为规模较小的同类子问题时，就可以使用递归法。递归法结构清晰、可读性强、符合人的思维方式。

1. 递归的概念

在数学中，一个递归函数是指在函数中包含了相同的函数，但它具有终止条件，因而不会无限递归。通常理解递归的最好方法是从数学函数开始，因为数学函数中的递归结构可以很清晰地看到问题的描述。

例 9.10　求阶乘函数 $n!=n\times(n-1)\times(n-2)\times\cdots\times1$，其递归定义形式：

$$n!=\begin{cases}1 & n=1 \\ n\times(n-1)! & n>1\end{cases}$$

这个定义是递归的，因为它根据$(n-1)!$定义了$n!$，这是递归的基本特征。按照同样的过程，$(n-2)!$定义了$(n-1)!$，以此类推，直到结果用$1!$来表示为止。

在程序设计中，递归是在一个函数（或子过程）的过程中直接或间接地调用自身的一种算法。对于例9.10，用Python语言编写的求阶乘的函数及运行结果如下。

```
def fac(n):                          # 定义阶乘函数
    if n==1:
        return 1
    else:
        return n * fac (n-1)        # 在函数体内调用自身
print(fac (4))                       # 调用阶乘函数
运行:
24
```

思考:

① 若调用时 n=-4，则程序运行结果是多少?

② 若函数体仅有 return n * fac(n-1) 语句，则程序运行结果又是如何?

由此可见，递归函数（或子过程）具有以下两个特点。

① 函数中有语句调用自身，且每次调用都将问题分解成一个更小的同类问题。

② 递归有结束条件，即当问题无法再分解时，递归结束。

2. 递归的思维方式

对于求阶乘问题，在介绍循环控制结构时利用循环语句来实现，这是一种迭代方法；现在利用递归方法来实现。用Python语言编写的求阶乘的两种方法如图9.2.4所示。

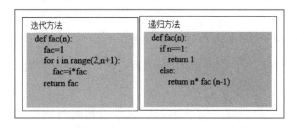

图9.2.4　求阶乘的两种方法

① 迭代方法：计算方法从底层开始，求 $1!=1$，$2!=2×1!$，$3!=3×2!$，$\cdots$，$n!=n×(n-1)!$。特点是自底向上的计算，效率高，符合计算机的工作方式。

② 递归方法：从顶层开始，求 $n!=n×(n-1)!$，$(n-1)!=(n-1)×(n-2)!$，…，$2!=2×1!$，$1!=1$，特点是自顶向下逐步分解问题；然后自下向上计算，最终得到 $n!$ 的结果。特点是效率低，内存开销大，时间、空间复杂度不如迭代方法，如果使用不当容易发生栈溢出。但从问题抽象、概括的角度符合人的思维方式，程序清晰。有些问题离开递归无法解决，如典型的汉诺塔问题、分形图等。

图 9.2.5 问题分解

通过 n 阶乘的递归方法实现，请思考用递归解决问题的方法反映了一种什么样的思维方式。

递归方法的实质是"分而治之"，即大问题分解为本质相同的小问题，直到当问题很小时有一个解决方法为止。例如，求 $n!$ 问题的分解过程如图 9.2.5 所示。

问题分解正是计算思维的方法，也是递归的核心思想。有许多问题具有递归的特性，用递归描述它们非常方便。递归方法能够帮助人们简洁地描述问题和设计算法。

3. 递归应用实例

例 9.11 用递归来绘制三角形分形图。生成图元是三角形，控制参数 n 决定了生成的三角形分形图效果。

问题分解：将绘制 n 重的分形三角形分解成绘制 3 个 $n-1$ 重的分形三角形。当 $n=1$ 时是最小问题，即绘制一个三角形。

递归模式：当重数 $n=1$，则根据基本参数（三个点坐标）绘制三角形；当重数 $n>1$ 时，则计算三角形三线段的中点，如图 9.2.6 所示，绘制 3 个 $n-1$ 重的子分形图（3 次递归调用）。

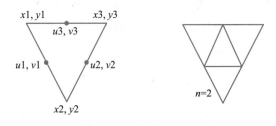

图 9.2.6 三角形图案的递归原理

由此得到递归模式如下。

$$sier3(p1,p2,p3,n) = \begin{cases} \text{画图元即三角形} & n=1 \\ \text{求三角形三边的中点,} & \\ sier3(p1',p2',p3',n-1), & n>1 \\ sier3(p1'',p2'',p3'',n-1), & \\ sier3(p1''',p2''',p3''',n-1) & \end{cases}$$

其中, $p1,p2,p3,p1',p1'',p1'''\cdots$ 表示三角形的各顶点、中点。

相应的用 Python 语言编写的递归函数和调用代码如下。

```
import matplotlib. pyplot as plt    # 引用制图包:import matplotlib. pyplot as plt
def sier3(x,y, n):
    x1,x2,x3 = x                    # x 是列表,对其序列解包,得每点的横坐标
    y1,y2,y3 = y                    # 纵坐标
    if n == 1:
        x = [x1,x2,x3,x1]           # 因为要画闭合三角形,所以 x1 在列表最后再次
                                    # 出现
        y = [y1,y2,y3,y1]           # y1 同 x1
        plt. plot(x,y,'b')          # 画线构成蓝色三角形
    else:                           # 下面的语句根据给定的三角形坐标,求三条边上
                                    # 的中点坐标
        u1 = (x1 + x2)/2;   v1 = (y1+y2)/2
        u2 = (x2 + x3)/2;   v2 = (y2+y3)/2
        u3 = (x3 + x1)/2;   v3 = (y3 + y1)/2
        sier3 ([x1,u1,u3], [y1,v1,v3], n - 1)   # 对第一个三角形递归调用
        sier3 ([u1,x2,u2], [v1,y2,v2], n - 1)   # 对第二个三角形递归调用
        sier3([u3,u2,x3], [v3,v2,y3], n - 1)    # 对第三个三角形递归调用
x = [0,300,150]                                 # 主调程序
y = [300,300,0]
sier3 (x,y,7)
plt. show()
```

程序运行结果如图 9.2.7 所示。

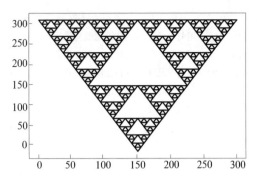

图 9.2.7　$n=7$ 时程序在 Spyder 环境下的运行效果

9.2.4　排序

在日常生活和工作中，许多问题的处理都依赖于数据的有序性，例如考试成绩的从高到低排序、按姓氏笔画数从低到高的排序等。因此，把无序数据整理成有序数据，这就是排序。排序是计算机程序中经常要用到的基本算法。几十年来，人们设计了很多排序算法，本书主要介绍常用的选择排序和冒泡排序。

在数学中，一批同类数据用 a_0，a_1，a_2，$\cdots$，a_{n-1} 来表示，在计算机中，这些同类数据存放在数组 $a[n]$ 中，每个元素分别为 $a[0]$，$a[1]$，$a[2]$，$\cdots$，$a[n-1]$，下标 0，1，2，$\cdots$，$n-1$ 标识数组中每个不同的数，变量 $a[0]$，$a[1]$，$a[2]$，$\cdots$，$a[n-1]$ 表示每个元素存放的数值。

注意：在大多数程序设计语言中，数组的下标从 0 开始。

1. 选择排序

选择排序是简单且易理解的算法，基本方法是每次在无序数中找最小（递增）数的下标，然后存放在无序数的第一个位置。假定有 n 个数的序列，要求按递增的次序排序，排序算法如下。

① 从 n 个数中找出最小数的下标，一轮比较结束，最小数与第 1 个数交换位置；通过这一轮排序，第 1 个数已确定好。

② 在余下的 $n-1$ 个数中再按步骤①的方法选出最小数的下标，最小数与第 2 个数交换位置。

③ 以此类推，重复步骤②，最后构成递增序列。

例 9.12　已知 $n=6$，排序的过程如图 9.2.8 所示。其中右边数据中有双下画线的数表示每一轮找到的最小数的下标位置，与欲排序序列中的最左边有单下画线的数交换后的结果。

						原始数据	8	6	9	2	3	7
a[0]	a[1]	a[2]	a[3]	a[4]	a[5]	第1轮比较交换后	2	6	9	3	8	7
	a[1]	a[2]	a[3]	a[4]	a[5]	第2轮比较交换后	2	3	9	6	8	7
		a[2]	a[3]	a[4]	a[5]	第3轮比较交换后	2	3	6	9	8	7
			a[3]	a[4]	a[5]	第4轮比较交换后	2	3	6	7	8	9
				a[4]	a[5]	第5轮比较交换后	2	3	6	7	8	9

图 9.2.8　选择法排序过程示意图

相应的伪代码如下。

```
For i=0 To n-2                   //n 个数进行 n-1 轮比较
{
  min ← i                       // 每一轮内,假定当前元素最小
  For j=i+1 To n-1
   If a[j]<a[min]
     min ← j                    // 下一个元素值小,替换 min
  a[i] 元素与 a[min] 元素交换 // 一轮结束,最小的元素放在 a[i] 位置
}
```

2. 冒泡排序

冒泡排序与选择排序相似,选择排序是在每一轮中寻找最小值(递增次序)的下标,然后与应放位置的数交换位置。而冒泡排序是在每一轮排序时将相邻两个数组元素进行比较,次序不对时立即交换位置,一轮比较结束时小数上浮,大数沉底。有 n 个数则进行 $n-1$ 轮上述操作。

例 9.13　假定有 n 个数的 a 数组,要求按递增的次序排序,冒泡排序算法如下。

① 从第一个元素开始,比较数组中两两相邻的元素,即 a[0]与 a[1]比较,若为逆序,则 a[0]与 a[1]交换;然后 a[1]与 a[2]比较,…,直到最后 a[n-2]与 a[n-1]比较,这时一轮比较完毕,一个最大的数"沉底",成为数组中的最后一个元素 a[n-1],一些较小的数如同气泡一样"上浮"一个位置。

② 对 a[0]~a[n-2]的 $n-1$ 个数进行同步骤①的操作,最大数放入 a[n-2]元素内,完成第 2 轮排序;以此类推,进行 $n-1$ 轮排序后,所有数均有序。冒泡排序进行的过程如图 9.2.9 所示。

相应的伪代码如下。

						原始数据	8 6 9 2 3 7
a[0]	a[1]	a[2]	a[3]	a[4]	a[5]	第1轮比较	6 8 2 3 8 9
a[0]	a[1]	a[2]	a[3]	a[4]		第2轮比较	6 2 3 7 8 9
a[0]	a[1]	a[2]	a[3]			第3轮比较	2 3 6 7 8 9
a[0]	a[1]	a[2]				第4轮比较	2 3 6 7 8 9
a[0]	a[1]					第5轮比较	2 3 6 7 8 9

图 9.2.9 冒泡法排序过程示意图

```
For i=0 To n-2                    // n 个数进行 n-1 轮比较
    For j=0 To n-2-i              // 每一轮内
        If a[j]>a[j+1]            // 若相邻两个次序不对
            a[j] 与 a[j+1] 元素交换  // 则交换位置,小数上浮,大数下沉
```

对于选择排序和冒泡排序，可以看到以下共同点和不同点。

① 共同点：每一轮比较仅确定一个数在数组中的位置，对有 n 个数的数组，要进行 $n-1$ 轮比较。

② 不同点：选择排序是在每一轮比较中找最小位置的下标，一轮比较结束交换位置；冒泡排序是在每一轮相互的两两比较中，次序不对就交换位置，花费时间略多一点。

优化问题：从图 9.2.9 还可以看到，第 3 轮比较后，数组实际上已经有序，后面两轮比较是多余的。人可以马上就看出数据已经有序，决定不用再进行下一轮比较；但计算机看不到整个数据，只能进行两个数的大小比较。如何让计算机判断数组已经有序呢？可增加一个逻辑变量，在每一轮比较前设置其初值为 True，在比较中如果发生交换，其值改变为 False，每轮比较结束后，根据其逻辑值确定数组是否已经有序。

相应的伪代码如下。

```
For i=0 To n-2                         //n 个数进行 n-1 轮比较
{
    noswap ← True
    For j=0 To n-2-i                   // 每一轮内
        If a[j]>a[j+1]                 // 若相邻两个元素次序不对
        {
            a[j] 与 a[j+1] 元素交换       // 则交换位置,小数上浮,大数下沉
            noswap ← False             // 一旦交换过,将 noswap 设置为 False
        }
}
```

> If noswap 数据已经有序,提前结束   // 一轮比较结束,根据 noswap 值
> // 判断数据是否有序
>
> }

说明:在 Python 中,待排序的数据放在列表中,利用列表.sort()方法、sorted()函数可直接实现对数据列表的递增次序排列;若要递减次序排列,则可利用 reverse()方法。

例如对上述数据排序,相应的代码如下。

```
>>> a=[8,6,9,2,3,7]
>>> a. sort( )
>>>a
[2, 3, 6, 7, 8, 9]
>>> a. reverse( )
>>>a
[9, 8, 7, 6, 3, 2]
>>> b=sorted(a)
>>>b
[2, 3, 6, 7, 8, 9]
>>>
```

9.2.5 查找

查找在日常生活中经常遇到,利用计算机快速运算的特点,可方便地实现查找。查找的方法很多,对不同的数据结构有不同的方法。例如,对无序数据用顺序查找;对有序数据采用二分法查找;对某些复杂结构的数据,可用树状方法查找。

例 9.14 对于存放在 a[1,…,n]数组中的数据,查找某个指定的关键值 key,找出与其值相同的元素的下标。下面介绍顺序和二分法查找方法。

1. 顺序查找

顺序查找很简单,根据查找的关键值与数组中的元素逐一比较。顺序查找不要求数组中的数有序,查找效率比较低,n 个数的平均比较次数为(n+1)/2 次。顺序查找的流程图如图 9.2.10 所示。算法伪代码请读者自行完成。

2. 二分法查找

二分法查找是在数据量很大时采用的一种高效查找法。采用二分法查找时,数据

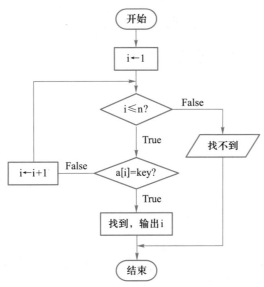

图 9.2.10 顺序查找流程图

必须是递增有序的，实现的方法是：假设数组下界为 low、上界为 high，当 high ≥ low 时，中间项下标 mid = (low+high)/2，根据要查找的 key 值与中间项 a[mid] 的比较结果，有如下 3 种情况。

① key>a[mid]，则 low=mid+1，后半部分作为继续查找的区域。

② key<a[mid]，则 high=mid−1，前半部分作为继续查找的区域。

③ key=a[mid]，则查找成功，结束查找。

这样每次查找区间缩小一半，直到查找到或者 low 大于 high 时结束。

若有一组有序数 a[n]，n=11；要查找的数 key 为 21，查找过程如图 9.2.11 所示，流程如图 9.2.12 所示。

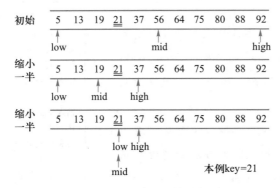

图 9.2.11 二分法查找示意图

拓展：二分法是计算机每次缩小搜索范围的策略，实际上大家熟悉的猜数游戏，就是猜数者根据数的范围利用二分法实现猜数的好策略。

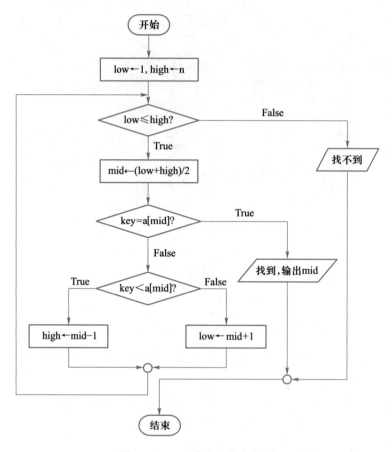

图 9.2.12 二分法查找流程图

从上述两例可以看出，对于有 n 个元素的数据序列，顺序查找平均花费的时间为 $t = \dfrac{n+1}{2}$；二分法查找平均花费的时间为 $t = \log_2(n)$。

例 9.15 利用二分法设计人与计算机之间的猜数游戏。由计算机随机产生一个 $[1,100]$ 的任意整数 key，让用户猜这个数。用户输入一个数 x 后，计算机根据 3 种情况：x > key（太大）、x < key（太小）、x = key（成功）给出提示，则成功结束；如果猜测 6 次后还没有猜中，就结束游戏并公布正确答案。程序运行结果如图 9.2.13 所示。请读者自行写出实现该功能算法的代码。

```
输入猜测的数：50
50  大了
输入猜测的数：25
25  大了
输入猜测的数：12
12  小了
输入猜测的数：18
18  小了
输入猜测的数：21
21  小了
输入猜测的数：23
23  恭喜你猜对了！你猜了 6 次
```

图 9.2.13 猜数游戏运行结果

9.3 程序设计和方法

程序设计是给出解决特定问题程序的过程。程序设计往往以某种程序设计语言为工具，给出这种语言下的程序。本节介绍程序设计的一般过程和程序设计的方法。

9.3.1 程序设计的一般过程

熟练的程序设计技能是在知识与经验不断积累的基础上发展而来的。程序的设计和编写如同写作文，靠的是日积月累，写作文时，一般不会在拿到作文题目后直接开始撰写，而是要通过审题、构思、提纲、成文、润色等几个步骤。

编写程序解决问题的过程一般包括如图 9.3.1 所示的 5 个步骤。在处理过程中每个步骤都是很重要的。前两个步骤做好了，在后面的步骤中就会花费较少的时间和精力，少走弯路。

本书涉及的问题都比较简单，但这并不意味着可以省略编写代码之前的准备工作。

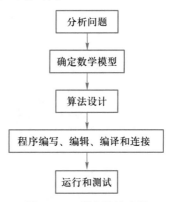

图 9.3.1 程序设计步骤

1. 分析问题

在开始解决问题之初，首先要弄清楚所求解问题相关领域的基本知识，应理解和明确以下几点。

① 分析题意，搞清楚问题的含义，明确要解决问题的目标是什么。

② 问题的已知条件和已知数据是什么？

③ 要求解的结果是什么？需要什么类型的报告、图表或信息？

2. 确定数学模型

在分析问题的基础上，要建立计算机可实现的数学模型。确定数学模型就是把实际问题直接或间接转化为数学问题，直到得到求解问题的公式。

例如，对求解一元二次方程 $ax^2+bx+c=0$ 的根，求根公式

$$x_{1,2}=\frac{-b\pm\sqrt{b^2-4ac}}{2a}$$

就是解本题的数学模型，可直接用求根公式计算。对于高次方程，没有直接的数学模型，则需要通过数值模拟的方法求得方程的近似解。

建模是计算机解题中的难点，也是计算机解题成败的关键。

3. 算法设计

算法是求解问题的方法和步骤,设计是从给定的输入到期望的输出的处理步骤。学习程序设计最重要的是学习算法思想,掌握常用算法并能自己设计算法。

求解一元二次方程根问题的算法如下。

① 输入方程的 3 个系数 a、b、c。

② 根据判别式值的 3 种情况:小于 0、等于 0、大于 0,做出求解结果的判断和处理。

③ 输出结果。

对于大问题、复杂问题,需要将大问题分解成若干个子问题,每个子问题作为程序设计的一个功能模块。算法是某个具体模块功能的实现方法和步骤,是对问题处理过程的进一步细化。

例如,计算机基础教学网站设计的功能结构如图 9.3.2 所示。

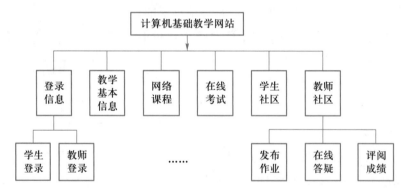

图 9.3.2   计算机基础教学网站结构图

4. 程序编写、编辑、编译和连接

当正确地完成步骤 3 后,编写程序代码将相对简单。要编写程序代码,首先要选择编程语言,然后按照算法并根据语言的语法规则写出源程序。

当然,计算机是不能直接执行源程序的,在编译方式下必须通过编译程序将源程序翻译成目标程序,这期间编译器对源程序进行语法和逻辑结构检查。这是一个不断重复进行的过程,需要耐心和毅力,还需要程序调试经验的积累。

生成的目标程序还不能被执行,还需通过连接程序将目标程序和程序中所需的系统中固有的目标程序模块(如调用的标准函数、执行输入输出操作的模块)连接后生成可执行文件。

5. 运行和测试

程序运行后会得到运行结果。但是,数学公式是在公理和定理的前提下依照严密的逻辑推理得到的，所以数学公式的正确性是毋庸置疑的。而程序是由人设计的，因此，如何保证程序的正确性，如何证明和验证程序的正确性是一个极为困难的问题，比较实用的方法就是测试。

测试的目的是找出程序中的错误。测试是以程序通过编译，没有语法和连接上的错误为前提的。在此基础上，可让程序试运行一组数据，看程序是否满足预期结果。这组测试数据应是以任何程序都存在错误为前提精心设计出来的，称为测试用例。

例如对求解一元二次方程 $ax^2+bx+c=0$ 的根，测试用例可分别考虑 $a=0$、$b=0$、$c=0$、$b^2-4ac \geq 0$、$b^2-4ac<0$ 等各种特殊情况时对应输入 a、b、c 的值，观察程序运行的结果。

9.3.2 程序设计方法

为有效进行程序设计，除了要仔细分析数据并精心设计算法外，程序设计方法也很重要，它在很大程度上影响到程序设计的成败以及程序的质量。目前最常用的是结构化程序设计方法和面向对象的程序设计方法。无论哪种方法，程序的可靠性、易读性、高效性、可维护性等都是衡量程序质量的重要特性。

1. 结构化程序设计

在计算机刚出现时，它的价格昂贵、内存很小、速度不高。程序员为了在很小的内存下解决大量的科学计算问题，并为了节省昂贵的 CPU 机时费，不得不使用巧妙的手段和技术，手工编写各种高效的程序。其中显著的特点是在程序中大量使用 GOTO 语句，使得程序结构混乱、可读性差、可维护性差、通用性更差。

结构化程序设计的概念最早是由荷兰科学家 E. W. Dijkstra 于 1965 年提出的，他指出：可以从高级语言中取消 GOTO 语句，程序的质量与程序中所包含的 GOTO 语句的数量成反比；任何程序都基于顺序、选择、循环 3 种基本的控制结构；程序具有模块化特征，每个程序模块具有唯一的入口和出口。这为结构化程序设计的技术奠定了理论基础。

结构化编程主要包括如下两个方面。

① 在软件设计和实现过程中，提倡采用自顶向下、逐步细化的模块化程序设计原则，构成如图 9.3.3 所示的树状结构。

② 在编写底层模块代码时，强调采用单入口、单出口的 3 种基本控制结构（顺序、选择、循环），限制使用 GOTO 语句，构成如同一串珠子一样顺序清楚、层次分明的结构，如图 9.3.4 所示。

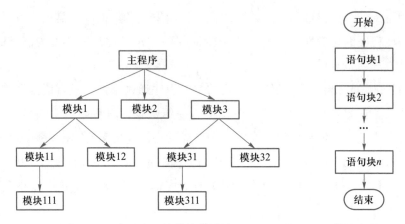

图 9.3.3   自顶向下的模块化设计   图 9.3.4   模块内单入口和单出口

结构化程序的结构简单清晰，可读性好，模块化强，描述方式符合人们解决复杂问题的普遍规律，在软件重用性、软件维护等方面有所进步，可以显著提高软件开发的效率。因此，在应用软件的开发中发挥了重要的作用。

2. 面向对象程序设计

结构化程序设计方法虽已得到广泛使用，但如下两个问题仍未得到很好解决。

（1）难以适应大型软件的设计

结构化程序设计注重实现功能的模块化设计，而被操作的数据处于实现功能的从属地位。其特点是程序和数据是分开存储的，即数据和处理数据分离。因此在大型软件系统开发中容易出错，代码难以维护。

（2）程序可重用性差

结构化程序设计方法不具备"软件部件"的工具，即使是面对老问题，数据类型的变化或处理方法的改变都必将导致重新设计。

由于上述缺陷，结构化程序设计已不能满足现代化软件开发的要求，一种全新的软件开发技术应运而生，这就是面向对象程序设计（object-oriented programming，OOP）。

面向对象程序设计是 20 世纪 80 年代初提出的，起源于 Smalltalk 语言。用面向对象的方法解决问题，不再将问题分解为过程，而是将问题分解为对象。对象是现实世界中可以独立存在、可以区分的实体，也可以是一些概念上的实体。世界是由众多对象组成的。对象有自己的数据（属性），也有作用于数据的操作（方法），将对象的属性和方法封装成一个整体称为类，供程序设计者使用。对象之间的相互作用通过消息传递来实现，如图 9.3.5 所示。尤其是如今的可视化编程环境中，系统事先已经建立好了很多类，程序设计的过程就如同"搭积木"的拼装过程，如图 9.3.6 所示。这种面向对象、可视化程序设计的风格简化了程序设计。目前，这种"对象+消息"的面向对象的程序设计模式有取代"数据结构+算法"的面向过程的程序设计模式的趋势。

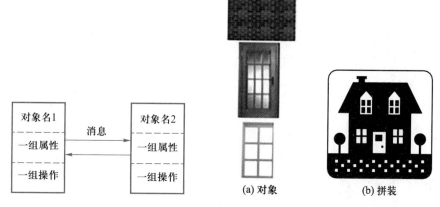

图 9.3.5 对象的结构　　　　图 9.3.6 面向对象程序设计

当然，面向对象程序设计并不是要抛弃结构化程序设计方法，而是站在比结构化程序设计更高、更抽象的层次上解决问题。当所要解决的问题被分解为低级代码模块时，仍需要结构化程序设计的方法和技巧。但是，它将一个大问题分解成小问题时采取的思路却与结构化程序设计方法是不同的。

① 结构化的分解突出过程，重点关注如何做（How to do）。它强调代码的功能如何得以完成。

② 面向对象的分解突出真实世界和抽象的对象，重点关注做什么（What to do）。它将大量的工作交由相应的对象来完成，程序员在应用程序中只需说明要求对象完成的任务。

面向对象的程序设计给软件的发展带来了以下益处。

① 符合人们习惯的思维方法，便于分析复杂而多变的问题。

② 易于软件的维护和功能的增减。

③ 可重用性好，能用继承的方式减短程序开发所花的时间。

④ 与可视化技术相结合，改善了工作界面。

例如，前面介绍了，如何利用结构化程序设计的循环和选择结构实现排序的各种算法思想。而在面向对象程序设计中，例如 Python 语言，利用对象的 sort( ) 和 reverse( ) 方法就可方便地实现对数据进行递增和递减排序。

目前常用的面向对象程序设计语言有 C++、Java、Python 等，而 Visual Basic、C# 等是面向对象的可视化程序设计语言。它们虽然风格各异，但都具有共同的思维和编程模式。

思考题

1. 什么是程序？什么是计算机程序？列举一个日常生活中的例子并以程序形式表示。

2. 简述机器语言、汇编语言、高级语言各自的特点。

3. 简述解释和编译的区别。

4. 简述将源程序编译成可执行程序的过程。

5. 什么叫算法？描述算法有哪几种方法？比较它们的优缺点。

6. 算法的要素是什么？算法的特征是什么？

7. 算法的表示形式有哪几种？

8. 根据下面的算法，参考表 9.1.1 的流程图常用符号，画出该题的流程图，实现输入两个数并显示出其中的较大数。

   （1）输入 A、B 两个数。

   （2）比较这两个数，判断哪个数大，将较大数放入 BIG 变量中。

   （3）显示较大数。

9. 用伪代码和流程图编写一个算法，要求实现重复输入 10 个数，显示每个数及其平方数。

10. 用伪代码和流程图编写一个算法，实现重复输入若干个学生的大学计算机课程考试成绩，并显示该成绩，直到用户输入 −1 为止，然后显示平均成绩。

11. 参考枚举算法思想和例 9.8，写出求方程

$$i^3+j^3+k^3=1$$

根的伪代码，其中 i、j、k 的取值范围为 $-3 \leqslant i \leqslant 5$、$-5 \leqslant j \leqslant 6$、$-4 \leqslant k \leqslant 2$。

12. 用伪代码或流程图编写一个算法，实现重复输入 10 个数，求最小值和最大值，并显示结果。

13. 用流程图表示下述数列的前 n 项之和，n 通过输入获得。

$$s=1+1+2+3+5+8+\cdots$$

14. 结构化程序设计的 3 种基本结构是什么？

15. 简述面向对象程序设计的类、对象的基本概念。

16. 简述各种高级语言的特点。

第 10 章
Python 程序设计初步

程序设计是将人们制定的对实际问题的解决方案用程序设计语言表达出来，并在计算机上执行，最终求得计算结果的过程。

本章以 Python 语言为程序设计工具，通过了解 Python 语言的基本语法、运算规则和结构化程序设计的 3 种基本结构以及常用算法，使读者了解计算机解决问题的基本思想和方法，掌握简单程序的编写和运行，为后续程序设计课程打好基础。

电子教案：
Python 程序
设计初步

10.1　Python 简介

Python 是由荷兰人 Guido van Rossum 设计的面向对象的、解释型的高级程序设计语言。从 1989 年初诞生至今，由于其简单易学、简洁优美、开源、拥有丰富强大的库等特点，已逐渐成为最受欢迎的程序设计语言之一。Python 最初作为一种脚本语言，用于处理系统管理任务。随着互联网应用的快速发展，现在被广泛应用于网络编程、游戏编程、Web 开发、数据分析、科学计算、人工智能、机器学习等领域。例如，谷歌公司推出的 Engine 云计算环境，首先发布的就是 Python 语言版本的平台。

10.1.1　简单的 Python 程序实例

下面通过两个简单的实例了解 Python 程序的运行方式和书写规则。

1. Python 程序运行方式

例 10.1　"Hello World!" 通常是学习程序设计的第一个小程序，即在屏幕上显示 "Hello World!" 问候语。

使用 Python 实现此功能仅需一行语句，在命令行中输入的代码和执行情况如下。

```
>>> print("Hello World!")
Hello World!
>>>
```

例 10.2　已知一元二次方程的 3 个系数 a、b、c，求两个实根 x_1、x_2。

分析：输入系数 a、b、c，根据判别式 $\sqrt{b^2-4ac} \geqslant 0$ 判断有两个实根，即 $x_1 = \dfrac{-b+\sqrt{b^2-4ac}}{2a}$ 和 $x_2 = \dfrac{-b-\sqrt{b^2-4ac}}{2a}$；输出 x_1、x_2。

在 Python 的 IDLE 编辑窗口中输入程序代码如下。

```
from math import *              # 导入库文件
a,b,c=eval(input("输入 a,b,c:"))  # 输入 3 个系数
d=b*b-4*a*c                     # 计算
if d>=0 :                       # 根据判别式确定是否有实根
    x1=(-b+sqrt(d))/(2*a)       # 有实根,求得实根
```

```
        x2 = (-b-sqrt(d))/(2*a)
        print("x1 = %8.3f\nx2 = %8.3f"%(x1,x2))        # 输出结果
    else:
        print("无实根")                                  # 显示无实根
```

程序运行效果如图 10.1.1 所示。

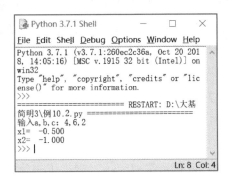

图 10.1.1   Shell 运行窗口

通过上面两个例子可以看出，Python 支持命令行交互和程序执行两种运行方式。

2. 编码和书写规则

每种程序设计语言书写的程序都有其结构和编码规则，这如同写作文也有文章的结构和书写规则一样。从上例可以看到 Python 程序设计语言代码的书写规则如下。

① Python 程序由一个或多个语句组成，从上到下按次序执行。

② 注释是从 "#" 开始到本行结束的内容。除了增加程序的可读性之外，没有其他作用。若是多行注释，则将注释用成对的三个单引号 "'''" 括起来。

③ 一般情况下，一行只写一个语句。若一条语句太长需要换行，则应在换行处加上 "\" 表示换行。一行写多个语句时，语句之间用 ";" 分隔。

④ 缩进是 Python 简洁的特征之一。虽然可以缩进，但也应按编辑器的指示规范缩进，而不能任意缩进，也不要使用 Tab 键进行缩进。

⑤ Python 中大小写字母是有区别的，这一点初学者要特别注意。

10.1.2   Python 的安装和开发环境

在 Windows 下，Python 的常用集成开发环境（integrated development environment，IDE）有两个：一个是 IDLE，它是 Python 内置的一个小巧的集成开发环境，常用于简单应用程序的开发，本书使用该开发环境；另一个是 Anaconda，它集成了大量的科学

计算包，使用中一般不需要安装第三方库。

1. IDLE 下载

Python 是一个跨平台的编程语言，用它编写的程序可以运行在 Windows、Mac OS 和各种 Linux 与 UNIX 系统上。用户可以直接从 Python 官网下载最新版本的 Python 安装包。本书使用的版本是 Python 3.7.1，对应的安装文件为 Python 3.7.1.exe。安装后在 Windows "开始"菜单中出现了 Python 程序组，如图 10.1.2 所示。选择程序组中的 IDLE 命令就可进入集成开发环境。

图 10.1.2　"开始"菜单中的 Python 程序组

2. 程序的编写和运行方式

IDLE 开发环境有两种运行方式。

（1）命令行交互方式

在 shell 窗口下，在 Python 提示符 ">>>"后，用户每输入一个语句，按回车键后，系统就执行该语句，显示结果。即每一个语句均可以在 Python 提示符 ">>>"下，按照交互的方式直接独立运行。此方式适合单语句，且语句不能保存。

例 10.1 就是以命令行方式输入语句和运行的。

（2）文件执行方式

命令行交互方式给简单的数据处理带来了方便，但是，对于复杂的数据处理，还需要设计相应的程序，并按照文件执行方式快速高效地实现预定的任务。

在 IDLE 开发窗口中，通过 "File"菜单的相关菜单项可新建、保存、打开文件，通过 "Run"菜单的 "Run Module"命令可执行程序。保存的文件扩展名为 ".py"。

例 10.2 就是用程序方式输入程序代码的，如图 10.1.3 所示。在 Shell 窗口中显示的程序运行及输入输出过程如图 10.1.1 所示。

图 10.1.3　IDLE 开发窗口

本书都是以这两种方式来执行语句或程序的。

10.2　Python 程序设计语言基础

为便于读者学习掌握程序设计的思想、算法和编程调试，本节对 Python 程序设计语言做简要介绍。

10.2.1　变量和数据类型

计算机程序是通过计算来解决实际问题的。计算中涉及的数据在程序中以常量或变量的形式出现。变量有不同的数据类型，数据类型规定了如何存储不同种类的数据以及可以对它进行的操作。如例 10.2 中的 a、b、c 以及 x_1、x_2 等都是变量，它们都是数值类型，可以进行数值计算。

1. 数据类型和常量表示

外出旅行预订宾馆房间，有套房、单人房、双人房和多人房等选择，这涉及住的人数、房间大小和所付的费用。同样，在程序中对于要处理的数据，也要根据其类型不同分配不同的存储空间。为有效保存、处理数据，各种程序设计语言都会提供若干种数据类型供用户在程序设计中使用。

在 Python 语言中，数据类型分为基本数据类型和复合数据类型两大类。本书主要对常用的基本数据类型及常量表示形式进行介绍，如表 10.2.1 所示。

数据类型	保留字	对应常量例	说　明
逻辑型	bool	True、False	数值非 0 为 True，0 为 False
整型	int	123、0O173、0X7B	以 0O 或 0o 开始表示八进制数，以 0X 或 0x 开始表示十六进制数
浮点型	float	123.0、0.123E3	7 位有效位，E 或 e 表示指数形式
字符串	str	"Hello World!"	一对单引号或双引号内的字符

◀表 10.2.1　常用基本数据类型

2. 变量

变量是在程序运行过程中其值可以变化的量。变量具有名字，不同的变量是通过名字相互区分的，因此变量名具有标识作用，故称为标识符。

在绝大多数语言中，变量必须先声明后使用，编译系统根据每个变量的数据类型为其分配相应的内存单元。在 Python 中，不需要事先声明变量名及其数据类型，直接通过赋值语句就可创建变量，其数据类型与所赋的值一致。不仅变量的值可以变化，变量的数据类型也可相应变化。因此 Python 属于动态类型的程序设计语言。通过"type（变量名）"可以获得变量的数据类型。

3. 标识符

标识符是指在程序书写中，程序员为一些要处理的对象起的名字，包括变量名、函数名、类名、对象名等。在 Python 中，标识符的命名规则如下：以字母、汉字或下画线开头，后面可跟字母、汉字、数字、下画线的序列。例如，area、score_list、x123、学号等都是合法的标识符；而 3x、x-y、x·y 等是非法的标识符。

注意：Python 区分大小写，即 x123、X123 是两个不同的变量名，且关键字不能用于命名变量。某些单词在 Python 中有特殊用途，这些单词被称为关键字，也叫作保留字。

10.2.2　运算符和表达式

1. 运算符

众所周知，计算机不但能进行算术运算，还能进行关系运算、逻辑运算等，这些都通过相应的运算符来实现。

表 10.2.2 列出了常用的运算符。

▶表 10.2.2
常用的运算符

运算符类别	运算符	含　义	举　例
算术	−	负号，单目运算	若 a=3，则 −a 结果为 −3
	**	幂运算	4**2 的结果为 16
	*、/、//、%	乘、除、整除、取余数	4/2 的结果为 2.0，整数相除的结果为浮点数 10//3 的结果为 3，10%3 的结果为 1
	+、−	加、减	4+2.0 的结果为 6.0 浮点数与整数运算的结果为浮点数
字符串	+	字符串连接	'abc'+'123' 的结果为 'abc123'
	*	字符串复制	'abc'*3 的结果为 'abcabcabc'
	in	子串测试。s1 若是 s2 的子串则返回 True，否则 False	'大学' in '同济大学' 的结果为 True
	[i]	索引操作，取某字符	s='abc123'，s[0] 的结果为 'a' 第 1 个字符索引号为 0
	[n:m]	切片操作，返回索引号 n 到 m 但不包括 m 的子串；省略 n 表示从头开始，省略 m 表示取到字符串结束	st2="abcdefg" st2[:3]　结果：'abc' st2[3:]　结果：'defg' st2[:]　结果：'abcdefg'

续表

运算符类别	运算符	含　义	举　例
关系	==、>、>=、<、<=、!=	对两操作数进行大小比较，结果为 True 或 False	"ABCDE" > "ABR" 的结果为 False 字符串比较按字符的 ASCII 码值从左到右逐一比较，当某字符大则该字符串大，比较结束
逻辑	not	取反，单目运算	not True 的结果为 False；同样，not False 的结果为 True
	and	与，也称逻辑乘	当有一操作数是 False 时，结果为 False 只有两个操作数均为 True 时结果才为 True
	or	或，也称逻辑加	当有一操作数是 True 时，结果为 True 只有两个操作数均为 False 时结果才为 False
赋值	=	赋值	x=3.5 变量 x 获得值 3.5
	算术运算符=	复合赋值	a*=b+3 等价于 a=a*(b+3)
	链式赋值，将同一个值赋给多个变量		x=y=z=1 x、y、z 三个变量都获得值 1
	序列解包赋值，用同一个赋值号 "=" 给不同的变量分别赋值		x, y, z=2, 4, 6 x、y、z 三个变量依次获得 2、4、6 的值

例 10.3 利用算术整除和取余运算符，输入秒数，以小时、分、秒形式显示。

```
x =int(input("输入秒数"))
s = x%60            # 求得秒数
m = x //60 % 60     # 求得分钟
h = x // 3600       # 求得小时
print(h,":",m,":",s)
```

运行结果如下。

```
输入秒数 200000
55 : 33 : 20
```

思考：如何将一个三位数倒置，例如 n=345，倒置后为 543。

对运算符的使用说明如下。

（1）字符串运算符

① 索引。字符串中的每个字符都是有索引号的，通过索引号和索引操作符 "[ ]"

可以获取单个字符或子串。索引有两种表示方式，即正向递增索引和反向递减索引。例如 st2 变量的字符串，正向和反向索引如图 10.2.1 所示。st2[3] 与 st2[−4] 都表示通过索引获取到字符'd'。

图 10.2.1　序列的正向和反向索引

② 切片。利用 [n:m] 操作符可以对字符串进行任意切片，获得所需的子串，子串包含 n，但不包含 m。

例如：st2[3:]、st2[3:7] 都表示通过切片获取子串'defg'，而 st2[:3] 的结果为'abc'。

（2）逻辑型表达式的简化书写

在程序设计语言中，当要表示代数中的表达式时，需要用逻辑运算符将两个关系表达式连接起来。例如，要表示变量 x 在某取值范围内，如 $3 \leqslant x < 10$，应写成 3 <= x and x < 10，在 Python 中还可简化表示成 3 <= x < 10。

2. 表达式

表达式是由常量、变量、运算符、函数和圆括号按一定规则组成的。表达式的书写有一定规则，但要注意以下几点。

① 表达式书写规则。在一行上自左向右书写，不能连续出现两个运算符，乘号不能省略。例如，x 乘以 y 应写成 x * y。

② 运算规则。当一个表达式中多种不同类型的运算符同时出现时，运算符优先级如下：

算术运算符或字符串运算符>关系运算符>逻辑运算符

当然，算术运算符、逻辑运算符内各自都有不同的优先级，字符串运算符、关系运算符内的优先级相同。增加圆括号可以改变表达式中运算符的优先级并增加可读性，圆括号必须成对出现。

3. 常用系统函数

Python 的强大之处就在于提供了丰富的库函数，库函数以模块化的方式组织，便于管理和使用。Python 的系统函数由标准库中的很多模块提供。标准库中的模块又分为内置模块和非内置模块。内置模块中的函数可以直接使用，非内置模块要先导入模块再使用。

函数调用形式：函数名（参数列表）

（1）常用的内置函数

常用的内置函数如表 10.2.3 所示。

函 数 名	描　述	实　例	结　果
int(x)	若 x 是浮点数则取整，即去除小数部分 若 x 是数字字符串，则转换成整数	int(2.5) int("23")	2 23
float(x)	将 x（数字字符串或整数）转换成浮点数	float("23.4") float(3)	23.4 3.0
str(x)	将 x（数值型或布尔型）转换成字符串	str(23.4) str(True)	'23.4' 'True'
eval(str)	将字符串 str 当成有效表达式来求值，并返回计算结果 常用于在 input() 函数中对多个变量输入	eval('3+4') eval('True') eval('3,4,5')	7 True (3,4,5)
len(s)	返回字符串长度	len("abcdefg")	7
chr(n)	返回字符编码 n 对应的单字符	chr(65)	'A'
ord(s)	返回单字符对应的编码	ord('A')	65

◀表 10.2.3
常用的内置
函数

（2）非内置模块的常用函数

非内置模块要先导入模块再使用。例如，使用数学库函数须导入 math 模块。一般使用两种方式整体导入模块。

import 模块名 [as 别名]　　　# 调用时形式:模块名. 函数名(参数序列)

from 模块名 import *　　　# 调用时形式:函数名(参数序列)

两种方式的区别是，前者调用函数时通过点符号"."连接模块名和函数名，后者仅写函数名即可。

常用的数学函数和常数如表 10.2.4 所示。

函数或常数	含　义	实　例	结　果
pi	常数 π	pi	3. 141 592 653 589 793
e	常数 e	e	2. 718 281 828 459 045
cos(x)	返回 x 的余弦值	cos(0)	1.0
exp(x)	返回以 e 为底的幂，即 e^x	exp(3)	20. 085 536 923 187 668
log(x)	返回自然对数（以 e 为底）	log(10)	2. 302 585 092 994 046
log10(x)	返回常用对数（以 10 为底）	log10(10)	1.0
sin(x)	返回 x 的正弦值	sin(0)	0.0
sqrt(x)	求 x 的平方根	sqrt(9)	3.0
tan(x)	返回 x 的正切值	tan(0)	0.0

◀表 10.2.4
常用的数学函
数和常数

10.2.3　输入和输出

程序的框架一般是输入原始数据,通过计算将结果输出。程序的输入输出分为两大类:一类是人机交互,把人们可以识别的形式(字符串、数)按一定格式输入程序的变量中,输出则相反,是按用户要求的格式将变量或常量的值显示出来;另一类是程序之间以文件形式传送数据。本节介绍第一类。

1. 数据的输入

Python 语言利用 input( )函数实现输入,调用形式如下。

>   input([提示字符串])

注意:函数调用返回的是字符串类型,可通过 int( )、float( )类型转换函数进行类型转换;也可通过 eval( )函数对多个变量进行输入。

2. 数据的输出

Python 语言常用 print( )函数输出。调用形式如下。

>   print([输出项,...][,sep=分隔符][,end=结束符])

其中,输出项是以逗号分隔的表达式;sep 表示各输出项间的分隔,默认为空格;end 表示结束符,默认 print 执行结束后会换行。

> **例 10.4**　print( )函数输出示例。

```
>>>for i in range(10): # for 是循环结构语句,range(10)产生[0~10)间的序列
        print(i,i∗i,sep=",",end=";")
0,0;1,1;2,4;3,9;4,16;5,25;6,36;7,49;8,64;9,81;
```

若要每行输出一对,用默认方式空格分隔、每对结束换行,输出 3 对,则代码如下。

```
>>>for i in range(3):
        print(i,i∗i)
0 0
1 1
2 4
```

说明:

(1) 为了控制格式输出,最简单的是使用转义符。最常用的转义符"\t"为横向制表符,"\n"为换行。

(2) 对于更加个性化的格式输出要求,可利用格式控制符。形式如下。

print("格式字符串"%(数据项1,数据项2,…))

① 格式字符串作为模板，模板中有显示的原样字符（包括转义符）和格式符，格式符为输出值预留位置；数据项1，数据项2，… （即输出元组序列）将多个值依次传递给模板的对应格式符。

② 格式符一般形式如下。

%［m］［.n］类型符

其中，m 为输出最小宽度；类型符为输出数据的类型。

③ 常用的格式符如表 10.2.5 所示。

格 式 符	%d	%c	%s	%f 或%F	%e 或%E
类型符	d	c	s	f 或 F	e 或 E
对应输出数据类型	整数	单个字符	字符串	浮点数	指数形式

◀表 10.2.5
常用的格式符

例10.5 字符串格式化操作符%输出应用。已知 x = 1234.567, n = 1234567, a = "PythonOk"，则代码如下。

```
>>>print("x=%6.2fa=%sn=%d"%(x,a,n))
x=1234.57a=pythonOkn=1234567
>>>print("x=%13.5fa=%13sn=%13d a[1]=%c"%(x,a,n,a[1]))
x=    1234.56700a=        PythonOkn=         1234567 a[1]=y
```

说明：除了"%"方式控制格式输出外，Python 还提供了 format 方法。

10.3 控制结构

结构化程序设计包括顺序结构、选择结构和循环结构 3 种控制结构，它们构成了程序的主体。程序设计语言一般都具有这 3 种控制结构，但它们的表示形式有所不同。

10.3.1 顺序结构

顺序结构是按照语句出现的先后顺序依次执行的，如图 10.3.1 所示。程序执行"语句块 1"后再执行"语句块 2"。这里的语句块可以是简单语句、控制结构语句，也可以是单语句或多语句。

在 Python 程序设计中，最常见的简单语句为输入输出语句和赋值语句，由其构成的一个最简单的程序构架如图 10.3.2 所示。

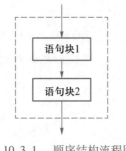

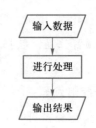

图 10.3.1 顺序结构流程图   图 10.3.2 程序的基本构架

10.3.2 选择结构

程序运行中，需要根据不同的条件决定程序的执行分支。Python 中提供了 if 语句的多种子句形式，构成单分支、双分支和多分支结构。

1. 单分支结构——if 语句

语句形式如下。

    if　<表达式>：

        <语句块>

该语句的作用是当"表达式"值为 True 时执行"语句块"；若为 False，则跳过语句块，继续执行 if 语句的下一语句。流程图如图 10.3.3 所示。

注意：

（1）在 Python 中，语句块是用冒号（:）开头的，之后同一语句块内有相同的缩排，不可混用不同的空格数量（默认为 4 个），也不能混用空格、Tab 键。

（2）语句块的使用和书写规则在下面选择结构的 else、elif 子句，循环结构的循环体，函数定义中的过程体等中都相同，不再重复说明。

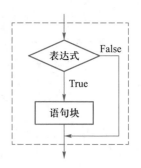

图 10.3.3 单分支结构

2. 双分支结构——if…else 语句

语句形式如下。

    if　<表达式>：

        <语句块 1>

    else：

        <语句块 2>

该语句的作用是当表达式的值为 True 时，执行语句块 1；否则执行 else 后面的语句块 2，其流程图如图 10.3.4 所示。

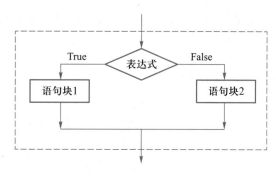

图 10.3.4 双分支结构

3. 多分支结构——if…elif…else 语句

双分支结构只能根据条件的 True 和 False 决定处理两个分支中的其中一个。当实际处理的问题有多种条件时，就要用到多分支结构。

语句形式如下。

if   <表达式 1>：

    <语句块 1>

elif   <表达式 2>：

    <语句块 2>

    …

［else：

    <语句块 $n+1$>   ］

该语句的作用是根据不同表达式的值确定执行哪个语句块，测试条件的顺序为表达式 1、表达式 2……一旦遇到表达式的值为 True，则执行该条件下的语句块，然后执行多分支结构的下一语句。其流程图如图 10.3.5 所示。

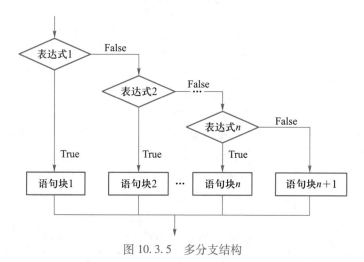

图 10.3.5 多分支结构

例 10.6　已知字符变量 ch 中存放了一个输入的字符，判断该字符是字母字符、数字字符还是其他字符，并作相应的显示，程序代码如下。

```python
# 输入字符,显示输入的是何种类型字符
ch = input("输入一个字符:")
if 'a'<=ch. lower( ) <= 'z':              # 转换为小写字母或大小写字母均考虑
    print( ch + "是字母字符")
elif '0'<= ch <= '9':                     # 表示是数字字符
    print( ch + "是数字字符")
else:
    print( ch +"是其他字符")              # 除上述字符以外的字符
```

程序运行结果如下。

```
输入一个字符:e
e 是字母字符
```

例 10.7　已知某课程的百分制成绩 mark，要求将其转换成对应五级制的评定等级 grade，评定条件如下。

$$等级 = \begin{cases} 优 & mark \geqslant 90 \\ 良 & 80 \leqslant mark < 90 \\ 中 & 70 \leqslant mark < 80 \\ 及格 & 60 \leqslant mark < 70 \\ 不及格 & mark < 60 \end{cases}$$

根据评定条件，3 种不同的方法分别如下所示。

方法一	方法二	方法三

if mark>=90:
    grade="优"
elif mark>=80:
    grade="良"
elif mark>=70:
    grade="中"
elif mark>=60:
    grade="及格"
else:
    grade="不及格"
	if mark>=60:
	    grade="及格"
	elif mark>=70:
	    grade="中"
	elif mark>=80:
	    grade="良"
	elif mark>=90:
	    grade="优"
	else:
	    grade="不及格"
		if mark>=90:
		    grade="优"
		elif 80<=mark<=89:
		    grade="良"
		elif 70<=mark<=79:
		    grade="中"
		elif 60<=mark<=69:
		    grade="及格"
		else:
		    grade="不及格"

思考：上述 3 种方法中语法都没有错，但运行结果不同，请问哪种方法有问题？如何改正？对此类分段函数类统计，如何设计才能防止出现此类问题？

10.3.3 循环结构

计算机最擅长的就是重复执行某个工作，这通过循环结构来实现。在 Python 语言中，常用 for 和 while 两种语句来实现循环功能。

1. for 语句

在一般程序设计语言中，for 语句常称为计数型循环语句；而在 Python 语言中，for 语句除了具有计数循环功能外，还是一个通用的序列迭代器，可以遍历任何序列中的成员。for 语句形式如下。

  for <循环变量> in <序列>：

    <循环体>

for 语句的作用是用序列中的成员逐一赋值给循环变量，对每一次成功的赋值都执行一遍循环体。当序列都遍历完，即每一个值都用过了，则循环结束，接着执行 for 语句的下一条语句。

注意：

（1）序列可以是字符串、列表、元组、集合等，还可以是常用的 range( ) 函数。

（2）循环的次数由序列中的成员个数决定。

（3）序列后要有冒号，循环体要右缩排。

for 语句的流程图如图 10.3.6 所示。

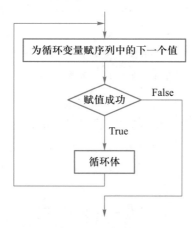

图 10.3.6 for 语句实现的流程

  例 10.8 输入一个字符串，检验输入的是否全部是数字字符。

分析：从字符串中逐一取出字符，判断其若是非数字字符，则该字符串是非数字字符串。取字符有两种方法，即遍历法或索引法。

方法一:遍历法	方法二:索引法
str=input("输入字符串:")	str=input("输入字符串:")
isnumeric=True	isnumeric=True
for c in str:	for i in range(len(str)): #len()求字符串长度
if c not in "0123456789":	if str[i] not in "0123456789":
isnumeric=False	isnumeric=False
if isnumeric:	if isnumeric:
print(str,"是数字字符串")	print(str,"是数字字符串")
else:	else:
print(str,"含有非数字字符")	print(str,"含有非数字字符")

程序运行结果如下。

```
输入字符串:123e567
123e567 含有非数字字符
>>>
输入字符串:1234567
1234567 是数字字符串
>>>
```

说明：range()函数是 Python 的内置函数，用于创建一个整数列表，一般用于 for 语句中，实现如同其他语言中的 for 语句的循环控制功能。range()函数的形式如下。

　　　　range([start,]end[,step])

其中，start 的默认值为 0，step 的默认值为 1；函数返回的结果是一个整数序列的对象，即以起始值为 start、步长为 step、结束值为 end，但不包括 end 的序列对象。

例 10.9　range 函数的使用。

```
>>list(range(10))    # 产生从 0 开始到 9 的数字序列,list 是创建列表的函数
[0,1,2,3,4,5,6,7,8,9]
```

2. while 语句

While 语句常用于控制循环次数未知的循环结构，语句形式如下。

while   <表达式>:
    <循环体>

该语句的作用是先判断<表达式>的值,若为 True,则执行循环体;否则退出循环,执行 while 语句的下一条语句。语句执行的流程如图 10.3.7 所示。

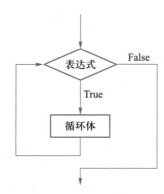

图 10.3.7　while 语句流程图

例 10.10　据统计,2018 年年末我国总人口数为 13.95 亿,人口自然增长率为 3.81‰。若按此增长率,多少年后我国人口数翻倍?

解此问题有以下两种方法。

(1) 可根据公式:

$$27.9 = 13.95(1+0.00381)^n$$

$$n = \log(2)/\log(1.00381)$$

直接利用内置的对数数学函数可求得结果,但求得的年数不为整数,也得不到实际的人数。

(2) 可利用循环计算,根据增长率求得每年的人数,当人口数没有翻倍时重复计算。

代码如下。

```
import math
x = 13.95
n = 0
while x < 27.9:
    n += 1
    x = x * (1+0.00381)
print("用循环求得的年数为:%d 人数为:%f 亿"%(n,x))
```

```
m = math. log(2)/math. log(1.00381)
if int(m)! = m:
    m = int(m)+1                            # 若 m 为非整数,则加 1 年取整
print("用对数求得的年数为:%d" %(m))
```

程序运行结果如下。

```
用循环求得的年数为:183 人数为:27.977053 亿
用对数求得的年数为:183
```

3. 循环结构的其他语句

循环结构中常用的其他语句如下。

① break 语句。从循环体内部跳出,即结束循环,执行循环结构的下一语句。

② continue 语句。跳过本次循环体的余下语句,提前结束本次循环,继续下一次循环。

③ pass 语句。不执行任何操作,实质是空语句;作用就是占据位置。

④ else 子句。循环正常结束后,执行 else 后的语句块。

10.4　初等算法实现

此节主要介绍常用的初等算法的实现,使读者可以进一步理解利用计算机解决实际问题的方法。

10.4.1　求最值

求若干个数中的最大值和最小值问题。

分析:因为计算机同时只能对两个变量值进行比较,所以求若干个数中的最大值,采用如同打擂台的方法。即先假设第 1 个数为最大值初值,成为擂主,依次同第 2,3,…,n 个数据逐一比较,一旦某个数大,马上替换擂主;所有数比较完,也就得到了最大值;如果已知数的范围,也可以先假设一个很小的数为最大值初值,然后依次分别和第 1,2,…,n 个数逐一比较。

求最小值的方法类似。

例 10.11　某班有若干人参加期末考试,求最高分。当输入成绩为 0 时表示输入结束,显示求得的最高分。

实现该功能的流程图如图 10.4.1 所示,其中 x 为每次输入的成绩,xmax 为存放

最高分的变量。实现的程序代码如下。

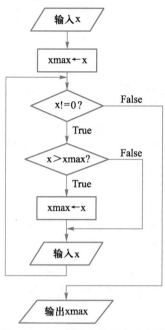

图 10.4.1 求最大值程序流程图

```
x = int(input("输入成绩 x:"))
xmax = x
while x! = 0:
    if x>xmax:
        xmax = x
    x = int(input("输入下一个成绩 x,x = 0 结束:"))
print("最高分是:",xmax)
```

思考：若还要显示最低分，请问代码又该如何编写？

10.4.2 求最大公约数

例 10.12 输入两个自然数，求最大公约数。

分析：求两个自然数 m 和 n 的最大公约数，通常采用辗转相除的欧几里得算法，算法描述如下。

① 已知两数 m、n，使得 $m>n$。

② m 除以 n 得余数 r。

③ 若 $r=0$，则 n 即为最大公约数，算法结束；否则继续进行下一步。

④ 令 $m \leftarrow n$，$n \leftarrow r$，转到第②步。

从算法中可以看出，求最大公约数需要通过循环来实现，终止循环的条件是两数相除的余数为 0。流程如图 10.4.2 所示，代码如下。

```python
m,n=eval(input("输入 m,n"))
if m<n:                    # 若 m<n,则交换,使得 m>=n
    m,n=n,m
r=m % n
while r!=0:
    m=n
    n=r
    r=m % n
print("最大公约数是:",n)
```

当 m、n 输入的值为 10、24 时，程序显示最大公约数为 2，过程如图 10.4.3 所示。

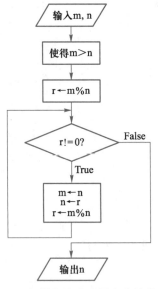

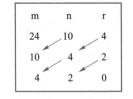

图 10.4.2 辗转相除法求最大公约数流程图   图 10.4.3 辗转相除示例

思考：若要求最小公倍数，程序应如何修改?

10.4.3 求素数

素数又称为质数，就是指除 1 和它本身以外没有其他约数的整数。

例 10.13 求 2 ~ 100 的素数，并且每行显示 8 个素数。

分析：素数就是除 1 和本身以外，不能被其他任何正整数整除的数。

① 根据此定义，要判别某数 m 是否为素数最简单的方法就是依次用 $j=2\sim m-1$ 去除，只要有一个能整除，m 就不是素数，退出循环；若都不能整除，则 m 是素数。

② 对 2~100 的素数，只要增加一个外循环，令 $m=2$，3，…，100 即可。

```
countm = 0
for m in range(2,100):
    for j in range(2,m):
        if m % j ==0:
            break
    else:
        print(m,end = "\t")
        countm+ = 1
        if countm % 8 ==0:
            print("")
```

程序运行效果如图 10.4.4 所示。

2	3	5	7	11	13	17	19
23	29	31	37	41	43	47	53
59	61	67	71	73	79	83	89
97							
>>>							

图 10.4.4　运行效果

思考：利用求素数的算法思想，编程验证哥德巴赫猜想，即任何一个大于或等于 6 的偶数都可以表示为两个素数的和，验证数的范围为 6 ~ 100。

10.4.4　求部分级数和

求多项式部分级数和是用计算机求解初等数学问题近似解的常用方法，如求 π、e、$\sin x$ 等。解决问题的关键是根据部分级数和的展开式找规律、写通项。

例 10.14　求自然对数 e 的近似值，要求其误差小于 0.000 01，近似公式如下。

$$e = 1 + \frac{1}{1!} + \frac{1}{2!} + \frac{1}{3!} + \cdots + \frac{1}{i!} + \cdots \approx 1 + \sum_{i=1}^{n} \frac{1}{i!}$$

分析：本例涉及程序设计中两个重要的运算：累加和连乘。

简化：已知 $(i-1)!$，要求 $i!$，只要 $(i-1)!*i$ 即可，这样就将问题简化成只要通过一重循环求累加和即可。判断循环结束的条件是 $1/i!$ 是否到达精度。代码如下。

```
e=n=i=1   # e 存放结果,n 存放 i!
while 1/n>=0.00001:
    e+=1/n
    i+=1
    n*=i
print("计算了 %d 项的 e 的值是:%7.5f"%(i,e))
```

运行结果如下。

计算了 9 项的 e 的值是:2.71828

从本例可以看出,一般累加和连乘是通过循环结构在循环体内的一句表示累加性
(如 e+=1/n)或连乘性的语句(如 n*=i)实现的。这里要强调的是,对存放累加和
或连乘积的变量,应在循环体外置初值,一般累加时置初值为 0(本例为累加和的第
1 项,累加从第 2 项开始),连乘时置初值为 1。对于多重循环,在内循环结构外还是
外循环结构外置初值,要由待解决的问题决定。

思考:

(1)若要将 while 语句改为 for 语句,程序如何实现?

(2)若要运行显示如图 10.4.5 所示效果,程序要如何修改?

e=1+1/1!+1/2!+1/3!+1/4!+1/5!+1/6!+1/7!+1/8!+
计算了 9 项的e的值是: 2.71828

图 10.4.5　e 的表达式和结果

10.4.5　枚举法

枚举法,亦称穷举法或试凑法。它的基本思想是利用计算机具有高速运算的特
点,将可能出现的各种情况一一罗列测试,直到所有情况验证完为止。若某个情况符
合题目的条件,则为题目的一个答案;若全部情况验证完后均不符合题目的条件,则
问题无解。枚举法是一种比较耗时的算法。枚举的思想可解决许多问题。

例 10.15　计算机破案。在一次交通事故中,肇事车辆撞人后逃逸,警方在现场
找到 3 位目击证人,询问是否看清车辆 5 位数的车牌号码。一位说只看清最左边两位
为 27;一位说只看清最后一位是 3;另一位数学很好,说 5 位数是 67 的倍数,如图
10.4.6 所示。请编程找出该车牌号。

分析：利用枚举法将中间两位可能出现的数字一一罗列出来，和前两位以及最后一位组成的 5 位数判断是否是 67 的倍数。

程序代码如下。

27XX3

图 10.4.6 车牌号

```
for i3 in range(0,10):
    for i2 in range(0,10):
        x = 27003+i3 * 100+i2 * 10
        if x % 67 == 0:
            print(x)
```

程序运行后显示的结果是 27403。

使用类似方法求解"百元买百鸡""水仙花数"等问题，都是通过循环来一一罗列所有可能的解，以测试获得问题的解。

10.4.6 递推法

递推法又称为迭代法，其基本思想是把一个复杂的计算过程转化为简单过程的多次重复，每次重复都从旧值的基础上递推出新值，并由新值代替旧值。

例 10.16 验证角谷猜想。日本数学家角谷静夫在研究数字时发现了一个奇怪现象：对于任意一个正整数 n，若 n 为偶数，则将其除以 2；若 n 为奇数，则将其乘以 3，然后再加 1。如此经过有限次运算后，则能够得到 1。人们把角谷静夫的这一发现叫角谷猜想。

分析：这是一个"递推"问题，先从当前 n 值按照角谷猜想的规则递推出新值，依次递推，直到满足 n 等于 1 的终值为止。

代码如下。

```
n = int(input("输入 n "))
while n>1:
    if n % 2 ==0:
        n = n/2
    else:
        n = n * 3+1
    print("%d"%n,end=";")
```

程序运行结果如图 10.4.7 所示。

```
输入n    100
50; 25; 76; 38; 19; 58; 29; 88; 44; 22; 11; 34; 17; 52; 26; 13; 40; 20; 10; 5; 16; 8; 4; 2; 1;
>>>
```

图 10.4.7   验证角谷猜想示例

类似问题有猴子吃桃子、求高次方程的近似根等。方法是给定一个初值，利用迭代公式求得新值，比较新值与初值的差，若小于所要求的精度，即新值为求得的根；否则用新值替代初值，再重复利用迭代公式求得新值。

10.5   数据可视化

俗话说"一幅画胜过千言万语"，数据可视化是数据处理的一个重要环节，它可以让人们更好地理解、观察数据。

本节介绍的数据可视化利用 numpy 库中的函数产生数据、进行所需的计算来组织数据，然后利用 matplotlib 库的函数实现绘制各类图形和图表来展示数据。

使用 matplotlib 绘制图形，必须先安装 numpy 科学计算模块和 matplotlib 绘图模块，当然，若使用 Anaconda 等集成开发环境，则已经自带这些模块。程序中需要导入这些模块，才能调用这些模块的各类函数实现数据的可视化。

10.5.1   绘图基础

1. 引例——绘制函数图形

例 10.17   绘制 sin 函数图。

代码如下。

```
import matplotlib. pyplot as plt      # 导入 matplotlib 模块的 pyplot 子库
import numpy as np                    # 导入 numpy 模块,别名为 np
x = np. arange(0, 13, 0.01)          # x 是一维数组,取值范围为(0,13)
y = np. sin(x)                       # y 是与自变量 x 相对应的一维数组
plt. plot((-1,13),(0,0),'b')        # 画 x 轴
plt. plot((0,0),(-2,2),'b')         # 画 y 轴
```

```
plt. plot( x,y, color ='g', linewidth =2)    # plt. plot( )函数根据参数绘制正弦函数图
plt. title( "sin" )                          # 设置图标题
plt. grid( True)                             # 图形有网格线
plt. show( )                                 # 显示图形
```

程序运行结果如图 10.5.1 所示。

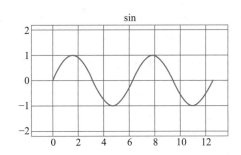

图 10.5.1   例 10.17 程序运行结果

通过引例，大家可以了解到 matplotlib 绘制图形的大致步骤。

① 导入库函数，主要是 numpy 和 matplotlib. pyplot。

② 产生绘图的坐标位置数据，即已知数组 x，通过公式计算获得数组 y。

③ 调用绘图函数绘制图形，可增加对图形的文本标记，更直观地显示数据。

④ 显示图形。

下面将逐一进行介绍。

2. numpy 库的使用

导入 numpy 库的形式如下。

    import numpy as np

np 为 numpy 的别名，后面约定都按照此别名引用。numpy 中提供了在绘图中常用的两个函数：arange 函数和 linspace 函数，两个函数的作用都是产生一组有取值范围的一维数组序列。

（1） arange 函数

arange 函数与前面循环中用到的 range 函数类似，产生取值范围内的等差数组。但 range 函数不支持步长为小数，np. arange 函数支持步长为小数。形式如下。

    np. arange(start,end,step)

函数返回起始值为 start、步长为 step、结束值为 end，但不包括 end 的数值序列。示例如下。

```
>>> x = np. arange( 1,10,1. 5)
>>> x
array([1. , 2.5, 4. , 5.5, 7. , 8.5])
>>>
```

（2） linspace 函数

linspace 函数产生取值范围内 n 等分的数组。形式如下。

> linspace（start,end,n[,endpoint = True]）

函数返回起始值为 start、终点值为 end、等分成 n 个元素的数组，endpoint = True
表示默认包含终点值。示例如下。

```
>>> x = np. linspace( 10,60,6)
>>> x
array([10. , 20. , 30. , 40. , 50. , 60. ])
```

注意：表达式中的变量是数组，则运算的结果也是数组，示例如下。

```
>>> x = np. arange( 1,20,3)
>>> x
array([ 1,  4,  7, 10, 13, 16, 19])
>>> y = 3 * x
>>> y
array([ 3, 12, 21, 30, 39, 48, 57])
>>>
```

利用这一特点，在绘制图形时根据已知数组 x 和计算公式，可方便获得对应的数
组 y 的各元素值，然后可调用绘图函数快速地实现图形绘制，这是 numpy 库的优点。

3. matplotlib 库的使用

利用 matplotlib 库绘制图形主要使用 pyplot 子库，导入形式如下。

> import matplotlib. pyplot as plt

同样，后面的程序中均用 plt 来引用和表示该子库。

（1） 常用绘图函数

pyplot 子库提供了丰富的函数来创建绘图区域、绘制各种图形等，函数调用时用
plt 来引用。常用绘图函数如表 10. 5. 1 所示。

分 类	函 数 形 式	作 用
区域	figure([num=x,figsize=(w,h),dpi=y,facecolor=c])	创建一个全局绘图区域，num 为区域号；w 和 h 为宽和高，单位为英寸；dpi 为分辨率，即每英寸的像素数，默认为 80；facecolor 为背景颜色
	axes([(l,b,w,h),facecolor=c])	创建有坐标系的子绘图区域，区域范围在 (0，1)，以 l、b 为左下角，以 w、h 为宽和高，facecolor 为绘图区域颜色
	subplot(nrows,ncols, index)	在全局区域中创建子绘图区域，并确定一个子绘图区域
绘图函数	plot(x,y[,修饰参数])	根据 x、y 数组绘制直线和曲线，修饰参数见说明
	bar(x,y[,修饰参数])	根据 x、y 数组绘制条形图
	pie(x[,explode,其他修饰参数])	根据 x 绘制饼图，explode 与 x 长度相同，表示偏移量，值为 0 表示没有偏移
	scatter(x,y[,修饰参数])	根据 x、y 数组绘制散点图
显示保存	show()	显示绘制的图
	savefig('图片名 . jpg')	保存图片文件

◀表 10.5.1
常用绘图函数

说明：

① figure 区域函数可以不用，系统给出默认的一个全局区域图；绘制时系统根据数据范围自动调整坐标轴刻度和大小。

② 在 subplot 函数中，如果 nrows、ncols 和 index 这三个参数的值都小于 10，则可以把它们缩写为一个整数，例如 subplot(323) 和 subplot(3,2,3) 是相同的。

例 10.18 建立 6 个子图，在第 3 和第 4 个子图中分别画折线图和条形图。代码如下。

```
import matplotlib. pyplot as plt
plt. figure( num=12,figsize=(9,6),dpi=100)
plt. subplot(233)                       # 有 2 行 3 列的 6 个子图,当前子图
                                        # 是第 1 行第 3 列
plt. plot([1, 2, 3, 4], [1, 4, 9, 16])   #绘制折线

plt. subplot(234)                       # 当前子图是第 2 行第 1 列
plt. bar([1, 3, 5, 7, 9], [5, 4, 8, 12, 7]) #绘制条形图

plt. show()
```

程序运行结果如图 10.5.2 所示。

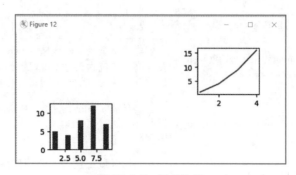

图 10.5.2　运行结果

③ 修饰参数可选，表示对绘制图形的美化。常用的修饰参数有以下几种。

● color='颜色'，可以是颜色的英文单词或者首字母，例如，color='red'和 color='r' 的效果相同。

● linestyle='字符'，线型默认是实线，常用的有'-'（实线）、'--'（虚线）、'-.'（点画线）、':'（点线）。

● marker='字符'，描述点标记，常用的有'o'（圆）、'^'（三角形）、'S'（方块）、'*'（五角星）。

以上三种修饰符可以简化为引号内的字符，例如 'r--*'表示红色虚线、五角星标记。

● linewidth=数值，表示线的粗细。

● label='字符串'，设置图例。要显示图例，必须调用 legend()函数。

例 10.19　根据已知数据，利用修饰参数绘制折线。

```
import matplotlib. pyplot as plt
plt. plot([5,2,1], [3,1,3], 'b-- * ', linewidth = 1,label = " blue line" )
# 'b-- * '蓝色虚线、标记点为五角星
plt. legend( )
plt. show( )
```

运行结果如图 10.5.3 所示。

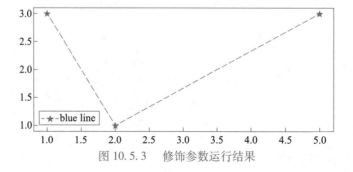

图 10.5.3　修饰参数运行结果

（2）常用标签设置函数

当要在图上标注文本说明时，可以使用常用的标签设置函数和图形显示函数，如表 10.5.2 所示。

分　类	函 数 形 式	作　　用
标签设置	title(s[,格式参数])	设置标题文字 s
	text(x,y,s[,格式参数])	在指定位置显示文字 s
	xlabel(s[,格式参数]) ylabel(s[,格式参数])	在当前坐标轴 x、y 显示文字 s
	legend( )	显示图例，与绘图参数 label 配合使用

说明：

① 格式参数是对标注文字 s 的格式设置，详情可查看相关帮助信息。

② 当标签文字是中文时，一般有两种实现方法。

● 使用 rc 参数（或称配置）作用于整个绘图的字体设置，代码如下。

```
plt. rcParams['font. sans-serif'] ='字体'
```

作用：使用 rc 配置文件来自定义图形的各种默认属性，rc 参数存储在字典变量中，通过字典方式访问。

例如，要设置字体为隶书，代码如下。

```
plt. rcParams['font. sans-serif'] ='LiSu'
```

由于字体的变化可能影响负号的输出，为此也可进行相应的设置。

```
plt. rcParams['axes. unicode_minus'] =False
```

● 使用 fontProperties 修饰参数作用于相关对象的字体设置。

例如，要设置图标题的汉字字体为微软雅黑、字号为 24，代码如下。

```
plt. title('学生成绩',fontProperties='Microsoft YaHei',fontsize=24)
```

常用字体名称的中英文对照如表 10.5.3 所示，代码中须使用英文名称。

中文名	宋体	黑体	楷体	微软雅黑	隶书	华文琥珀
英文名	SimSun	SimHei	KaiTi	Microsoft YaHei	LiSu	STHupo

例 10.20 已知学生的学号和成绩，绘制条形图并加图形标题、坐标轴标注、数据标记等，效果如图 10.5.4 所示。

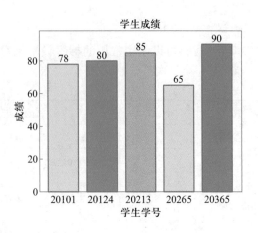

图 10.5.4 常用标签设置示例

代码如下。

```
import matplotlib. pyplot as plt
import matplotlib. font_manager


num_list = [78,80,85,65,90]                                # 学生成绩列表
name_list = ['20101','20124','20213','20256','20365'] # 学生学号列表


plt. bar(name_list, num_list,color = 'rbg')                 # 绘制条形图
for a, b in zip(name_list, num_list):                      # 条形图上方加数字标记
    plt. text(a, b, b)


plt. title('学生成绩',fontProperties = 'Microsoft YaHei',fontsize = 24)   # 图表标题
plt. xlabel('学生学号',fontProperties = 'SimHei',fontsize = 18)          # x 轴标题
plt. ylabel('成绩',fontProperties = 'Microsoft YaHei',fontsize = 18)     # y 轴标题


plt. show()
```

10.5.2 绘制统计图

统计图能更形象、直观地反映数据的统计规律或发展趋势，供决策分析者使用，如 Excel 中常用的统计图表。Python 的 matplotlib. pyplot 库中也提供了相应的函数（见表 10.5.1），可以方便地绘制各种统计图。

例 10.21　已知 book、data 列表分别存放四种教材的书名和发行量。

book = ['计算机','数学','英语','物理']

data = [78,193,265,227]

绘制折线图、饼图、条形图和散点图四个子图，如图 10.5.5 所示。

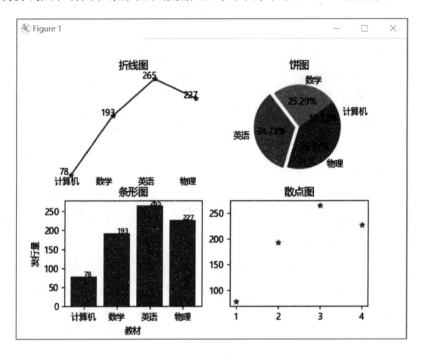

图 10.5.5　各类统计图运行结果

程序代码如下。

```
import matplotlib.pyplot as plt
import numpy as np


book = ['计算机','数学','英语','物理']          # 书名
data = [78,193,265,227]                    # 书发行量
x = range(1,len(data)+1)
plt.rcParams['font.sans-serif'] = 'Microsoft YaHei'   # 汉字为微软雅黑


plt.subplot(221)
plt.axis('off')                            # 不显示坐标轴
plt.title("折线图")
```

```python
plt.plot(x, data, "g-*")                                  # 显示绿色线
for i in range(4):
    plt.text(i+0.6, 76, book[i], fontsize=10)            # 折线图写课程名
    plt.text(i+0.7, data[i]+0.2, data[i], fontsize=10)   # 折线图写发行量数据


plt.subplot(222)
plt.title("饼图")
explode = (0,0,0.1,0)                                     # 发行量最大的突出显示
plt.pie(data, explode, labels=book, autopct='%1.2f%%')


plt.subplot(223)
plt.title("条形图")
plt.bar(book, data)                                       # 绘制条形图
for a, b in zip(book, data):
    plt.text(a, b, b, fontsize=8)                        # 显示数值
plt.xlabel('教材')                                        # x 轴标题
plt.ylabel('发行量')                                      # y 轴标题


plt.subplot(224)
plt.title("散点图")
plt.scatter(x, data, c='g', marker="*")                  # 散点图标记为五角星


plt.show()
```

10.5.3 绘制函数图

所谓函数图是已知数学公式 $y=f(x)$，绘制其图形。例如绘制三角函数图、定积分图等。

绘制函数图的基本方法是：已知数组 x，根据函数计算公式求得数组 y，得到函数的各取样点坐标，然后调用 plot 函数自动依次连接各相邻点。

例 10.22 绘制方程式 $y=\mathrm{e}^{-0.1x}\cos(x)$ 的函数曲线，如图 10.5.6 所示，x 为 0～50 的弧度。

程序代码如下。

```
import numpy as np
import matplotlib. pyplot as plt

x = np. arange(0,50,0. 02)
y = np. exp(-0. 1 * x) * np. cos(x)
plt. plot(x,y)
plt. title('$y = e^{-0. 1x} cos(x)$', fontsize = 18)
plt. show()
```

说明：在用 title( )等函数标注公式时，字符串以"$"开头和结尾，"^{ }"表示上标，matplotlib 会使用其内置的排版软件绘制数学公式。

例 10.22 程序的运行结果如图 10.5.6 所示。

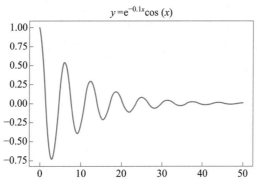

图 10.5.6　例 10.22 程序的运行结果

例 10.23　绘制方程组 $y_1 = x^2$，$y_2 = 0.5x + 0.2$ 的曲线，并求解方程组的解，结果如图 10.5.7 所示。

分析：绘制函数的曲线比较简单，关键是求方程组的交点坐标，即 y1 = y2 时对应的 x 值。由于作图时是采用离散的点连接成曲线，存在误差，故判断时只要 y1 与 y2 的值接近就可认为相等，误差控制值应不小于循环的步长，否则无法找到满足条件的点。本例使用语句 abs(y1 - y2) < 0.0001 获得对应的 x 值。

程序代码如下。

```
import matplotlib. pyplot as plt
import numpy as np
x = np. arange(-1, 1, 0. 01)
y1 = x * x
```

```
y2 = 0.5 * x+0.2
plt. plot(x,y1,'k',color='g',label="$y=x^{2}$",linewidth=2)        # 画曲线 1
plt. plot(x,y2,'k',color='b',label="$y=0.5x+0.2}$",linewidth=2)    # 画曲线 2
plt. grid(True)
plt. legend( )                                      # 显示 label 的标记即图例
for x in np. arange(-3.5,1,0.01):                   # 求相交点
    y1 = x * x
    y2 = 0.5 * x+0.2
    if np. abs(y1-y2)<1e-4:                         # 相交
        plt. scatter(x,y1,marker=' * ',color='r',s=100)    # 画点
        plt. annotate(str(round(x,2))+','+str(round(y1,2)),(x+0.05,y1-0.03))
                                                    # 标数字
plt. plot((-1.2,1.2),(0,0),'k',color='brown',linewidth=1)
plt. plot((0,0),(-0.2,1.2),'k',color='brown',linewidth=1)
plt. show( )
```

例 10.23 程序的运行结果如图 10.5.7 所示。

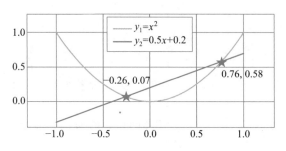

图 10.5.7　例 10.23 程序的运行结果

10.5.4　绘制艺术图

利用数学公式和计算机重复运算，可以产生各种具有美感的艺术图案，广泛用于广告、装饰、平面设计、防伪设计等领域。本小节介绍简单的艺术图案的绘制。

例 10.24　绘制 n 边形金刚钻艺术图，如图 10.5.9 所示。

分析：首先计算半径为 r 的圆周上等分 n 个点的坐标值 (x,y)，将其放入列表。圆周上某个点 x 的参数方程如下，如图 10.5.8 所示。

$$x = r×\cos(t) \qquad (0{\leqslant}t{\leqslant}2\pi)$$
$$y = r×\sin(t) \qquad (0{\leqslant}t{\leqslant}2\pi)$$

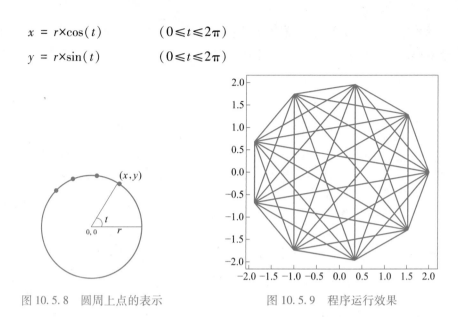

图 10.5.8　圆周上点的表示　　　　图 10.5.9　程序运行效果

然后将每一点与其他 $n-1$ 个点两两连线，利用 plot 函数绘制直线。

程序代码如下。

```
import matplotlib. pyplot as plt
import numpy as np
n,r=10,2                          # n 为圆周上等分数,r 为半径 2
t=np. linspace(0,2 * np. pi,n)
x=r * np. cos(t)
y=r * np. sin(t)
for i in range(n-1):
    for j in range(i+1,n):
        xx=[x[i],x[j]]
        yy=[y[i],y[j]]
        plt. plot(xx, yy, c='r')
plt. show()
```

例 10.25　绘制正弦团花图案。

分析：正弦团花的参数方程如下。

$$r = 5×i+20×|\cos(3×a)|+2×i×\sin(12×a) \qquad 1{\leqslant}i{\leqslant}n$$
$$x_1=r×\cos(a)$$
$$y_1=r×\sin(a) \qquad\qquad\qquad\qquad 0{\leqslant}a{\leqslant}2\pi$$

从参数方程可以看出，正弦团花图案实质是一个半径 r 可变的圆。当 $i=1$ 时，仅绘制一层的正弦团花图，效果如图 10.5.10 所示；当 $i=7$ 时，绘制七层的正弦团花图，效果如图 10.5.11 所示。

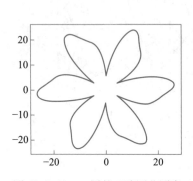

图 10.5.10　一层的正弦团花图案

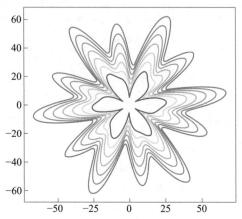

图 10.5.11　七层的正弦团花图案

代码如下。

```
import numpy as np
import matplotlib. pyplot as plt
a=np. arange(0,2 * np. pi,0. 02)
for i in range(1,8):                      # 若写作 range(1,2),即 i 为 1,则只绘制一层
    r= 5 * i+20 * np. abs(np. cos(3 * a)) + 2 * i * np. sin(12 * a)
    x=r * np. cos(a)
    y=r * np. sin(a)
    plt. plot(x,y)
plt. show()
```

由于本书篇幅所限，本章数据可视化涉及的数据以数组、列表存放，相关概念在此补充。

（1）numpy 库通过 arange() 和 linspace() 函数产生一组有取值范围的一维数组。

例如，利用 numpy 库的 arange() 函数产生 1~2，步长为 0.1 的序列数据，存放在 x 数组中，代码如下。

```
>>> import numpy as np
>>> x=np.arange(1,2,0.1)
>>> x
array([1. , 1.1, 1.2, 1.3, 1.4, 1.5, 1.6, 1.7, 1.8, 1.9])
```

（2）Python 提供的组合数据类型——列表，存放序列数据。

用 Python 的 range() 函数，产生 1~20，步长为 2 的序列数据，存放在 x 列表中，代码如下。

```
>>> x = list( range( 1,20,2 ) )
>>> x
[1, 3, 5, 7, 9, 11, 13, 15, 17, 19]
```

说明：

（1）numpy 库的 arange() 函数可以产生步长为小数的序列数据；Python 的 range() 函数只能产生步长为整数的序列数据。

（2）数组和列表的相同之处都是存放一组数据，区别是数组只能存放相同类型的序列数据，而列表可以存放不同类型的序列数据。更重要的是，numpy 的数组通过函数调用，且运算结果还是数组，利用这个特性可以方便产生绘图数据。

思考题

1. 一个基本的 Python 程序由哪些部分组成？
2. Python 程序的注释一般用什么字符？
3. Python 程序的书写格式有哪些特点？
4. Python 语言中的输入输出函数是什么？
5. Python 语言运算符很丰富，有不同的优先级，采用什么方式书写表达式可以简化优先级的问题？
6. 把下列数学表示式写成 Python 表达式。

   （1）$x+y\neq a+b$　　　　（2）$e^3+\sqrt{2x+3y}$

   （3）$(\ln10+xy)^3$　　　　（4）$|x-y|+\dfrac{x+y}{3x}$

7. 根据条件写一个 Python 表达式。

   （1）a 和 b 中有一个大于 d。

   （2）将直角坐标系中点 (x, y) 表示在第 3 象限内。

   （3）d 是不大于 100 的偶数（提示：d 应同时满足大于 0、小于或等于 100、能被 2 整除）。

8. 结构化程序设计的三种基本结构是什么？

9. if 语句中的表达式可以是算术、字符、关系、逻辑表达式中的哪些?

```
if  表达式:
    …
```

10. 指出下列语句中的错误。

（1）if x≥y：

```
    print（x）
```

（2）if 10 < x<20

```
    x=x+20
```

11. 如果事先不知道循环次数,如何用 for 结构来实现?

12. 如何将 for 循环结构转换为 while 循环结构?

13. 简述 break、continue 跳转语句的区别。

14. 利用循环结构实现如下功能：

（1）$s = \sum_{i=1}^{10} (i + 1)(2i + 1)$

（2）分别统计 1~100 中,满足 3 的倍数、7 的倍数的数各为多少个?

（3）将输入的字符串以反序显示。例如,输入" ASDFGHJKL",显示"LKJHGFDSA"。

15. 下面程序运行后若输入 100,结果是什么? 该程序的功能是什么?

```
x=int(input("输入 x:"))
y=""
while x!=0:
    a=x % 2
    x=x//2
    y=chr(48+a)+y
print(y)
```

16. 下面程序运行后的结果是什么? 该程序的功能是什么?

```
x=242
y=44
z=x*y
while x!=y:
    if x>y:
        x=x-y
    else:
        y=y-x
print(x,z/x)
```